環境課題と
地域の政策選択

井上 堅太郎

大学教育出版

まえがき

　本書は"地域と環境"を主題としている。

　第二次世界大戦後に、地域はさまざまな環境問題・環境課題に取り組んできた経緯がある。それらの中から筆者の興味に任せて選択した事例を取り上げ、それぞれについて新聞報道、行政資料などによって起こった事実を把握して、事例ごとの経緯、背景、主体の関わり等を少し深堀することを試みた。それらをもとに注目する環境側面ごとに事例を横断的・時系列に並置・描出するとともに、事例間および国政との相互関係の把握に努めた。そうして得られた結果を7章にまとめて出版させていただいた。

　全体を読み返して感じるところであるが、いずれも誰でも少し時間をかければ把握することができる"事実"を書き連ねており、各章に書き添えた考察などは"事実"に沿ったまとめの域に留まっており、まとめるに値するものであったのか自問している。ご一読下さる方々によって、新たな見解等を切り開いていただければ望外の幸甚である。また、各事例について客観的な事実に沿うことを心がけて把握に努めたが、事例の中には把握が不十分な側面があることに気付きつつ発刊に踏み切っており、ご指摘やご叱正をいただければ幸甚である。

　本書は、長年にわたってご厚誼をいただいている元・長崎大学教授の早瀬隆司先生との談話時に発意を得たことに始まって発刊に至ったものであり、特に第1章について早瀬先生から多くの助言・協力を得て書き上げさせていただいた。早瀬先生に心よりお礼申し上げます。

　本書をまとめるにあたって、遠隔の北海道から鹿児島県に及ぶ各地の資料が必要であったが、筆者が在住する島根県浜田市の浜田市立図書館の中谷雅晴氏および館員の方々のご協力により各地の図書館等の資料を取り寄せていただき、関係資料を閲覧・複写することが可能であった。ここに記してお礼申し上

げます。

　本書の出版については、大学教育出版（株）の佐藤守様のご協力・ご理解を得ることができなければ実現しなかったものである。佐藤様に深くお礼申し上げます。

　いくつかの章について、岡山理科大学において筆者のもとで若い学生諸君が卒業論文・修士論文・学位論文として書き上げてくれた成果を活用しており、諸君の在学時の努力に敬意を表します。

2019 年 9 月

井上堅太郎

環境課題と地域の政策選択

目　次

まえがき …………………………………………………………………… i

序章　環境課題と地域の政策選択 ………………………………………… 1

第1章　川崎市・北海道・岡山県の環境影響評価制度の導入 ………… 5
　1　はじめに　5
　2　環境影響評価の地方制度、実施件数および制度導入の背景等　6
　3　川崎市環境影響評価に関する条例（1976年9月）の制定　9
　　3-1　川崎市条例制定の経緯　9
　　3-2　条例・規則と特徴　14
　　3-3　関係図書における条例制定に係る記述等　15
　　3-4　条例制定の背景と主体の関わり　17
　4　北海道環境影響評価条例（1978年7月）の制定　19
　　4-1　条例制定（1978年）以前の苫東開発にかかる環境影響評価と反対運動　19
　　4-2　環境影響評価条例制定等　27
　　4-3　条例制定の背景と主体　33
　5　岡山県環境影響評価指導要綱（1978年12月）の制定　37
　　5-1　岡山県環境影響評価指導要綱の制定に至る経緯　37
　　5-2　岡山県指導要綱　40
　　5-3　指導要綱制定の背景と主体　42
　6　川崎市、北海道および岡山県による環境影響評価制度導入の意義・特徴等　45

第2章　地方自治体の環境影響評価制度と対象事業 …………………… 55
　1　はじめに　55
　2　環境影響評価概念の導入および制度構築の変遷と対象事業　56
　　2-1　1972年の閣議了解と環境影響評価制度の導入　56
　　2-2　法制化の模索・見送りと閣議決定要綱　57

2-3　環境基本法制定と環境影響評価　*61*

　　2-4　環境影響評価法制定と対象事業　*62*

　　2-5　地方自治体における環境影響評価制度の整備・拡充と対象事業　*66*

3　2011年の環境影響評価法改正　*67*

　　3-1　2011年法改正と改正法案の作成に至る経緯の概要　*67*

　　3-2　"2008年研究会"における対象事業等に関する議論　*68*

　　3-3　"2009年研究会報告書"、"2010年専門委員会報告"および"2010年中環審答申"　*70*

　　3-4　国会における審議と可決　*72*

4　環境影響評価の対象事業に係る経緯　*74*

　　4-1　法制度の対象事業に係る"法的関与要件"とその経緯　*74*

　　4-2　現在の制度に至る経緯　*75*

　　4-3　地方制度と環境保全上の配慮の確保　*76*

5　所感　*78*

　　5-1　国制度の対象事業に関する所感　*78*

　　5-2　環境影響評価制度に関する所感　*79*

第3章　環境保全に関する協定等　*84*

1　はじめに　*84*

2　環境保全に関する協定等　*85*

　　2-1　協定等の多様化　*85*

　　2-2　新しい環境政策課題と協定等　*87*

3　環境保全に関する協定等の7つの事例　*89*

　　3-1　事例1：島根県と2つの民間会社の覚書——1952年　*89*

　　3-2　事例2：横浜市による公害防止に関する往復文書——1964〜1974年　*96*

　　3-3　事例3：岡山県・倉敷市と立地企業の公害防止協定——1971〜1973年　*101*

　　3-4　事例4：瀬戸大橋環境影響評価と環境保全協定——1978年　*107*

　　3-5　事例5：レジ袋削減のための協定——2000年代以降　*113*

　　3-6　事例6：長野県の生物多様性保全協定——2015〜2017年　*123*

3-7　事例 7：久留米市の環境共生都市づくり協定 ― 2000 年代以降　*128*
　4　考察　*135*
　　　4-1　環境保全協定等の変遷と継承　*135*
　　　4-2　首長・行政の関わりと協働等　*137*
　　　4-3　協定等の役割と性格　*138*
　　　4-4　協定等の特徴　*139*

第 4 章　島根県と 2 つの民間会社の覚書 …………………………………… *141*

　1　はじめに　*141*
　2　覚書提出に至る経緯等　*142*
　　　2-1　山陽パルプ江津工場と大和紡績益田工場の沿革　*142*
　　　2-2　漁業関係者による反対運動　*143*
　　　2-3　覚書提出に至る経緯　*146*
　3　覚書の内容および廃水処理　*149*
　4　社会経済的な背景　*150*
　5　公害防止の協定等と島根県に提出された覚書　*152*
　　　5-1　日本における公害防止協定等　*152*
　　　5-2　島根県の覚書の背景等　*153*
　　　5-3　覚書と機能　*155*

第 5 章　北海道、香川県、長野県および鹿児島県の自然保護条例制定と自然環境保全法 ……………………………………………………… *161*

　1　はじめに　*161*
　2　北海道、香川県、長野県および鹿児島県の自然保護条例の制定　*162*
　　　2-1　北海道自然保護条例の制定と背景　*162*
　　　2-2　香川県自然保護条例の制定と背景　*170*
　　　2-3　長野県自然保護条例の制定と背景　*174*
　　　2-4　鹿児島県自然保護条例の制定と背景　*185*
　3　自然環境保全法の制定　*190*

    4　自然保護と市民運動　*199*
    5　考察　*202*

第6章　環境課題と地域の取組み　……………………………………… *212*
　　1　はじめに　*212*
　　2　第1グループの環境保全型地域づくり　*213*
　　　　2-1　公害対策に取り組んだ事例：宇部市・横浜市・北九州市・四日市市　*213*
　　　　2-2　伝統的建造物群の保存：金沢市・倉敷市　*222*
　　3　第2グループの環境保全型地域づくり　*229*
　　　　3-1　地域の森林資源の価値を再確認した事例：宮崎県綾町・鹿児島県屋久島
　　　　　　　229
　　　　3-2　岡山県美星町「光害のない星空」　*235*
　　　　3-3　地域の水資源・水環境の価値を高めた事例：郡上市・三島市　*238*
　　　　3-4　都市景観の保全に取り組んだ事例：京都市・神戸市　*244*
　　4　第3グループの環境保全型地域づくりおよび多様な環境計画等　*249*
　　　　4-1　第3グループの環境保全型地域づくり　*250*
　　　　　　豊岡市「小さな世界都市」　*250*
　　　　　　真庭市「バイオマス産業杜市」　*254*
　　　　　　西粟倉村「上質な田舎」　*256*
　　　　　　京都市「カーボンゼロ都市」　*259*
　　　　　　富山市「コンパクトシティ」　*261*
　　　　　　北九州市「世界の環境首都」　*264*
　　　　4-2　1990年代以降の環境保全地域計画等　*266*
　　5　地域環境課題と環境保全型地域づくり　*269*
　　6　付言　*273*

第7章　倉敷市の伝統的建造物群と町並みの景観保全　………………… *275*
　　1　はじめに　*275*
　　2　倉敷市の美観地区　*276*

3 　伝統的建造物群と町並みの保全の経緯　　*278*
　　3-1　美観地区の価値の高まりの経緯（〜1968年）　　*279*
　　3-2　「倉敷市伝統美観保存条例」の制定（1968年）　　*282*
　　3-3　「倉敷館」および「蜷川美術館」をめぐる事案　　*285*
　　3-4　「倉敷市伝統的建造物群保存地区保存条例」の制定（1978年）　　*285*
　　3-5　「倉敷市倉敷川畔伝統的建造物群保存地区背景保全条例」の制定（1990年）
　　　　に至る経緯　　*288*
　　3-6　1997〜2000年の景観紛争と「倉敷市美観地区景観条例」の制定（2000年）
　　　　に至る経緯　　*292*
　　3-7　東大橋家住宅・土地の買取り（2001年）　　*294*
　　3-8　景観法の制定と倉敷市の対応　　*296*
4 　倉敷市の景観保全の経緯と特徴　　*298*
　　4-1　美観地区の保存・保全の経緯と主体　　*298*
　　4-2　倉敷市の景観保全の取組みの特徴　　*299*
　　4-3　市民・住民と美観地区の保存・保全　　*300*
　　4-4　非伝統的建造物と市域全体の景観保全　　*302*

環境課題と地域の政策選択

序　章
環境課題と地域の政策選択

　第二次世界大戦後から近年の間の地域における環境保全の取組みの中から、筆者の興味に任せて選択した事例について、"地域が直面した環境課題"、"地域がとった政策"および"主体の関わり"を念頭に、数年前からまとめてパソコンに記録し、一部は機会を得て発表した。本書は、これまでの記録を7編の報文に再整理し、少し考察・所感を加えて「第1章」～「第7章」として上梓することとしたものである。

　「第1章」～「第7章」ともに、著者が執筆したのであるが、「第1章」については、元長崎大学の早瀬隆司先生との談話を通じて発意を得るとともに、先生から多くの助言・協力をいただいて書き上げたものである。

　"地域が直面した環境課題"について、第二次世界大戦後～近年に至る約70年間に、地域は公害防止、伝統的建造物群保存、自然環境保全、親水環境保全、都市景観保全・形成、地球環境保全などのように年々変化しつつ連綿と続く環境課題に、対応策を考案しつつ対処してきていることに着目している。

　"地域がとった政策"についてであるが、筆者が着目した政策は、環境影響評価制度の導入、協定の締結、条例の制定などである。環境影響評価制度の導入は地域の環境政策として典型的な事例であるが、本書では1976～1978年に先導的に地方制度を導入した北海道、川崎市、岡山県の事例を「第1章　川崎市・北海道・岡山県の環境影響評価制度の導入」にまとめた。協定の締結によって、環境課題に対処してきた事例を「第3章　環境保全に関する協定等」にまとめた。また、条例制定について、他の自治体に先行して自然保護条例を制定した4道県の事例を「第5章　北海道、香川県、長野県および鹿児島県の

自然保護条例制定と自然環境保全法」にまとめた。地域は直面した環境課題にさまざまな手法・政策を駆使して対処してきた経緯がありそうした経緯・事例を概観して「第6章　環境課題と地域の取組み」にまとめた。

　なお、「第3章　環境保全に関する協定等」に事例の一つとして取り上げた1952年に2つの民間企業が島根県知事に提出した公害防止の「覚書」について、少し詳しく「第4章　島根県と2つの民間会社の覚書」として一文にまとめた。また、「第6章　環境課題と地域の取組み」に一つの事例として取り上げた伝統的建造物群保存について、倉敷市の「美観地区」の保全の事例を「第7章　倉敷市の伝統的建造物群と町並みの景観保全」に少し詳しくまとめた。これらの2つの事例について、いずれも経緯・背景を記述する報文が見当たらないことから事実をまとめて本書に載せることとさせていただいた。

　"主体と関わり"についてであるが、それぞれの事例をまとめるにあたり、取組みの経緯・背景を把握するとともに、取組みの経過における主体の関わりに注目している。それぞれの取組みにおいて、どの主体がどのようにして発意し、始動し、推進・拡充させ、明確な環境保全目標を認識して遂行・確立に至らしめたのかという観点から事例を把握するように努めた。ここでの主体として、住民・市民、地方自治体の首長・行政・議会、事業者・事業者団体、政府（各省庁および内閣）、国会に着目しているが、事例により専門家・研究者、関係する審議会等、NGO・NPO、マスメディア、国際動向にも着目した。こうしたまとめを行った結果から、日本の地域の環境保全の取組みにおいて、地域および環境課題ごとに、時に環境保全の歩みを遅滞させる主体が存在した事実があるが、全体として多様な主体の関与が確保されていたことが、環境課題の取組みを前進させてきたことが知られる。

　各章ごとの題目と骨子は以下のとおりである。

　「第1章　川崎市・北海道・岡山県の環境影響評価制度の導入」は、地方の環境影響評価制度について、条例制度により先行した川崎市（1976年）、北海道（1978年）、および比較的早い時期に行政指導による制度により制度を設けた岡山県（1978年）の事例を取り上げて、制度導入の経緯、背景、および各

序　章　環境課題と地域の政策選択　*3*

主体の関わりをみるとともに、その特徴・意義について検討を加えたものである。

「第2章　地方自治体の環境影響評価制度と対象事業」は、地方公共団体の制度による環境影響評価制度の対象事業に焦点を当てている。1972年の閣議了解「各種公共事業に係る環境保全対策について」に始まり、今日に至る日本の環境影響評価制度形成の経緯において、法制度の対象事業について"法的関与要件"を温存し、一方、地方制度の対象事業について"法的関与要件"を有しない事業開発等を対象とする事例が多くなった。このことについて、経緯と問題点について検討を加えた。

「第3章　環境保全に関する協定等」は、1952年に2つの民間企業が島根県に提出した「覚書」が嚆矢とされ、今日までの60余年の間にさまざまな分野の環境保全において交わされてきている覚書、協定等を取り上げて経緯、背景、主体の関わりと変遷、事例等からみられる特徴等について検討を加えた。筆者が恣意的に選んだのであるが、島根県における覚書（1952年）の他に、横浜市と電源開発（株）の往復文書（1964年）、倉敷市・岡山県・立地企業の公害防止協定（1971年～1973年）、本四連絡橋（児島・坂出ルート）建設に係る環境保全協定（1978年）、神戸市・京都市におけるレジ袋削減協定（2006年～2007年）、長野県の生物多様性保全協定（2015年～2017年）、久留米市における「環境共生都市づくり協定」（2014年から）である。

「第4章　島根県と2つの民間会社の覚書」は、「第3章」で取り上げた島根県における覚書（1952年）に関する一文である。公害防止のための協定等として"日本で最初"のものとされているのであるが、詳述されている報文がないとみられるところから、「覚書」提出に至る経緯、背景、関係者の関わり等をまとめたものである。

「第5章　北海道、香川県、長野県および鹿児島県の自然保護条例制定と自然環境保全法」は、1970年代における都道府県の自然保護に関する条例制定の動きを先導した北海道（1970年）、香川県・長野県・鹿児島県（1971年）の条例制定を取り上げたものである。4道県が条例制定に至った経緯、背景、特徴・意義について検討を加え、また、国政における自然環境保全法制定との関係をみたものである。

「第6章　環境課題と地域の取組み」は、第二次世界大戦後から近年の間に地域が環境課題に取り組んだ19事例を取り上げた。公害対策と伝統的建造物群保存に取組んだ6つの地域の取組み（1950年代〜1970年代半ば）、森林保護・親水環境保全・都市景観保全等に取り組んで環境の快適性の価値を切り開いた9つの地域の取組み（1960年代〜1990年代初）および地球環境保全に関係する取組みを行っている6つの地域の取組み（1990年代以降）である。それぞれの取組みの展開と発展（発意、始動、推進・拡充、遂行・確立）に着目し、発展を促した主体および背景について検討を加えた。本文は"Eco-city Development in Japan"（*LANDSCAPE CHANGE AND RESOURCE UTILIZATION IN EAST ASIA, pp.111-140. Academia Sinica on East Asia, Taiwan,* 2018）として発表したものを補完・整理したものである。

「第7章　倉敷市の伝統的な建造物群と町並みの景観保全」は、「第6章」で取り上げた倉敷市の倉敷川畔の「美観地区」の景観保全の約70余年の記録である。この地区は、江戸時代・明治時代に建設された町家や蔵などを含む約400棟の伝統的建造物群からなる約20haの町並みで、今日では内外からその価値が認められているのであるが、その保存・保全に係る問題・課題に、1940年代半ばから今日まで、さまざまな主体が関与して種々の保全策を講じて積み重ねてきており、この一文はその経過をまとめたものである。

第1章
川崎市・北海道・岡山県の環境影響評価制度の導入

1 はじめに

　1970年代半ば〜1980年代初めに、環境庁により環境影響評価法制定が模索されたが、政府内および経済界に強い立法化反対の機運があり実現に至らず、政府は法制化を見送り1984年に「環境影響評価の実施について（環境影響評価実施要綱）」を閣議決定し、環境影響評価を実施してきた。曲折を経て立法化は1997年の環境影響評価法の制定によって実現した。（閣議決定［1984］）（環境庁［1999］）

　こうした国制度の動向を瞥見しながら都道府県等のそれぞれの事情を背景に条例および行政指導（要綱等）による環境影響評価制度の導入が進んでいた。閣議了解（1972年）は地方公共団体においても、国に準じて所要の措置が講じられるよう要請するとしていた。地方自治体の早期の事例は、行政指導による制度として1973年に福岡県、1975年に栃木県、1976年に山口県・宮城県、1977年に沖縄県、1978年に岡山県・神戸市、1979年に兵庫県・三重県・名古屋市などで要綱・方針など、また、条例による制度として1976年に「川崎市環境影響評価に関する条例」（川崎市条例）、1978年に「北海道環境影響評価条例」（北海道条例）が、それぞれ導入された。1997年に環境影響評価法が制定されるまでに、8つの条例、および45の要綱等により地方制度が実施されていた。（閣議了解［1972］）（環境庁［1980］［1998］）（日本アセスメント協会［2003］）

本文は、先駆的に条例を制定した1976年の川崎市条例、1978年の北海道条例、および1978年の岡山県指導要綱について、制度導入の経緯、背景、および各主体の関わりをみるとともに、その特徴・意義をみようとするものである。

なお、本文において原則として"環境影響評価"とするが、"環境アセスメント"とある資料を引用・参照した場合などにそれに従っている。

2 環境影響評価の地方制度、実施件数および制度導入の背景等

法制定前の地方制度と環境影響評価実施件数

1970年代半ば頃以降に、都道府県・政令指定都市により環境影響評価制度が相次いで導入され日本における制度の普及・進展を促して重要な役割を担った。開発事業等に環境影響評価を求め、条例や行政指導で環境保全に係る内容を審査する手続を定めることについて総じて一様であったが、地方制度の導入時期、対象事業等は一様ではなかった。待井らは法制定前における地方環境影響評価制度が総体として重要な意味を有しながらも一様ではなかったことについて、1970年代半ばから1997年の環境影響評価法の制定までの間に導入された51の地方制度を取り上げて制度の導入時期、対象事業、制度導入の背景等の側面からまとめて発表している。それによればおおむね以下のようであった。（待井他［2008］）

地方環境影響評価制度の導入時期について、1980年前後に導入（1973年～1984年）されている先発グループと1980年代末～1990年代前半導入（1989年～1996年）の後発グループの「二山型」ともみられるような分布をしていることを指摘している。

対象事業については以下のようであった。対象事業種数について、最も多かったのは東京都条例の26種、千葉県要綱、神奈川県条例、静岡県要綱、千葉市要綱などが20種以上を対象事業種としていた。少なかった事例は山形県要綱（1991年）の2種（レクレーション施設、産業廃棄物最終処分場）、福島県要綱（1991年）の2種（レクレーション施設、ゴルフ場用地）であった。

工業団地造成、住宅団地造成、レクレーション施設の建設、土地区画整理事業等の面的開発を対象事業種とする制度が多かった。

対象事業の規模について、工業団地・工業用地開発について、最小規模の事例は1ha以上（神奈川県条例の一部地域）、3ha以上（名古屋市）、10ha以上（岡山県、横浜市、京都市、大阪市）などの事例があり、20〜100ha以上とする例が多かった。住宅団地造成について、最小は1ha以上（神奈川県条例の一部地域）、3ha以上（福岡県）、1,000戸以上（東京都、名古屋市）、100ha以上（18例）などであった。レクレーション施設建設について、40自治体が対象事業としており、規模は1ha以上〜50ha未満（20例）、50ha以上〜60ha未満（13例）、100ha以上（7例）など、鹿児島県はゴルフ場新設についてすべてを、また石川県はゴルフ場とスキー場についてすべてとしていた。

都道府県等別の実施件数について、最も多かったのは東京都（144件）、次いで三重県（115件）、川崎市（91件）、岡山県（85件）など、実施件数がゼロ、あるいは10件に満たない県市等が20例以上であった。なお、待井らが対象とした51の事例の中に、情報公開および住民意見聴取が定められていなかった10事例（宮城県など）があり、これらを含んで集計されている。

地方制度導入の経緯・背景

待井らは地方制度が導入された経緯・背景について、3つの典型的な事例があったことを指摘している。（待井他［2008］）

第1には、川崎市、北海道、岡山県、香川県にみられるもので環境配慮が求められる開発計画があり、住民、行政、開発事業主体等の関係者の間で環境配慮の合意形成のための制度とされたとみられる例である。川崎市、北海道においては、差し迫った開発計画があり住民の高い関心（川崎市、北海道）と環境影響評価実施の要求（川崎市）があり制度導入が促された。岡山県の事例は水島工業地域開発の経緯における公害経験から比較的に環境意識が高い地域であり、瀬戸大橋架橋に係る環境影響評価が実施された経緯（筆者注：1977〜1978年。環境庁の指針に基づくもので地方制度に基づくものではなかった）があり、県の要綱の導入時（1978年）に岡山空港の建設、その他の多くの開

発計画があった。香川県も瀬戸大橋架橋に係る環境影響評価を経験しており、要綱の導入時（1983年）に各種の開発計画があった。

　第2は東京都にみられるもので、環境影響評価条例の制定をめぐって1977～1981年の間に紆余曲折があった。美濃部都政下の1978年に議会提案された条例案が可決に至らずに継続審議扱いとされた後に、1979年に鈴木都政となり美濃部都政下の条例案は撤回され、1980年に新たな条例案が提案・可決された経緯がある。国政における法制化が困難を極めていた状況（1970年代後半）が、都政においても同様に繰り広げられていたのであるが、都行政・都議会において環境影響評価の制度化は不可避であったとみられる。

　第3は制度導入について"後発"であった事例である。これらの事例の県市の制度は対象事業種が少なく、対象事業規模が大きく（面的開発について100ha以上など）、また環境影響評価実施件数はゼロ、あるいは10件未満であった。これらの県市は、環境影響評価制度に対する関心は強くはなかったとみられるが、他の地方に制度導入が進んだため、1990年頃には制度導入に踏み切ったものとみられる事例である。

　待井らは地方制度の導入時期・対象事業・実施件数等の差異を生じさせることになったことについて、社会的な背景として制度導入の先発グループにおいては環境をめぐる紛争を経験したことにより環境意識が高かったこと、経済的な背景として後発グループにおいて制度導入が開発の支障となるものと捉えられたとみられることを指摘している。（待井他［2008］）

　待井らは環境影響評価法制定（1997年）以前に地方制度によって実施された環境影響評価件数をまとめているが、環境影響評価実施件数は1970年代半ばから1996年までに、地方制度により1,256件、国の閣議決定要綱（1984年）により約1,500件が実施された。地方制度は国の制度とともに環境影響評価の役割を担い、開発事業等による環境影響を抑制する制度として役割を果たしたとみられるとしている。（待井他［2008］）

川崎市、北海道および岡山県における環境影響評価制度の導入

　条例制度として川崎市および北海道による条例制定が早期であった事例（1976年に川崎市条例、1978年に北海道条例）であった。また、首長による要綱等の制度として岡山県による要綱は比較的早期（1978年）であった。

　川崎市条例の対象事業は面的開発について1ha未満のものを除く都市計画法に規定する開発行為等の小規模な開発を含めており、1996年までに91件の開発等について環境影響評価を実施した。北海道条例の対象事業は各種事業が複合的に行われる開発（苫東開発など）を対象とした点に特徴がある。個別開発事業も対象とし、面的開発について100ha以上を対象とするなど規模の大きなものとした。条例に基づき1996年までに58件の環境影響評価を実施した。岡山県指導要綱の対象事業は工業用地造成等の10ha以上などを対象とし、1996年までに85件の開発等について環境影響評価を実施した。川崎市、北海道、岡山県の制度は制度導入、対象事業、実施件数などにおいて典型的な地方制度であったとみられる。（待井他［2008］）

3　川崎市環境影響評価に関する条例（1976年9月）の制定

3-1　川崎市条例制定の経緯

条例提案に至る経緯

　「川崎市環境影響評価に関する条例」は1976年9月に川崎市議会の可決を経て、翌年7月に施行された。この条例提案に至るまでに以下のような経緯があった。

　1975年11月に市議会に、住民ら930名の署名による請願（南菅生自治会環境保全対策委員会委員長・小坂広忠他930名「京王不動産跡市有地の事前環境保全地域指定と環境アセスメント実施に関する請願」）がなされた（川崎市議会［1975］）。この請願は「当該地の一部に中学校の建設が予定されているが、環境アセスメントを実施し、その資料を付近住民に公開の上、住民の納得と協力を得てほしい」とし、市の土地開発公社が取得した土地の一部（16,500m^2）を、

中学校用地として 1976 年から造成工事をしようとする市計画について請願するもので、1976 年 2 月議会において付託された 2 つの委員会が「全会一致で採決すべきものと決しました」と報告し、本会議においても採択されている（川崎市議会［1976a］）。このことから少なくともこの頃に一部の市民、市議会議員、および市行政担当者は、市政に具体的に関係する存在として"環境影響評価"、"環境アセスメント"を認識していたと考えられる。

1976 年 2 月開会の市議会において市村護郎議員は、北部地域の開発計画について、緑地保全、自動車公害防止等に関連する住民の納得・協力が重要であるとして、環境影響評価を実施することを要望するとし、また、国における法制化の動き、他の自治体における環境影響評価実施状況等について指摘している。（川崎市議会［1976a］）

1976 年 5 月開会の市議会において、同年 3 月開通の武蔵野南線（川崎市内を東西に貫通する貨物専用鉄道、一部の旅客車走行。川崎市内の大部分はトンネル、幸区・中原区・高津区で地上走行）の開通に伴う市民の騒音・振動苦情と対応、および建設が進んでいた国道 246 号バイパスの交通騒音対策等に多くの質疑・議論が割かれている。6 月 8 日の議会において議員（前川清治氏）が、武蔵野南線および国道 246 号の問題に関連して、環境影響評価について指摘し、これに対して市行政側（企画調整室長・蕪木明雄氏）が環境アセスメントについて自治体の立場で先導的に基本的条例について検討していきたいと答え、条例制定の目途について市長（伊藤三郎氏）が 9 月議会を目標とすると答弁した。この後条例制定に向けて動き始めたものとみられる。なお、伊藤市長が自らの市政を振り返った著書の中で、環境アセスメント条例を制定したことに関連して、同年 7 月に「七大都市首長会議」において、環境影響評価の制度化に向かって共同研究を行うことが確認されたことを記述している。（川崎市議会［1976b］）（伊藤［1982］）

条例案の提案、委員会審議および請願の取扱い

1976 年 9 月議会に市長から「川崎市環境影響評価に関する条例案」が提案された。以下は議会における質疑・討論等および議決に至る経緯である。

川崎市議会における条例質疑の冒頭で市長が趣意を「科学技術と文明の進歩……（が）利便性をもたらしたけれども……大きなマイナス面を顕在化させている……人類にとって欠くことのできない、太陽、空気、水等に対する感謝の念を忘れている……他の生物の消滅（に）……無関心過ぎている……物事を行なう場合に……市民全体がアセスをして……有限的な資源と限りある地球の中で人類の生存……を考えなければならない……そういう考え方で……（条例案を）提案を申し上げている」（川崎市議会［1976c］）と説明している。条例案について市行政担当者は「都市における開発……が環境に及ぼす影響を事前に予測及び評価することにより、人と環境の調和、すなわち健康で安全かつ快適な環境の保全を図るため、この条例を制定する」（企画調整室長・蕪木明雄氏）と説明した。（川崎市議会［1976c］）

議会の代表質問において、自由民主党など各会派が条例案について質問し、意見を述べ、これに対する市行政側の説明がなされるなど、条例案の質問・討論に多くの時間が割かれた。条例案の取扱いは委員会（第一委員会）に付託された。（川崎市議会［1976c］）

委員会において、4日間、16時間50分にわたる審査を経て、会期6日目の9月29日に第一委員会委員長・青木保治議員から本会議に報告された。委員会審査において、条例制定に賛否両論があったこと、条例提案は遅すぎるとの意見と国の法制化検討の最中における条例制定の緊急性がないとの意見があったこと、条例に定める規定についてさまざまな質疑・討論（住民意見の取扱い、条例に定める審議会の性格、法的性格と効力、予測技法等）が交わされたことなどが報告された。また、付帯決議（審議会の会議は公開を原則とすること、審議会委員中、市職員の内から任命された委員は、市が行う開発行為に関しては票決に加わらないこと）が提案されたことが報告された。委員会は議案、付帯決議ともに賛成多数で可決すべきものと決したと報告された。（川崎市議会［1976c］）

この議会に環境影響評価に関係する11件の請願が提出された。1件は多摩区南部の開発計画に対して緑の消失を懸念して環境影響評価の実施を求めるとするものである（南百合丘生活環境をよくする会・代表渋谷益左右他5,341名

「多摩区南部の開発計画に対して環境アセスメントの実施を求めることに関する請願」）（川崎市議会［1976c］）。他の10件はいずれも条例制定に反対する請願で、川崎市土地区画整理組合連合会、土地区画整理組合設立準備会3団体（金程向原、細山第二、黒川台）、多摩区内の5地区（片平、栗木、黒川、五力田など）、高津区内の1地区（有馬）からの請願である。市議会会議録によれば、反対の1件は代表者1名によるもの、他の9件について請願者数の総数は3,800余名によるものである。第一委員会は条例制定に反対とする10件の請願を不採択として本会議に報告した。（川崎市議会［1976c］）

各会派の最終討論および条例案可決

　委員会報告の後、9月29日に各会派の代表が締め括りの討論を行った。同日の発言順に7会派の討論の趣旨および採決の結果は以下のとおりであった。（川崎市議会［1976c］）

　自由民主党市議団の代表は「基本の理念においては同感であります……しかし……不確定要素が多く……施行された場合、市政は……混乱が生ずるものと懸念されます……住民参加に名をかり……運動が行われる危険も心配される……関係住民（について）……条例（は）……不備である……条例がわが国初めての制定となる……（条例の）施行期日が公布の日から9か月を超えない範囲内という点に非常な危惧を持つ……不確定要素が多く、未完成である点から反対します」（大島保議員）とした。

　公明党は国政における環境影響評価法制定をめぐる状況等に言及した。中央公害対策審議会専門委員会による環境影響評価の制度化に関する報告がなされたこと、環境庁が環境影響評価法案要綱をまとめたとの報道がなされたこと、経団連・通産省等が法制化に反対し建設省・運輸省も法制化に批判的であること、公明党と社会党がそれぞれ環境影響評価法案を国会に提案したことなどである。そのうえで「本市が……条例案を議会に提案されたことは当然のこと……本条例及び付帯決議に賛成いたします」（野瀬浩由議員）とした。

　"工業クラブ"議員団代表は「本条例の意図するもの、理念ともいうべき総論には賛意を表しますが……国もその基本となる法制化をしていない法体系の

中で……自治体としては慎重に対処すべき……これまでの……住民運動の実態が……社会的に成熟していない現状で……工場を他県に向かって展開指向を強め……公共事業のおくれによって……市民間に違和感が増幅されないか……不安が残る……本条例の賛否について判断することは尚早と考えております」（本田正男議員）とした。

民社党の代表は、近接都市等との協議を進めるべきとの要望、公共施設の建設の遅れや市民サービスの低下を来さないようにするべきとの要望、および条例条項の運用等に関する意見を述べたうえで「強く意見（筆者注：ここでの"意見"は要望や指摘事項と解される）を付して本議案に賛成をいたします」（佐藤忠次議員）とした。

社会党議員団の代表は「国の法律に先駆け、かつ全国の自治体の中で初めて制定される先駆的な条例でありますので、市当局が模索することはやむを得ない面もあると考えます」（倉形龍雄議員）とし、いくつかの条例運用上の要望事項を指摘した。

共産党議員の代表は「公害都市から新しい都市づくりをめざす川崎市民によって、早くから待ち望まれていた条例であります……他都市に先がけ……た市長の積極姿勢は、高く評価できるものであります」（上原一夫議員）とし、いくつかの条例施行上の要望事項を指摘した。

"同志会"の代表は「（条例案の）提案については決して消極的な評価をするものではありません……しかし……不安と紛争の増大だけが懸念される……本条例について息の長い審理を要望し、市民参加と市の責務について積極的な条項の追加を要望する」（平山順一議員）とした。筆者の推定であるがこの指摘の趣旨は"継続審議"ではないかとみられる。

討論の後採決に付された。この時点で市議会（定数64名）の会派構成は、条例に反対とした自民党は20名、賛成とした5会派（公明・共産・社会・民社の各党）は35名、他に無所属9名であった（補注1）。無所属議員が"工業クラブ"、"同志会"として、条例案に対する賛否判断を留保したとみられる。採決の結果、「起立多数」で条例案、付帯決議は可決された。なお、1976年9月議会に提出された条例制定に反対する10件の請願は不採択とされた。

（補注1）　市議会議員当選者数（1975年4月）は川崎市選挙管理委員会提供（2019年1月22日）資料による。

3-2　条例・規則と特徴

　川崎市環境影響評価に関する条例（川崎市条例）は前文および24箇条からなり、1976年10月4日に公布し、翌年7月1日に施行した。（川崎市［1976］［1977］）

　条例前文に「すべての人は、良好な環境を享受する権利と保全する責任を有する。われわれは、この原理を認識し……環境を良好な状態で管理し、将来の世代にこれを承継する責務を有する……川崎市民は……開発行為その他の活動が環境に及ぼす影響を事前に予測および評価することにより……環境の保全を図るためこの条例を制定する」としており、前述のように市長が条例案の趣意について、地球の有限性、科学技術の進歩と負の側面などに言及したことと脈絡を一にしているとみられる。十数年後の1993年制定の環境基本法の基本理念（第3条）に似通うもので注目されるのであるが、この川崎市条例制定の数年前に東京都公害防止条例（1969年7月）が前文中に第一原則および第二原則として同様の認識を示していた。（川崎市［1976］）（東京都［1969］）

　「指定開発行為」を行う者に自己責任・負担により環境影響評価を行うことを求め、対象となる10種の行為を規則で定めた。面的開発について1ha未満のものを除く都市計画法に規定する開発行為・埋立て・住宅団地新設等、敷地面積9,000m^{2}未満又は建築面積3,000m^{2}未満のものを除く製造業等の新設、産業廃棄物処理施設の新設、車道4車線未満のものを除く道路の新設・増設、鉄道・軌道の新設・増設などを定めた。（川崎市［1976］［1977］）

　指定開発行為者が市長に「環境影響評価報告書」等を届出し、市長はその報告書を告示・縦覧する、開発行為者は告示・縦覧中に関係住民に説明会を開催し、関係住民・その他の意見を有する者は市長に意見書を提出する、市長は寄せられた意見を開発行為者に送付し、開発行為者は意見書に基づき、自らの報告書について修正の有無を報告書により市長に報告する、市長は報告書、および修正の有無に関する報告書をもとに、「川崎市環境影響評価審査審議会」の

意見を聴いて審査書を作成・公表する、開発行為者は審査書が公表された日以降でなければ開発行為を実施できないし、審査書を遵守しなければならない、条例違反により良好な環境に支障を及ぼしている者について、違反の事実を公表する、届出義務を怠った者、開発行為を審査書の公表日前に実施した者等に罰金を課する、などを内容とした。(川崎市［1976］)

なお、市長が策定する「地域環境管理計画」の中で環境影響評価項目・環境保全水準・評価技法等を盛り込むとし、評価項目として自然環境、公害・廃棄物・安全、景観、日照、歴史・文化などを明示し、それぞれに必要な調査内容、標準的調査技法等を示した。(川崎市［1976］［1977］)(川崎市計画［1977］)

1996年までに市条例に基き91件の環境影響評価手続きを行っているが、これは東京都144件、三重県115件に続く多件数(いずれも1996年まで)であった。(待井他［2008］)

3-3 関係図書における条例制定に係る記述等

川崎市条例制定当時の市長は伊藤三郎氏であった。1971年4月の選挙で初当選し、1975年4月に再選されていた。その第1期においては「環境影響評価」に直接に関わりを有するような大きなできごとはなかった。しかし、公害防止条例の制定、大気汚染系の健康被害者の救済・補償に関係する条例の制定がいずれも市議会において全会一致で可決を得た経緯があり、また、自然環境保全についても、市民の直接請求条例案を議会が一旦は否決したものの、後に議員提案による審議会設置と検討を経て全会一致で自然環境保全条例制定に至った経緯があった。市民に公害対策・自然環境保全を求める強い要求があり、市行政、市議会がそれを受け止めていたとみられる。(川崎市議会［1985］)

川崎市条例を制定することになったことについて、市行政の担当幹部であった蕪木明雄氏(企画調整室長。1976年当時)と松本秀雄氏(環境保全局長。1980年当時)は、川崎市公害防止条例の制定、自然環境保全条例の制定、さらには1964年開通の東名高速道路料金所付近の騒音問題、1975年開通の国鉄(当時)南武線の騒音・振動問題などが、開発に当たって事前に環境影響を予

測・評価して環境影響を未然に防止する必要性を認識させるに至っていたことを指摘している。別の図書によれば、条例制度の導入の背景として、市内南部の工業地域における工場の操業に係る環境の改善を図るために、また北部の乱開発を防止するために必要であったとしている。(蕪木 [1977])(松本 [1980])(伊藤市政記念誌 [2005])

　1975～1976年に法制化をめぐって、国政において推進しようとする環境庁(当時)と反対する通産省(当時)・産業界などの動きが交錯していた。一方、一部の地方自治体において要綱等による環境影響評価制度を導入する動きがあった。伊藤市長は自身の著書において、1975年に公明党、社会党(当時)がそれぞれに環境影響評価に関する法案を国会に提案していたこと、同年末に中央公害対策審議会(当時)の環境影響評価専門委員会が環境評価制度に関する検討結果をまとめたこと、1976年には環境庁(当時)による環境影響評価に係る法案要綱が報道されたこと、一部行政庁や経団連等に法制化に反対する動きがあったこと、一部の地方自治体が制度導入を検討していたことなどを記述し、また、条例案を市議会に提案する直前の1976年7月に、七大都市首長会議において環境影響評価制度の条例化について共同研究を行うことが協議されたとしている。伊藤市長は環境影響評価制度をめぐる国政および他の地方自治体の動向を把握していたとみられる。(伊藤 [1982])(川名 [1995])

　1971年から約18年にわたる伊藤市政をまとめた図書の中で、市行政内部において条例の検討がなされた状況を当時の担当者(氏名は明示されていない)が証言している。それによれば「市長さんは非常に急いでおり……76年(1976年)だったと思いますが、6月に作業をはじめ、9月には……議会にかけた……原案については……(東大の)教授……環境庁……公衆衛生院……(などの)先生方に見ていただきました」(伊藤市政記念誌 [2005])とされている。この担当者の証言は、前述のように1971年6月8日に市長が市議会で条例制定に言及した頃に、行政内部で条例案が用意されはじめたことを示している。また、1971年4月には一部の新聞に環境庁による環境影響評価法案要綱が報道され(通産省等の反対により国会提案は見送られた)ており(朝日新聞 [1976])(川名 [1995])、担当者は法案要綱を参考とした可能性がある。

3-4 条例制定の背景と主体の関わり

条例制定の背景

　川崎市条例の制定の背景として、第1に当時の市内の環境をめぐる状況が挙げられる。大気汚染系の公害病が多く発生し、大気汚染物質の総量規制問題が大きな環境課題となっており、さらに鉄道（武蔵野南線）と道路（国道246号）の騒音・振動等に係る苦情が市内の広い範囲で起こっていて、公害への関心が高い状況にあった。また、市内の北部では林地の宅地開発等が進んでおり、開発と緑地の保全をめぐって「緑の憲法」条例案をめぐる論争を経て自然環境保全条例が制定された経緯があった。市民、市長・市行政および市議会に公害対策と自然環境保全に高い関心があった。（川崎市［1997］）

　第2に当時の国政において環境影響評価の法制化が注目を集めていたことである。1970年代半ば頃に、法制化を実現しようとする環境庁（当時）に対して、それを阻止しようとして開発省庁（通産省・建設省。いずれも当時）および経済界は声を大にしていた。公明党と社会党（当時）は国会に環境影響評価に関する法案を提案していた（参議院［1975］）（衆議院［1977a］［1977b］）。しかし自民党は消極的であった。こうした状況は報道されており、川崎市の行政、市議会において知られていたと想像されるし、関心のある川崎市民にも知られていたと考えられる。

　第3に市長および市行政担当者は、当時の公害対策、自然環境保全をめぐる紛争や議論に対処し、市行政の取組みを喧伝するについて、条例制定が有効であると考えたものとみられる。環境影響評価制度を設けることと、当時の鉄道・道路公害苦情への対処や以前からの課題であった大気汚染健康被害の救済・補償などとは、直接的な関わりはなかったと考えられるが、環境問題の未然防止を図るとの市行政の姿勢を明確にすることができる、市民および市議会に賛同を得ることができると判断したものとみられる。

条例制定の主体

　川崎市条例制定を促した主体について以下のように整理される。

　市長・市行政は条例制定の推進母体であったとみられる。具体的に誰（市長、市行政幹部など）が担当者に条例案作成を指示したのか、あるいは行政担当者が上司あるいは市長に上申をしたのかについて情報は得られなかった。しかし、1976年6月には市行政内部において条例案づくりに着手され、市議会において市長が条例制定の目途を9月とすると発言しており、市長・市行政主導の条例制定であったとみられる。

　市議会においては遅くとも1975年11月開会の議会においては環境影響評価（環境アセスメント）が討論されているのであるが議員（会派）が条例案を提案することはなかった。1976年9月議会に市長から提案を得て条例案を審議し、会派により条例案に対する賛否が分かれ、自由民主党は反対、工業クラブは賛否判断を尚早としたが、賛成とする公明党、民社党、社会党、共産党の各党議員数が多く成立に至った。市議会は条例案を可決した点において役割を果たした。

　市民は条例制定に関心を寄せていたとみられる。1975年11月議会に住民ら930名の署名による市内緑地の保全等に関する請願がなされ、条例案が提案された1976年9月議会においても、5,341名の住民署名を得て、多摩市南部の開発計画について環境アセスメントを求める請願がなされている。一方、1976年9月議会には土地区画整理組合関係者等から環境アセスメントの制度導入に反対する10件の請願がなされている。条例制定に賛否両論があったが、市長・市行政および市議会は、公害対策や緑地保全に関心が高い市民の存在を認識して条例制定を進めたものとみられ、その意味において市民は条例制定の主体に準ぜられるものと考える。（川崎市議会［1976c］）

4 北海道環境影響評価条例（1978年7月）の制定

4-1 条例制定（1978年）以前の苫東開発にかかる環境影響評価と反対運動

条例制定以前の苫東開発にかかる環境影響評価

　北海道環境影響評価条例（北海道条例）は1978年7月に制定され、1979年1月に施行された。この条例制定については、1975年4月の知事選挙において再選を目指した堂垣内知事が環境影響評価の制度化を公約としたものの、再選後の堂垣内道政において条例制定はすぐには実現しなかった。北海道行政は国政の動向を見極めようとしていたとみられるのであるが、法制化の遅れを見限るように知事・道行政による発意から約3年後に条例化を実現した。

　この条例制定以前に苫東開発をめぐって数次にわたって環境影響評価が実施された。最初の環境影響評価は北海道によって1972年12月にまとめられており、これは1972年6月の政府による環境影響評価に係る閣議了解（閣議了解［1972］）の半年後のことであった。その後北海道は苫東開発にかかる環境影響評価を自主的に実施・更新し、北海道条例が制定されるまでに5次にわたって環境影響評価を実施した。この過程の1975年4月頃までに北海道行政内部において環境影響評価の制度化・条例化が発意され、1975年知事選挙において再選を目指した堂垣内知事の選挙公約に掲げられた。北海道条例の制定は北海道が苫東開発を推進するに必要な環境影響評価を自主的に積み重ねていく過程と密接に関わっていた。

最初の環境影響評価

　苫東開発にかかる**最初の環境影響評価**は1972年12月にまとめられた。
　1970年7月に閣議決定された「第三期北海道総合開発計画」において、苫小牧東部地区に、鉄鋼、石油精製、石油化学、非鉄金属および自動車工業などからなる「大規模工業基地の建設」をするとし、また、大規模な港湾の建設を

推進するとした。(閣議決定［1970］)

　1971年4月に知事選挙があり、いずれも新人の塚田庄平氏（社会）、堂垣内尚弘氏（自民）、坂本和氏（無所属）が立候補した。実質的に塚田氏、堂垣内氏による争いとなり、最終的に堂垣内氏が当選したが、両氏の票数差は約13,000票（総有効投票数約260万票）の僅差であった。当選後の1971年6月の道議会で堂垣内知事は任期4年間の施策・重点事項について述べた中で苫小牧東部大規模工業基地建設を積極的に進めるとした。(北海道議会時報［1971a］［1971b］)

　1971年7月の北海道議会における質疑において、知事は苫東開発について公害のない、自然を損なわない開発を推進するとして事前調査を実施すると答えている。同年8月に「苫小牧東部大規模工業基地開発基本計画」が北海道開発審議会（当時）に了承され、開発推進が具体化した。(苫小牧市［1971］)(北海道議会［1971］)(環境庁［1982］)

　苫東開発を推進しようとする北海道と苫小牧市にとって、苫小牧東港の開発を中央港湾審議会および運輸省に承認を得ること、港湾審議会に先立つ省庁連絡会議の了承を得ることが必要であった。1972年12月に開催予定の中央港湾審議会において審議されることを希望して、北海道は「苫小牧東部大規模工業基地に係る環境保全について（1972年）」をまとめて環境庁と通産省（いずれも当時）に提出した。これが苫東開発と環境保全にかかる最初の環境影響評価とみられる（補注2）。この報告は中央港湾審議会の政府内の4省庁（環境庁、通産省の他に運輸省、北海道開発庁）連絡会議のメンバーである2省庁に理解を求めたものとみられる。しかし、1973年1月26日開催の連絡会議は対策に具体性を欠くとして調整は不調に終わった。(エネルギージャーナル［1973］)(苫小牧市職労［1975］)(長谷川［1973］)

（補注2）　筆者は苫小牧市立図書館に所蔵されている「苫小牧東部大規模工業基地に係る環境保全について 資料編（1972年）」を確認したが、その"本文"を確認できなかった。

第2の環境影響評価

1973年6月に北海道は「苫小牧東部大規模工業基地に係る環境保全について（昭和48年6月）」をまとめた。これが苫東開発と環境保全にかかる**第2の環境影響評価**とみられる。6月11日開催の5省庁連絡会議（運輸・通産・環境・北海道開発・経企の各省庁）は、"鉄鋼立地の取り止めを含む鉄鋼立地の留保"を条件として中央港湾審議会に諮問することを確認し、12日に堂垣内知事は記者会見で鉄鋼立地を後年次に繰り延べるとした。（北海道［1973a］）（長谷川［1973］）

1973年6月15日に「衆議院公害対策並びに環境保全特別委員会」が開催され環境庁長官（三木武夫氏）が「鉄鋼の工業立地は困難であると考えます」と発言し、政府委員（北海道開発庁）が「鉄鋼留保の形で港湾管理者から計画が（関係省庁・運輸審議会に）出てくるだろうと思っております」と発言している。この時に苫東開発は"鉄鋼留保"とされ、後に1976年末に苫小牧市および北海道が鉄鋼誘致を持ち出したことがあったが鉄鋼立地は立ち消えとなった。なお"鉄鋼留保"についてであるが、「第2の環境影響評価」に「基幹工業用地」とのみ図示して具体的な業種を記載していない。（衆議院［1973］）（北海道［1973a］）（長谷川［1973］［1978］）

第3の環境影響評価

1973年12月に**第3の環境影響評価**が取りまとめられた。

1973年に苫小牧市長は市独自の基本方針として、1978年までを目標とする企業の段階的立地構想と環境保全対策をまとめ発表し、この中で鉄鋼を除いて自動車、石油精製、石油化学、電力を立地想定した。苫小牧市はこの計画のパンフレットを全戸配布して住民説明（市内17か所）を行った。（苫小牧市［1973］）（長谷川［1973］）（苫小牧市企画部［1974］）（伊藤［1975］）

市長は11月17日の臨時市議会に「苫小牧市基本構想」および「苫小牧東部開発に関する基本方針」を提案して議決を得た。また、11月19日に「苫小牧東部大規模工業基地開発連絡協議会」（1973年3月17日発足。北海道、北海道開発庁および関係5市町等で構成。会長・北海道知事）が市の基本方針を

表 1　苫東開発基本計画

	面積（ha）	業種	生産額（億円）	従業者数
基本構想（注1）	12,650	鉄鋼、石油精製、石油化学、非鉄金属、自動車、関連工業、電力	33,000	50,000
苫小牧市計画（注2）	約10,000	自動車、石油精製、石油化学、機械その他、電力	4,300	10,700

注1：「基本構想」は「苫小牧東部大規模工業基地開発基本計画 第86回北海道開発審議会承認 昭和46年8月18日」（苫小牧市［1971］）による。1980年代後半想定。
注2：「苫小牧市計画」は「苫小牧市東部開発に関する市の基本方針 昭和48年」（苫小牧市［1973］）による1978年計画。

承認し、11月21日に苫小牧港管理者が東港計画を地方港湾審議会に諮問し承認を得た。伊藤氏によれば「北海道および北海道開発庁は市の独自の案を尊重して開発を進めることにした」としている。（苫小牧市企画部［1974］）（伊藤［1975］）（長谷川［1978］）

　12月に北海道は苫小牧市の基本方針に対応して、1978年を目標とする「苫小牧東部大規模工業基地に係る環境保全について（昭和48年12月）」（北海道［1973b］）をまとめて環境庁に提出した。これは筆者が把握した苫東開発に関係する第3の環境影響評価である。この「第3の環境影響評価」において、石油精製、石油化学、電力、自動車関連工業を立地想定し、"鉄鋼"の記載がなくなっている。（北海道［1973b］）（伊藤［1975］）（永井［1976］）

　1973年12月18日に中央港湾審議会計画部会は諮問された苫小牧東港計画を継続審議とし、翌年に「おおむね適当」とし、その報告を得て1月17日に中央港湾審議会が「おおむね適当」と答申、18日に運輸大臣が苫東計画を承認した。この承認について、第3の環境影響評価を元にしたものと考えられる。（長谷川［1978］）（片岡［1984］）

　この頃に苫東開発に反対する組織的な運動がみられるようになり、1973年7月に地区労等により「大資本奉仕、公害たれ流しの苫小牧東部開発に反対する会」が発足して1975年頃まで反対運動を繰り広げた。この反対運動について次々項で少し詳しく記述する。（伊藤［1975］）（内山［1973］）（苫小牧職労［1975］）

第4の環境影響評価

1974年7月に苫東開発にかかる**第4の環境影響評価**が取りまとめられた。

1974年5月に石炭火力発電所の建設（当初35万kw）の立地候補地として苫東・厚真町が挙げられることとなった。北海道はこれに対処して1973年12月の環境保全対策を見直し「苫小牧東部大規模工業基地に係る環境保全について（昭和49年7月）」（北海道［1974］）をまとめた。1974年8月に、本文、同資料編および石炭火力発電所建設に係る環境保全対策の三部にまとめて公表し、関係市町（苫小牧市、千歳市、厚真町、早来町および鵡川町）に資料を送付して役場、農協等に備え付けて住民の閲覧に供するよう依頼し、併せて首長に地元意見のとりまとめを一任した。苫小牧市は企業立地審議会に意見を聞くとともに市議会に提案し、千歳市は市議会に提案して意見のとりまとめを行った。3町は住民説明会を開催したうえで議会意見のとりまとめを行った。伊藤氏はこのことについて「これらの手続的な手順は……苫東開発の見直しアセスメントや石炭火力立地の適否の判断にかかるものであり……環境アセスメント手続 ― 公表・資料の備付・縦覧・住民説明・地元意見の集約 ― にみなされるものである」（伊藤［1975］）としている。これが筆者の把握した苫東開発に関係する第4の環境影響評価である。（北海道［1974］）（伊藤［1975］）（永井［1976］）

苫東開発反対運動

「第2の環境影響評価」(1973年6月)～「第5の環境影響評価」(1975年11月)の間に、開発反対運動が繰り広げられた。1973年3月に苫小牧地区労定期委員会で開発反対決議がなされ、4月に地区労連絡会議（苫小牧、早木、厚真、鵡川の各地区労）が開発反対を確認し、6月には苫小牧地区労主催の「公害追放市民集会」が開催され、また、社会党苫小牧支部が市長に地方港湾審議会の中止もしくは延期を申し入れた。（伊藤［1975］）

内山氏の報文によれば、1973年6月20日に社会党北海道本部がこうした動きに歩調を合わせることとなり、また従前から共産党が開発反対を唱えていた。7月12日に地区労、社会党および共産党による政党・労組主導の「大資

本奉仕、公害たれ流しの苫小牧東部開発に反対する会」(反対する会) が結成された。総会に苫小牧市および周辺市町の 130 余名が参加し、71 団体 3 個人により「(苫東開発は) 住民不在の開発計画である……鉄鋼を留保しても……環境保全対策に……全く納得できるものではない……きれいな空気、青い海をとりもどし、貴重な自然を……保存し……いのちとくらしを守るために……訴えるものである」とのアピールを行った。同年 9 月に苫東開発を白紙撤回することを求め 14,400 人の署名を得て市議会に請願したが、これは多数決で不採択とされた。(内山 [1973]) (苫小牧市職労 [1975]) (阿部 [1981])

　1973 年 12 月 18 日に開催される中央港湾審議会において苫東港開発審議が予定されたことから「反対する会」は示威行動を行うべく上京した。18 日に運輸省港湾局長に会い、港湾局長から審議会に苫東港について諮問するが即日答申を期待していないとの言質を得た。翌 1974 年 1 月に中央港湾審議会開催の報を得て「反対する会」は再び上京し、港湾局長から地元の港湾審議会の了承を得て承認するとの約束を得た。運輸省は 12 日に港湾審議会計画部会を開催したが会場に警察官を待機させて、関係者以外の者の立入を禁止する措置をとった。計画部会は苫東開発を「おおむね適当」とし、この報告を受けて 17 日に中央港湾審議会は苫東港計画案を「おおむね適当」とした。運輸大臣は「(苫東港湾計画は) 国の港湾の開発計画に適合し、かつ、港湾の利用上適当であるものと認める」(運輸省 [1974]) としたうえで、環境保全と船舶の安全確保等を求め、再検討と事業実施に至るまでに報告を求めた。審議会後に「反対する会」は港湾局長に会い、地元の了解が取れるまで着工させないとの言質を得た。(苫小牧市職労 [1975]) (阿部 [1981])

　運輸省が「反対する会」に約束した"地元の了解が取れるまで着工させない"ことについて、運輸省 (港湾局長) は苫小牧市に、運輸省等に提出された港湾計画等に関して地方港湾審議会、市議会等に了承を得ること等および結果の報告を求めた。(運輸省港湾局 [1974])

　苫小牧市は 1974 年 2 月 7 日に地方港湾審議会を予定した。しかし「反対する会」はこれを実力阻止した。その後「反対する会」は地方港湾審議会委員に個々に説得活動を行った。一方、市行政は審議会を開催せずに、文書で委員に

了承を得る手続を行った。「反対する会」の活動は同年11月20日に苫小牧市が開催しようとした「企業立地審議会」（苫東に石炭火力を立地させることについて審議予定）を流会させ、苫小牧市が札幌市で開催しようとした同審議会も流会させた。また、11月29日に開催した苫小牧港管理組合議会（議題に苫小牧港区域の変更を含む）の議場において抗議活動を行ったが、これについては「反対する会」のメンバーを警察が排除する事態となった。審議会は短時間（10分ほど）で港湾区域の変更議案を認めた。（苫小牧市職労 [1975]）

「反対する会」の活動は1973年〜1974年に最も激しく繰り広げられたものとみられ、筆者が把握したところでは2度にわたり行政側が警官の出動を求める事態を生じさせた。しかし、その頃以降に反対運動は弱まったものとみられる。苫小牧市職労委員会による報文によれば、1975年4月の統一地方選挙（筆者注：苫東開発推進を唱える道知事、苫小牧市長の再選）の後に、「……反対運動が選挙後完全に停滞し（てしまった）……反対する会の主なメンバーは社会党、共産党あるいは地区労であり……政党、労組主導型の運動体である……本質的な弱さが……噴出した」状態となった。（苫小牧市職労 [1975]）

第5の環境影響評価

1975年11月6日に北海道は「苫小牧東部大規模工業基地に係る環境保全について（昭和50年11月）」を公表した。これが**第5の環境影響評価**（補注3）である。このことについて、1975年12月の道議会において、知事が「苫東のアセスメントは、（昭和）48年公表したしましたが、これに対する住民の意見やその後の調査結果を検討して本年11月取りまとめた」としているように、石炭火力発電所の立地の具体化に対応して作成した環境保全対策（第4の環境影響評価。1974年8月）を補正・補完して環境庁に提出している。これが筆者の把握した苫東開発に関係する第5の環境影響評価である。（北海道 [1975]）（北海道議会 [1975e] [1975f]）（伊藤 [1976]）（永井 [1976]）（長谷川 [1978]）（片岡 [1984]）

1976年5月27日開催の政府の12省庁連絡会議において環境庁が苫東開発について意見を述べている。北海道議会会議録の知事の発言によれば、環境庁

の意見は苫東開発と苫小牧市の現状を併せた環境アセスメントを行うこと、苫小牧市の公害の現状を公害防止計画によって改善を図ること、苫東について企業立地計画の具体化の際に環境影響評価を実施すること、自然環境保全を土地利用計画や工事実施方法に配慮して慎重に措置することなどである。知事はこの指摘についてその時点における道による環境アセスメントの内容について述べたものではないので見直しをする必要はないとの認識を述べている。「環境庁十年史」は「昭和47年に設置された12省庁連絡会議の場を通じて、昭和51年6月に意見を述べた」としている。（北海道議会［1976c］）（環境庁［1982］）

　こうした苫東開発の環境影響評価をめぐる経緯の中途の1975年頃から環境影響評価について条例制定を指向する動きが始まった。後述するように北海道環境影響評価条例案が1978年7月18日に可決・成立し、1979年1月18日に施行した。この条例施行後は、苫東開発の具体的な開発事案その他の条例該当開発案は条例に基づいて環境影響評価が実施されるようになった。

　なお、北海道は「苫小牧東部大規模工業基地に係る環境保全について（昭和53年12月）」（北海道［1978a］）をまとめている。これは条例施行前にまとめられた苫東開発に関連する6番目の環境影響評価であるが、北海道は「（苫東基地での石油備蓄について）従前の環境影響評価書の内容に……必要な補正・補完を行った……昭和53年12月に作成、公表し（た）……環境影響評価書は、北海道環境影響評価条例に基づき行われた環境影響評価とみなされている」（北海道「苫小牧東部大規模工業基地に係る環境保全について　昭和54年6月」（北海道［1979］）の前文による）としている。（北海道［1978a］［1979］）

（補注3）　筆者はここまで"最初"～"第5"の環境影響評価と整理した。しかし、北海道は後に苫東開発にかかる環境影響評価について、「……『苫小牧東部大規模工業基地に係る環境保全について　昭和48年12月』として、その第1次評価書を作成……昭和49年7月に第2次評価書を……昭和50年11月に第3次評価を作成、公表した……」（北海道［1978a］）としている。筆者が"最初の環境影響評価（1972年12月）"および"第2の環境影響評価（1973年6月）"としたものについて、北海道行政は"第1次評価書（昭和48年12月）"以前のものとし、筆者が"第3"～"第5"の環境影響評価としたものを"第1次"～"第3次"の

評価書としている。

4-2　環境影響評価条例制定等

条例案の提案に至る経緯

　北海道環境影響評価条例案は 1978 年 3 月に議会に提案された。条例案の提案に至る経緯は以下のようであった。

　1975 年 1 月 4 日に北海道新聞が「知事は……"環境保全優先"の考えを具体化するため、一定規模以上の開発に対しては公共、民間を問わずすべて計画段階で環境アセスメント（事前評価）を義務づける独自の条例と、その内容を厳しくチェックする第三者機関を設置する意向を固め、検討に入った……道としては苫小牧東部大規模工業基地のアセスメントの経験を生かして、全国のヒナ形となるような基準と体制を整えたいとしている」と報道した。（北海道新聞［1975］）

　1975 年 3 月 10 日の道議会予算特別委員会において、北海道新聞報道に関連して議員（影山豊氏）が環境アセスメント条例について、1975 年度に成案を得て 1976 年度に間に合わせると理解してよいかと質問し、これを生活環境部長が首肯した（北海道議会［1975a］）（北海道議会時報［1975a］）。

　1975 年 4 月に北海道知事選挙があり、現職の堂垣内尚弘氏（無所属、自民・民社推薦）と五十嵐広三氏（無所属。社会・共産推薦、公明支持）により争われ、堂垣内氏が約 160 万票を得て再選（約 30 万票差。有効投票約 300 万）された（北海道議会時報［1975b］）。この選挙にあたって堂垣内知事は環境アセスメントの制度化を公約として表明し、当選後の議会において「大規模な開発を行うに当たっては、環境アセスメントを実施し、これを厳正にチェックするため条例の制定を検討いたします」（北海道議会［1975b］）と述べた。さらに知事はこの議会における質問に答えて、環境アセスメントについて、公害防止と自然環境保全を含むものとする、アセス関係資料を一般公開し住民の意向を反映できるようにする、学識経験者等で構成する審査機関を設ける、できるだけ早く成案を得るよう努めるとした（北海道議会［1975c］）。

この後、道行政が条例の成案を得るに至る経緯について、当時の道知事であった堂垣内尚弘氏は後に発表した報文に記述している。それによれば1975年9月に、北海道は知事の諮問機関である公害対策審議会と自然環境保全審議会に、環境影響評価の制度化について諮問して意見を求めた。二つの審議会は委員から選任を得た委員で構成する「環境影響評価制度小委員会」（小委員会）を設置して調査審議を付託し、同年10月に小委員会は制度を設けるにあたって留意すべき基本的事項および道民の合意を得るべきこと等を報告した。1976年2月に、道は小委員会の報告に基づいて「環境影響評価に関する条例（仮称）案要綱」（条例案要綱）を作成して二つの審議会に検討素材として提示し、公表した。（堂垣内［1986］）

　道の条例案要綱に各方面からかなりの反響があった。条例案要綱を是認して早期に制度を確立・運営を図るべきとの意見、技術的手法のレベルや住民意見の聴取方法からみて制度そのものが時期尚早であるとの意見、および条例案要綱の制度は不完全で第三者機関などにより厳正に開発事業をチェックすべきとの制度強化の意見があったとしている。さらには、開発を遅延させることになる制度化を他府県に先駆けて実施することを疑問視する意見、現行の個別法令等の体系でアセスメントを実施することが現実的であるとの意見、条例案要綱のような開発規制の機能は法制度によることが望ましく条例制定は法制度を見極めて対処すべきとの意見、条例案要綱の制度化では住民参加・開発規制・代替案提案等が不十分であるとの意見などがあった。（堂垣内［1986］）

　小委員会は条例案要綱の検討を引き続いて行い、1977年12月に制度化にあたって検討を加えるべき留意事項等について報告した。この小委員会報告をもとに2つの審議会が審議を重ね、1978年1月に制度化を進めるべきことを知事に答申した。なお、この答申の審議過程において、住民参加基盤・評価技術の未成熟、開発抑制への危惧、中途にある国制度の状況等を理由に、要綱などによる弾力的運用の積み重ねが先決で審議会の結論を急ぐべきでないとの意見があったことが記録にとどめられた。2つの審議会の答申を得た後、知事から指示を得て担当部局が条例案を作成し、1978年3月の道議会に提案された。（堂垣内［1986］）

1975年4月に知事が再選を目指す選挙の公約として条例化の検討を行うとした後に、1978年3月の道議会に条例案が提案されるまでに約3年の検討期間を経ており、知事が1975年度中にも成案を得たいとしていたこと（北海道議会［1976b］など）を勘案すると大幅に遅れている。このことについては少なくとも2つの要因があったと筆者は想定している。

　第1には国の法制度の動向を見定めようとしていたとみられることである。1975年頃から始められた国の法制化については迷走を続け、1980年代には法制化は実現しなかったのであるが、北海道としては国の法制化の動向、法制度の仕組みは重大な関心事であったとみられる。例えば知事が、1976年3月の北海道議会において国の法律との整合性が必要になる、1977年3月に国の制度化との関連について検討する必要が生じている、1978年2月に国の動向を見ながらこの議会に条例案を提案したいなどと発言している。（北海道議会［1976a］［1977］［1978a］）

　第2には道内に条例制定等による環境影響評価の制度化を疑問視する意見があったことである。堂垣内氏の報文は、1976年2月に道が提示・公表した条例案要綱について容認する意見もあったが、反対とする意見、不十分であるとの意見などがあった（堂垣内［1986］）。北海道議会・新村源雄議員の発言によれば、北海道経済連・会長は知事宛に要望書を提出し、対象事業の範囲、評価項目を限定すること、道独自の環境保全水準を定めることを避けるべきこと、条例制定によって企業誘致が阻害されないように配慮することなどを指摘したとされており、日本経団連等と同様に道の経済界は制度導入に慎重な姿勢をとっていた（北海道議会［1978b］）。

道議会における条例案の審議と可決

　1978年3月に議会に提案された条例案は継続審議とされ、次の議会の7月18日に可決・成立した。道議会における条例案の審議・可決の経緯は以下のようであった。

　1978年3月14日に条例案の提案にあたり知事は「……条例案は、開発の推進と環境の保全を図ることが本道における極めて重要な課題である……開発事

業について環境への影響を適切に評価するための手続などを定め……環境の汚染などを防止し……良好な環境の確保を図る……条例を制定しようとするものであります」と説明した。(北海道議会 [1978c])

　条例案審議の経緯はおおむね以下のとおりであった。5月23日に知事に対する総体的質疑、6月12日に学識者を招いて議会協議会を開催している。6月13日から5日間にわたり逐条審議、6月27日に全体質疑を行っている。(北海道議会時報 [1978])

　7月18日の本会議において条例案審議を付託された公害対策特別委員会(田苅子政太郎氏)が審議経過を報告した。審議における論議の主な点は、条例の目的・性格などの基本的考え方、評価項目・評価技法等、開発事業者の責任、住民意見の反映の考え方、関係地域住民の範囲の考え方、説明会・公聴会、国と道の環境影響評価の関係、審議会の性格と委員の任命、罰則等であったとし、また、委員長はこれらの点について活発な質疑が交わされたと報告している。委員会質疑の終結後、各会派代表者間で意見の調整を行うも意見の一致に達しなかったこと、一部の委員から委員全員の発議による会議案を提案する動議が提出されてこれを討論・採決して否決したこと、知事提案の条例案を採決し賛成多数で可決したと報告している。(北海道議会 [1978d])

　議会本会議において委員会報告がなされた後、湯本芳志議員が28名の議員発議による条例案を提出し説明している。それによれば、知事提案の条例案に不十分な点があるとし、前文を付すこと、事業計画の早い段階から手続きを行うこと、説明会を原則として開催するとすること、誰でも意見書を提出できるとすること、住民の要請により公聴会を開くこと、知事に事後監視を義務づけること、審議会委員を増やし科学技術の専門家だけでなく市民感覚をもつ人を議会同意を得て任命すること、一部の条項違反に罰則規定を設けることなどを内容としている。また、本間貴代人議員が社会党・共産党を代表するとして、議員発議の条例案に賛成し、知事提案の条例案に反対する討論を行っている。(北海道議会 [1978d])

　小野秀夫議員が自民党・公明党・道政クラブを代表するとして知事条例案に賛成するとし、議員発議の条例案に反対するとの討論を行った。議員発議の条

例案について問題があること、知事条例案によりまずは制度を発足させて運用は実際に即していくことが妥当であること、審議会は知事の付属機関であり道議会の同意規定は前例がないこと、悪質な条例規定違反に対しては"知事が公表する"ことで十分に実効性を担保できるのでそのことを超える罰則規定は不要であることなどとした。（北海道議会［1978d］）

　この討論等の後に採決に付され、議員提案の条例案について賛成の"起立者少数"で否決し、知事提案の条例案を賛成の"起立者多数"で可決した。この時の討論から知事提案に賛成したのは自民党・公明党・道政クラブ、反対したのは社会党・共産党である。この頃の道議会の党派別内訳（1975年4月選挙。議員数105名）によれば自民党57名、社会党27名、公明党6名、共産党2名、民社党1名、無所属12名である（北海道議会時報［1975b］）ので、自民党と公明党議員に道政クラブ議員を加えて過半数に十分であったとみられる。

条例・規則と環境影響評価

　北海道環境影響評価条例は1978年7月18日に可決・成立し、41箇条と附則4項からなり、1979年1月18日に施行した。（北海道［1978b］［1978c］）

　環境影響評価を行うことを求める開発事業を「特定開発事業」として道路建設等8種とそれらと同程度の環境影響のおそれのあるものを規則で事業種・規模要件を定めるとし、特定開発事業を行おうとする者（特定開発事業者）が環境影響評価を行うとした。道が行う事業および市町村・国の機関等が行う事業、その他の事業者が行う事業（一般開発事業）について、環境影響評価手続きを規定し、また「特定地域」（各種の事業が集中して事業が総合的・計画的に行われる必要がある地域）の環境影響評価について規定した。

　環境影響評価手続について、一般開発事業に係る骨子は以下のとおりである。事業者は知事に環境影響評価書（評価書）を提出する、知事は評価書の概要を告示・縦覧する、関係地域（事業実施地域および事業により環境影響が及ぶと認められる地域）の市町村長に通知する、必要があると認める時は説明会を開催する、公害防止・自然環境保全の見地から意見がある関係地域の住民は知事に意見書を提出する、知事は市町村長意見・北海道環境影響評価審議会の

意見を聴き審査意見書を作成・公表・通知し告示する、事業者は知事意見の検討を行い、見直しすべき事項があれば見直し、修正し、修正事項に係る評価書を知事に提出する、知事は見直し事項の通知を受けた時は告示する。道および市町村・国の機関等による特定開発事業に係る手続について、当該機関等と手続を協議し、協議が整えば一般開発事業と同じような手続を行う。また、知事が「特定地域」を指定・告示し、環境影響評価を行う、一般開発事業と同じような手続を行うとした。

条例は知事に対して、特定開発事業者が法令等により許認可等を得ることを要する場合において、許認可等権限を有する者に環境影響評価の結果を十分勘案するよう要請するとした。しかし、事業者に環境影響評価書の内容の遵守の義務、遵守されなかった場合の措置等について規定していない。条例に規定する特定開発事業だけでなく一般的な"開発事業者"に環境影響の調査、必要な見直しによる環境悪化の未然防止を責務とする規定に止まった。

環境影響評価審議会を設置し、評価書に対する知事意見作成にあたって知事から聴聞を得た場合における調査審議およびその他の環境影響評価に関する知事の諮問を得た調査審議を行うとした。

施行規則により8種の特定開発事業と規模要件（工業団地等の面的開発100ha以上など）、特定地域について港湾法の水域施設・外かく施設を建設する事業および公有水面埋立の免許・承認を受けて行う事業等、調査・予測・評価項目について自然環境保全（地形、地質、植物、動物、自然景観）および公害防止（典型7公害）などとした。（北海道［1978c］）

堂垣内氏の報文によれば、条例に基づいて1985年頃までに40件の環境影響評価手続が行われた。特定開発事業は15件（ダム4件、電源開発3件、空港2件など）、特定地域・苫東開発関連16件、特定地域・石狩湾新港関係9件である。（堂垣内［1986］）

4-3　条例制定の背景と主体

条例制定の背景

　堂垣内氏の報文によれば、条例制定の頃に道行政は、第三期北海道総合開発計画（1970 年策定。1971 年から 10 年計画）を進めるにあたって、重要施策（伊達火力発電所立地、大雪縦貫道路建設、苫小牧東部大規模工業基地建設など）に対する住民団体・自然保護団体による開発反対運動が起きて行政対応が求められたこと、従前の地域開発計画・開発方式が環境汚染防止や自然環境保全に不十分であるという反省が強く求められていたこと、これからの開発プロジェクト等は公害防止・自然環境保全について未然防止を基調として環境の保全が期せられる範囲内に止めなければならないこと、客観的な事前調査・予測・評価および住民の理解・意向を集約して開発事業に反映させることが地域開発のために必要であることなどの情勢にあった。「このような情勢等を背景として……公害の防止や自然環境の保全に係る……未然防止や環境保全のための施策の一つとして環境影響評価制度の導入を促すこととなった」としている。（堂垣内［1986］）

　1975 年 1 月 4 日の北海道新聞が道が条例を検討していることを報道し、同年 2 月 28 日の道議会予算特別委員会で影山豊議員（社党）が環境アセスメント条例制定について、1976 年度に議会に提案するかと質問し、当時の担当部長がこれを首肯しているので、この頃までに知事・道行政において条例について検討・議論していた可能性がある。そして 1975 年 4 月の知事選挙が条例制定を促したとみられる。前述のように堂垣内氏は再選を目指して立候補した。その 4 年前の 1971 年 4 月の知事選挙は堂垣内氏を含む 3 人の立候補者によって争われたのであるが、堂垣内氏（自民・新）が塚田庄平氏（社会・新）を僅差（堂垣内氏 1,293,690 票、塚田氏 1,280,479 票、投票総数約 2,657 千票）で上回って堂垣内氏が当選した。1975 年 4 月の知事選挙は堂垣内氏（無所属・現、自民・民社推薦）と五十嵐広三氏（無所属・新、社会・共産推薦、公明支持）の 2 氏が争い、「30 万票をこえる大差で堂垣内尚弘氏の再選」（北海道議

会時報［1975b］）されたのであるが、4年前（1971年4月）の選挙結果を勘案すれば、二人の候補者の争いは熾烈なものであったと筆者は想像している。堂垣内氏は環境保全を前提とする苫東開発を進めるとの考え方を環境影響評価の制度化を選挙公約とすることで訴えたものとみられる。（北海道議会時報［1971b］［1975b］）

　苫東開発に環境保全の観点から影響を与え、またその環境影響評価の実施等の環境保全のあり方を促したもう一つの重要な側面は港湾法手続にかかわる運輸省・運輸審議会（いずれも当時）および環境庁（当時）等である。

　苫東開発にかかる最初の環境影響評価（1972年12月）は中央港湾審議会に諮るに必要な環境保全対策としてまとめられ関係者に説明されたものである（エネルギージャーナル［1973］）。しかし、その環境保全対策はすぐには環境庁等の了承を得られず、苫東（港）開発が中央港湾審議会に諮られることのない状態が続いた。1973年には環境庁長官（三木武夫氏）が環境保全の観点から鉄鋼立地は困難であるとの見解を述べ（衆議院［1973］）、これを機に苫東開発は製鉄所を外して進められることになった。1973年末に地方港湾審議会および中央港湾審議会（計画部会）が相次いで開催された後、翌年1月に苫小牧港開発を運輸大臣が条件付きであるが適当と判断するに至った。こうした運輸省・中央港湾審議会の経緯の間に、中央港湾審議会の幹事会のメンバーであった環境庁が環境保全の見通しを求め、苫小牧港開発の承認を得るため道は環境影響評価報告書をまとめたとみられる（片岡［1984］）。

　片岡氏は1971年頃から1978年頃までに数度にわたって環境庁が北海道による"環境アセスメントレポート"をチェックしていたとしているが、事務レベルの接触・調整は高い頻度で行われたと考えられる。なお、片岡氏は「（北海道と環境庁は苫東開発について）開発の可否について対立関係にあったが、すぐそうではなくなり、環境保全の立場について微妙に調整し合う関係」になったとしている（片岡［1984］）。北海道庁の行政担当者であった伊藤氏は「昭和47年（1972年）ごろ……環境影響対策を検討し……環境庁にこれを持ち込んだ……大変面倒くさい指導を受けることに（なったが）……環境庁が……環境アセスメントを（実施させるという）意図があった……ということがだんだん

分かって……対応(し)……環境庁とも次第に話が合うようになって……環境アセスメントらしいものができた」としている(伊藤 [1976])。

条例制定の発意

1975年4月に再選を目指して北海道知事選に臨んだ現職の堂垣内知事は、環境影響評価の制度化を選挙公約に掲げた。苫東開発にかかる第4の環境影響評価(1974年8月)と第5の環境影響評価(1975年11月)の間のことであるので、苫東開発にかかる最初の環境影響評価(1972年12月)から2年数か月後、閣議了解「各種公共事業に係る環境保全対策について」(1972年6月)の2年10か月後のことである。

閣議了解は「環境保全対策」としており"環境影響評価"、あるいは"環境アセスメント"という言葉は使っていないが、環境庁は「昭和48年版環境白書」において"環境影響の評価"あるいは"環境アセスメント"を用いている。(環境庁 [1973])

苫東開発について条例制定前に1972年12月～1975年11月に環境影響評価がなされているが、いずれも「苫小牧東部大規模工業基地に係る環境保全について」とされており、条例制定以降に「環境影響評価」とされるようになった。前述のように、伊藤氏は苫東開発の当初段階から環境庁の指導を得るようになり、その過程で環境庁が"環境影響評価"というあり方を苫東開発に適用しようとの意図があったことが分かったとし、またそれを契機に環境庁と意思疎通を図るようになったとの趣旨を述べている。苫東の環境影響評価を通じて、北海道行政に環境影響評価という概念が認識されていったものとみられる。(伊藤 [1976])

道行政において環境影響評価の制度化・条例制定を図るとの考え方が形作られる初期段階の経緯を確認できなかったが、1975年1月4日の北海道新聞による道行政内で環境影響評価の制度化検討が進んでいるとの報道の頃までに知事あるいは道行政内部において条例制定という発想がもたらされたものと考える。同年4月の知事選において現職知事が環境アセスメントの制度化を公約に掲げて再選された。

再選直後に知事は早期に条例草案を得るようにするとしていたが、結果として条例案は約3年後の1978年3月に道議会に提案され、7月に議会で可決・成立した。この遅れのために、堂垣内知事は「環境影響評価の制度化は、わが国でも新しい試みであり……本道にとっても重要な課題である」（北海道議会［1975d］）としていたが、川崎市条例に遅れをとることとなった。「道民は（条例により）……早期に制度の制定を期待している……残念なことは、本道に先駆けて川崎市（の）……条例が制定された」（牧野唯司議員。［北海道議会［1976d］）との指摘のようなことになった。前述のように筆者はこの遅れは主として国の制度化の動向を見定めようとしていたこと、および道内において条例化について慎重な意見があったことが関係していると考えている。

条例制定の主体

　条例制定前の1972年から苫東開発にかかる環境影響評価を繰り返したことを通じて、環境影響評価という概念が道政に浸透し、1978年の道条例制定に導いており、苫東開発が条例制定を促した背景である。この過程において道・道行政、国政、および道議会が以下のように関わったと整理される。

　知事・道行政は苫東開発環境影響評価を繰り返して経験し、それに寄り添うように道条例制定を実現した。知事・道行政は条例制定前に苫東開発にかかる環境影響評価を5次にわたって繰り返したが、これは苫東開発を推進するにあたって、その環境保全対策を中央港湾審議会および政府関係省庁会議などに説明して認めてもらうために不可欠であった。この過程を通じて環境影響評価という概念が地域に浸透し、やがて"条例制定"という発意がなされ、1975年4月の知事選挙において制度化を選挙公約とした堂垣内知事が再選されたことにより条例化が進んだ。

　国は苫東開発に関係して影響を与えた。北海道、苫小牧市としては苫東開発推進を図るためには、運輸省（中央港湾審議会）、省庁連絡会議、および環境庁に開発にかかる環境保全対策を理解（了承あるいは承認）してもらうことが必要であった。港湾計画とその変更、企業立地等の開発の変遷と具体化の度に国政が環境保全対策を含めて、北海道、苫小牧市に説明を求めたとみられる。

環境庁は閣議了解（閣議了解［1972］）を所管して苫東開発にかかる環境影響評価に関わった。なお、筆者が得た限りでは環境庁が道に条例制定を促した事実は確認されなかった。

　道議会は知事提案の条例案を可決する役割を担った。1975年4月知事選挙後の道議会において、環境影響評価の制度化に賛意を表する発言がなされたのを初めとして、1978年3月に道条例案が提案されるまでの3年間に、議会質疑において再三にわたって条例案の提案を促す発言がなされ、また条例の規定内容について議論が交わされた。道議会は1975年7月18日に知事提案の条例案を採決・起立多数により可決した。知事案に反対とする会派があり"対案"ともいえる議員発議の条例案を提案したが否決された。知事案に賛成の会派（自民党・公明党・道政クラブ）が反対の会派（社会党・共産党）よりも議員数において多数であった。北海道議会は条例制定を促し、知事条例案を可決して役割を果たした。

5　岡山県環境影響評価指導要綱（1978年12月）の制定

5-1　岡山県環境影響評価指導要綱の制定に至る経緯

　岡山県は1978年12月に「環境保全に関する環境影響評価指導要綱」を告示し、1979年1月から施行した（岡山県［1978］）。この告示に至るまでに以下のような経緯があった。

　岡山県議会会議録によれば、1974年6月に議員（則武敬一氏）から、県独自の環境アセスメントの要綱あるいは条例による制度を確立すること、さまざまな公共事業や住宅団地等の開発に適用して環境影響の事前評価を行うことを提示し、また、中国縦貫自動車道工事（筆者注：岡山県内で建設工事が進んでおり、1974年に一部供用開始、1978年までに岡山県内全線開通）に伴う沿線住民に被害が起こっていることを指摘した。これに対して知事が地域開発・公共事業にあたって環境破壊防止等を事前にチェックすることは極めて大切である、県土の保全と生活環境を保持するために環境アセスメント手法を確立したい、開発計画とあわせて環境アセスメントを行い十分考査のうえで事業を施行

するようにする、協定のうえで事業を行うようにする（筆者注：必要があれば協定締結のうえ事業を行うようにするとの主旨と考えられる）、終了後にアフターケアーを怠らないことが必要である（筆者注："アフターケアー"はアセスメントを経た事業完成後の"環境管理"と解される）と答弁している。（岡山県議会［1974］）

　1976年3月に議員（栗本泰治議員）が、環境アセスメント制度に関連して住民参加、および、瀬戸大橋建設について事前調査結果の公開、県関係の開発において住民参加の制度化を早急に図るべきであると質問している。これに対して知事は国が検討している制度（事業者による環境影響評価案の公表、関係者意見書提出・公聴会開催、環境庁長官・地方自治体首長意見の提出、意見をもとに事業者による評価書を再提出等）について認識を示し、特に住民・環境保全団体等の意見を反映させる手続きが取り入れられており意義がある、本県においても取り入れていかなければならない、大規模事業について地元との話し合いがつかなければならないなどを答えているが、これは開発事業実施の合意形成に環境影響評価が有効であるとの認識とみられる。また、瀬戸大橋建設について、公団による景観、騒音、排ガスなどの事前調査は公開されるように申し入れるなど対処したいと答えている。加えて、この時の知事答弁において、県事業において地元関係者との調整に腐心していたと考えられるいくつかの事例を挙げて（補注3）、環境アセスメントを検討していきたいとしている。（岡山県議会［1976a］）

　1976年9月に議員（原淵祥光氏）が、環境アセスメントの制度化が地方で進んでいることを指摘し、県の見解を質問している。これに対して知事は国政において制度確立の検討が進んでいる、本県でも大規模事業等について環境アセスメント手法を取り入れるよう努めるとした。（岡山県議会［1976b］）

　この後、1977～1978年に瀬戸大橋（児島・坂出ルート）に係る環境影響評価が行われた。これは環境庁が本州四国連絡橋公団（以下「本四公団」。現在「本州四国連絡高速道路（株）」）に「児島・坂出ルート本州四国連絡橋事業の実施に係る環境影響評価基本指針」を示し、運輸省・建設省が「（同）技術指針」を示して進められた環境影響評価手続で、岡山県・香川県および両県の

関係4市町は国からの要請に応えて手続に協力した。この環境影響評価において、二酸化窒素による大気汚染の問題、瀬戸内海国立公園を代表するとされる備讃瀬戸の景観に与える影響、道路・鉄道の併用橋となる橋梁部などの騒音の予測と対応が注目された。報道を通じて環境影響評価の経過が報じられ、関係自治体と地元関係者に環境影響評価を身近な存在として認識させることとなった。環境影響評価手続きを経て関係6自治体と本四公団の間で環境保全協定が締結された後、1978年10月に工事に着手された。なお、着工後10年を経て1988年に瀬戸大橋関係道路・鉄道が完工・供用に至った。（井上［2015］）

瀬戸大橋環境影響評価手続が行われた直後の1978年10月に、県議会で議員（山下晴三郎氏）が質問している。当時の国政において環境アセスメント法案の国会提案が見送られたことを指摘し、地方自治体において制度導入が進んでいることに言及し、1977年7月に川崎市が環境影響評価に関する条例を施行したこと、1978年7月に北海道が環境影響評価条例を可決して1979年1月に施行予定であること、さらには川崎市・北海道の条例の内容にも言及した。また東京都その他の自治体における動向に触れたうえで、岡山県における条例制定が望まれると質問した。これに対して知事が、環境影響評価について"環境審査室"を設置して対処している（補注4）、環境保全にさまざまな手法で対処しているとしたうえで、環境影響評価について指導要綱というものを検討していると答弁している。（岡山県議会［1978a］）

（補注3）　このことについての知事発言は以下のとおりである。「現在におきましても、県としましては、相当大規模な事業につきましては、大体地元との話し合いというものがつかなければ……話にならんということに実は現実になっておりまして……流域下水道だって環境影響の方が激しい（との指摘があり）……大原橋の遅延……も環境影響の方が大きいと……議論があり、千屋ダムについてもしかり……苫田ダムについてもしかり……地元との話し合いでもうすでにアセスメントの上にアセスメントということをやっておるようなところもある……今後こういう方向で一つ検討してまいりたいと思います」（岡山県議会［1976a］）
（補注4）　岡山県は1976年4月に「環境審査室」を設置した。岡山県資料は「（従前からの）公害苦情の処理の他、公害の未然防止と環境アセスメント問題に対処するため、公害苦情対策室を環境審査室に改組し、審査指導体制を整備した」（岡山県環境部［1978］）としている。

5-2　岡山県指導要綱

　1978年12月28日に岡山県は「環境保全に関する環境影響評価指導要綱」(岡山県指導要綱)を告示し、翌年1月から施行した。(岡山県［1978］)

　前述のように知事は1978年10月に県議会本会議で要綱を検討していると発言したのであるが、この頃には行政内部で要綱案が検討されていたものとみられる。

　1978年12月18日に、岡山県は環境影響評価に関する指導要綱案をまとめたと発表した。新聞報道は「アセスメント実施前に知事が事前指導を実施し、審査後には必要なものには環境管理計画の策定を指導、開発事業の計画段階から着工後までを一貫指導するようにしているのが特徴」(山陽新聞［1978］)としている。また、この報道では岡山県環境部が「先の瀬戸大橋アセスメントで洗礼を受けているだけに、これまでの概念を打ち破る実際的な要綱ができたと思う。関係機関の理解、協力を得て是非定着させていきたい」(山陽新聞［1978］)とコメントしたとされている。なお、1978年12月9日開会の岡山県議会において、知事が県政の諸問題について新空港、苫田ダム、および児島湖流域下水道の建設計画とその進捗状況に言及したうえで、それら事業の推進のために関係住民、関係市町、議会等関係者の理解と協力をお願いしたいと述べている。(岡山県議会［1978b］)

　岡山県指導要綱は知事・行政内部手続により決定されたものとみられる。川崎市および北海道の条例案審議にあたってそれぞれの議会が長時間にわたって審議するなどの経緯があったが、岡山県指導要綱は知事告示として制定されており、担当行政部局が稟議書を作成してこれを関係部局に回覧・押印を得た後、最終的に知事が押印(サイン)して決裁・告示に至ったものとみられ、川崎市・北海道の条例制定に較べて簡易な手続で制定された。

　岡山県指導要綱による環境影響評価の特徴と仕組みはおおむね以下のとおりである。(岡山県［1978］)

　新聞報道されているように指導要綱は「事前指導」および「環境管理計画」に特徴がある。指導要綱第3条第2項に「開発事業がおおむね特定され、かつ、当該事業に係る計画の変更が可能な時期において、開発事業計画概要書を提出

して……指導を求めなければならない」としたが、これは"計画アセスメント"的な側面を持つものであった。また、知事が必要と認める場合に事業者に環境管理計画の策定を指示する、事業者は計画を策定して知事に協議する、知事は事業者に環境管理計画の推進状況の報告を求めることができる（第8条第1項、同条第2項、第9条）とした。また、違反時の勧告等を規定して、事業者が事業概要書を提出しなかったとき、評価調書を提出しなかったとき、評価調書の周知をしなかったときなどに事業者に措置を講ずるよう勧告し、又は指示するとした（第10条）が、この点も岡山県指導要綱の特徴である。

環境影響評価手続を行わねばならない対象事業として「別表」に道路建設等の12種を掲げた。4車線以上の道路建設、鉄道・軌道の新設・改良、飛行場新設、下水道終末処理場、電気工作物の設置について全事業、工業団地造成・廃棄物処理施設建設等について10ha以上の事業などを対象とするとした。

環境影響評価手続について、事業者が環境影響評価調書を作成する、知事に評価調書を提出する、事業者は評価調書の内容を周知するために概要を記載した文書を関係地域住民に配布する、知事意見を聞いて説明会を開催する、住民から意見が寄せられた場合には内容と対応策を知事に報告するとした。知事は評価調書の内容を審査して審査意見書を作成する、意見書の作成にあたりあらかじめ関係市町村長の意見を聞く、審査意見書を作成した時は事業者・関係市町村長に送付するとした。事業者は審査意見書の送付を受けた時は、評価調書を再検討し、修正すべき事項を修正し、知事に報告するとした。

岡山県指導要綱の施行後、1979年6月に「環境影響評価技術指針（基本的事項）」を策定し、同年7月にはアセスメント制度の実施・審査の技術的な指導・助言を得るために専門家からなる「環境アセスメント技術検討懇談会」を設置した。1996年までに85件の環境影響評価手続が実施されたが、これは東京都144件、三重県115件、川崎市91件に続く多件数（各制度施行〜1996年まで）であった（待井他[2008]）。なお、羅他は岡山県指導要綱および環境影響評価法制定後の県条例により2006年度までに実施された117件、ならびに国要綱および法制度により2006年度までに実施された18件の環境影響評価手続きにおける知事審査意見等を解析し、地域における環境影響評価が環

境の保全、特に自然環境保全、生活環境保全、景観保全に有効であったことを指摘している（羅他［2010］）。

5-3　指導要綱制定の背景と主体

指導要綱制定の背景

　岡山県指導要綱制定の背景・経緯について以下のことが指摘できるものと考える。

　第1には知事（長野士郎氏）の環境影響評価制度に対する認識である。岡山県議会議事録から以下のようであったことが知られる。1974年6月の岡山県議会における質疑に知事が答えて、環境アセスメント手法を確立したいなどとして制度導入を否定しなかった。また、1976年3月の答弁において知事は当時の国政における住民・環境保全団体等の意見が反映される手続きなどを含む環境影響評価制度の検討状況に認識を示したうえで、本県においても取り入れていかなければならないと答えている。1978年10月の県議会質疑においては、知事は環境影響評価について指導要綱を検討しているとし、その後同年12月に岡山県指導要綱を告示するに至った。この経緯から、知事は環境影響評価制度の導入の意義を、遅くとも1974年6月頃には認識していたものと考えられ、1978年には要綱制定を決断したとみられる。

　第2に岡山県行政内部において、環境影響評価制度とその国政および地方自治体における動向がよく把握され、また瀬戸大橋環境影響評価を通じて環境影響評価に対する認識が深まっていたとみられることである。岡山県は指導要綱を制定した頃に知事部局の「環境審査室」が環境影響評価を担当しており、その任にあった担当者から聞き取ったところ（補注5）によれば、担当部局は環境影響評価に関して知事への上申および知事の意向の確認などがよくなされていた。知事から「環境審査室」に制度化の意向が示唆され、同室は国政における法制化実現がなされた場合に柔軟に対応できるとの考えから「指導要綱」として制度案を作成したとされる。1974年頃からの知事の環境影響評価に対する認識は当時の担当部局（環境審査室）の上申・情報提供と密接に関係してい

たとみられる。

　第3に1970年代半ば頃から岡山県内において開発事業に伴う環境影響が注目を集め、県（知事）が腐心するような事案も存在していたことである。1974年6月の県議会においては、中国縦貫自動車道建設に伴う沿線住民に被害が起こっていることに関連して環境影響評価の重要性を問う質問があり、知事が賛意を示した。1976年3月の岡山県議会の質疑においては知事がいくつかの県事業について地元調整に腐心していることに関連して開発事業実施の合意形成に環境影響評価が有効との認識があったとみられる。1977～1978年には瀬戸大橋（児島・坂出ルート）に係る環境影響評価が行われて、大気汚染（二酸化窒素汚染）、自然景観保全（瀬戸内海景観に与える影響）および騒音（道路交通騒音・鉄道騒音）が注目されて盛んに報道がなされる中で手続が進められた経緯があった。1970年代後半以降にも岡山空港、苫田ダム、児島湖流域下水道、その他の多くの開発計画が存在していた。

（補注5）　1978年当時の環境審査室長は難波勉氏、担当者は三宅英吉氏であった。筆者と早瀬隆司氏（元長崎大学教授）は、2016年2月22日に難波勉氏を訪問し、また、同年3月2日に三宅英吉氏からメール送信を得て、岡山県指導要綱制定の頃の環境影響評価をめぐる状況について聞き取りを行った。それによればおおむね以下のようであった。
① 環境審査室はさまざまな開発事業に係る環境保全・地元調整等について、知事への上申・情報提供と知事の意向の確認の機会が多かった。瀬戸大橋（児島・坂出ルート）環境影響評価にあたっては1977～1978年の約1年間にわたる経緯においてさまざまな課題への対応策を考案・上申した（鷲羽山の景観保全、本四公団との環境保全協定の締結等）。また、同室は国政・他自治体における環境影響評価をめぐる動向を確認し、県議会質疑における知事答弁の事前検討等にあたって情報提供を行っていた。
② 難波氏は環境影響評価制度が人による自然破壊と環境保全を調整する重要なツールであるとの認識を持ち、制度導入を急ぐ必要はないが導入するべき時期を見計っていた。また、環境影響評価のような地域に密着した環境課題への対応は画一的な法制度ではなく、地域の息づかいが反映できるような制度であるべきとの考えをもっていた。三宅氏によると、知事から環境審査室に制度化に前向きの示唆がなされ（筆者注：正確な時期を特定されなかったが1977～1978年頃と推定される）、国政における法制化がなされた場合に柔軟に対応できるようにとの考えから「指導要綱」とした。
③ 指導要綱の条項等について難波氏、三宅氏が用意した。県内では瀬戸大橋環境影響評価

の経験があったので、その手続に沿わなければ理解が得られないとの考えから、それに沿うような制度とした。三宅氏によると「環境管理計画」の策定・実施が重要と考えて指導要綱に規定した（筆者注：瀬戸大橋環境影響評価実施後に岡山県・香川県など6自治体は本四公団と環境保全協定を締結して「環境管理計画」を盛り込んだものとした）。対象事業について、公共事業および知事が許認可などの権限をもつ開発等、および環境に著しい影響を及ぼすおそれのある事業として面的開発10ha以上などとした。県の環境関係以外の部局は協力的であったし、県議会から特段の反応はなかった。

指導要綱制定と主体

　県議会会議録によれば、知事が環境影響評価について最初に肯定的な答弁を行ったのは1974年6月であったが、その4年後の1978年12月に"指導要綱"が制定された。この間、知事・行政は環境影響評価制度の"導入"を温存し、導入時期を見計らっていたとみられる（補注5-②参照）。この間に、県議会において環境影響評価に関する4回の質疑が交わされているが、瀬戸大橋環境影響評価手続が行われ、また、川崎市・北海道において環境影響評価条例が制定されるなどの状況下であることを勘案すれば、議会におけるこの質疑は多い回数とは言い難い。一方、県民が環境影響評価の制度導入を求めた事実はなかったとみられるのであるが、瀬戸大橋建設、その他の開発事業に係る環境保全に関心が高かったと考えられ、知事が県議会で県事業の実施にあたって地元関係者との調整に腐心していることを述べている（補注3参照）。

　こうした経緯・背景から知られるように、岡山県指導要綱の制定を主導したのは知事・担当行政であった。県民はさまざまな開発事業について環境保全の側面から関心が高かったと考えられ、指導要綱の導入に間接的に影響を与えた主体といえるであろう。県議会においては散発的に一部の議員が環境影響評価に関して見識を述べ、また知事に考えを質すに止まり、議会あるいは政党として環境影響評価制度の導入を強く求めるようなことはなかった。

6 川崎市、北海道および岡山県による環境影響評価制度導入の意義・特徴等

日本の黎明期における制度導入

　環境庁は閣議了解「各種公共事業に係る環境保全対策について（1972年6月6日）」により環境影響評価の推進、制度化を担うこととなった。環境庁は1970年代半ば頃から調査・研究および関係省庁調整・協議を行った。しかし、1970年代半ば以降～1980年代に法制化を実現できない状態が続き、ようやく1997年に環境影響評価法が成立した経緯がある。

　川崎市・北海道の条例制定、岡山県の要綱制定は1976～1978年であった。環境庁が環境影響評価の法制化を目指したものの政府内において通産省、建設省等、また経団連等から強い反対があった時期におけるものであった。「昭和54年版環境白書」は「国における個別法、行政指導等や地方公共団体における条例、要綱等により、環境影響評価の制度等の体制の整備への努力がなされてきた」（環境庁［1979］）としており、地方の環境影響評価の動向に意を強くしていたものとみられる。筆者は苫東開発にかかる最初から5次にわたる環境影響評価について、環境庁は日本の環境影響評価の制度構築のモデルとみなしていたと考えている。1972年の閣議了解は「地方公共団体においても、前記（政府として各種公共事業に環境保全対策の措置を講じること）に準じて所要の措置が講じられるよう要請する」（閣議了解［1972］）としていた。しかし、筆者が調査した限りでは、川崎市と北海道における"条例制定"を環境庁が促したような事実に接することはなかった。川崎市、北海道、岡山県は、国政における法制化等の動向を注視しながらも、それぞれの背景のもとに環境影響制度の構築が有効と判断して制度を設けたものとみられる。

条例と要綱

　川崎市議会と北海道議会における条例案審議は以下のようにかなり長時間をかけて行われた。

川崎市議会は、1976年9月に市長から条例案の提案を受けて第一委員会に審議を付託し、同委員会は4日間、16時間50分にわたって審議の後、議案と付帯決議を賛成多数で可決し、本会議に報告した。報告を得た本会議は条例案の取扱いに関し、7会派がそれぞれにかなり長時間をかけて討論し、その後採決を行い「起立多数」で条例案を可決した。

　北海道議会は、1978年3月に知事から条例案の提案を受け、継続審議扱いとした。審議を公害対策特別委員会に付託し、同委員会は知事に対する総体質疑、学識者を招いた協議会を開催し、6月議会において5日間の逐条審議を経て全体質疑を行った。その後委員会として条例案を賛成多数で可決、本会議に報告した。本会議においてかなり時間をかけて討論し、その後採決を行い「起立多数」で条例案を可決した。なお、北海道知事は条例案の議会提案までに、関係審議会に諮問・答申を得るなどの手続を行っている。

　岡山県における指導要綱の決定（告示）は、知事が決断（稟議書に押印あるいは署名）するという簡易な手続で行われたものとみられる。審議会に諮問する、あるいは専門家の意見を聴取するなどの手続きもとっていない。このことについて議会、県民から特段の指摘（異議など）はなかったようである。川崎市および北海道における条例案審議と対照的である。

　1997年の環境影響評価法の制定までに、都道府県・政令指定都市により、8つの条例、および45の要綱等による制度化がなされていたのであるが、多くの自治体は首長決定の要綱等によって簡易に制度化する政策選択を選んでいたものと考えられる。

手続を定めた制度

　取り上げた川崎市、北海道および岡山県による3事例は、その頃までに制度を導入していた福岡県、栃木県、山口県、宮城県などとともに、地方制度導入を先導した。1997年の環境影響評価法の制定の頃には、大半の都道府県および多くの政令指定都市により53制度（8条例、45要綱等）が導入されていた。（環境庁［1980］［1998］）

　3事例は基本的に"環境影響評価手続き"を定める制度としたが、川崎市条

例が条例違反があった場合に公表するなど、また、岡山県指導要綱が一部の条項に違反があった場合に勧告・指示するなどを規定した。北海道条例はこうした規定をもたなかったが、議会審議において条例案に賛成する一部の会派から"悪質な条例規定違反に対して知事が公表することで実効性を担保できるので罰則規定は不要である"との意見が示されている（北海道議会［1978d］）。3事例は強い規制をもたない制度をとり、後に続く他の自治体制度の先例となった。

　規制的な地方制度を模索した事例があった。東京都が美濃部都政下の1976年から検討し1978年9月に議会に提案した条例案は、都の付属機関として環境影響評価のための委員会を設け、その委員会が環境影響評価書を作成して知事に答申するなどの権限を持つとするものであった。しかし、1979年に条例案は知事交替後の鈴木都政下で撤回され、また、撤回後に都民が撤回された条例案と同じ条例制定を求めて直接請求を行ったが都議会は否決し、1980年10月にもっぱら環境影響評価手続を規定する「東京都環境影響評価条例」が制定された経緯がある。（環境アセスメント協会［2003］）

　国政においては、1975～1981年に環境庁が政府内で調整していた法案、1981年に国会提案された法案（1983年国会解散により廃案）、1984年の環境影響評価実施要綱、1997年の環境影響評価法はいずれも手続きを定めた制度であった。1975～1984年に公明党と社会党が国会に環境影響評価に係る法案を議員提案し、それらは国会同意を得て指名する委員からなる委員会が開発を監理・認可する、認可事業の停止・原状回復・認可取消などの措置を命ずる強い権限をもつなどの制度であったが、国会でいずれも廃案とされた。（参議院［1975］）（衆議院［1977a］［1977b］）

3 事例における制度導入と主体

　3事例ともに首長・行政が制度導入を主導した。川崎市は進行する北西部の開発、北海道は苫東開発、岡山県は多くの開発事業（岡山空港、苫田ダム、児島湖流域下水道等）などのように、直面する開発計画があり、環境保全について市民、議会、関係自治体、その他の関係者の理解・協力を得るにあたって制

度の導入・適用が有効と判断されたとみられる。

　川崎市と北海道の条例制定は両議会における会派構成に関係していた。両条例ともに首長・行政が主導して条例案を作成・議会提案し、いずれも採決に付されることになったが、首長の支持基盤と議会の多数派が一致していたことから条例案が可決された。川崎市と北海道の議会は制度導入に重要な役割を果たし、両自治体の条例制定はこの点で共通している。一方、岡山県議会において、議員の質問に対して知事が指導要綱制定を表明した事実があるが、指導要綱の内容を議論・討論することはなかった。なお、3事例ともに、議会が制度導入を発議・提起することはなかった。

　3事例における市民について、制度導入の頃にいずれも"環境影響"そのものには関心が寄せられていたが、制度導入を首長や議会に求めることはなかった。川崎市条例制定前の1975年、1976年に相次いで開発計画に対して市民が環境影響評価を求めた経緯があるが、筆者は川崎市民が環境影響評価制度の導入を求めるような事実は確認できなかった。北海道における苫東開発と環境影響評価をめぐる経緯においては、開発そのものに激しい反対運動が一時期において繰り広げられた（1973年～1974年）が、反対運動が環境影響評価制度の導入を求める事実は確認できなかった。岡山県においては、1977年～1978年に瀬戸大橋環境影響評価が行われた際に、市民が大気汚染などに関心を示したのであるが、岡山県に環境影響評価制度の導入を求めるようなことはなかった。

　国についてであるが、3事例における制度導入に直接に関わることはなかった。しかし間接的に関わっている。地方首長・行政は1970年代半ば～1980年代初の法制化をめぐる国政動向、環境庁の関係審議会における報告、および新聞報道等を注視しており、3事例における条例案、要綱案に影響を与えたとみられる。加えて、苫東開発をめぐる環境影響評価の経緯の中から北海道条例が制定されるに至っており、瀬戸大橋（児島・坂出ルート）に係る環境影響評価の経験が岡山県指導要綱の制定に影響を与えた。

　しかし、1970年代半ば～1980年代の国政において、環境庁が法制化を目指したのに対して開発省庁、経済界の強い反対があり、法制化に代わって1984年に「環境影響評価実施要綱」を閣議決定した。この時点までの経緯におい

て、国会は法制化に積極的に動こうとしなかった。環境影響評価が有する意味について、1997年制定の環境影響評価法が制定目的において「環境影響評価を行うことが極めて有効である」(同法第1条)としたのであるが、この趣旨は1981年に政府から国会提案された法案(1983年に国会解散により廃案)とほぼ同じであった。国政は"極めて有効である"法制度導入を10数年にわたって遅らせることとなった。

【謝辞】　川崎市条例に関係して古い資料を川崎市公文書館、川崎市立図書館において閲覧・複写をさせていただいた。川崎市選挙管理委員会から1975年4月の市議会議員選挙の資料を提供いただいた。

　　北海道条例に関係して古い資料を、苫小牧市立図書館、北海道立文書館、北海道立図書館、北海道議会図書室において閲覧・複写をさせていただいた。北海道自治研究所の古い刊行物の複写・提供をいただいた。北海道立文書館の宮上氏、北海道自治研究所の杉谷光一氏、札幌市在住の國重英之・美紀夫妻に資料の収集に協力していただいた。

　　岡山県指導要綱に関係して、要綱制定や環境影響評価を担当されていた難波勉氏、三宅英吉氏に直に仕事の情報等を提供していただいた。岡山県環境企画課の黒住博志氏、豊福聡史氏に岡山県資料を提供していただいた。

　　ここに記してお礼申し上げます。

【引用文献・参考図書】
〈1　はじめに〉
閣議了解［1972］:閣議了解「各種公共事業に係る環境保全対策について　昭和47年6月6日」1972
閣議決定［1984］:閣議決定「環境影響評価の実施について　昭和59年8月28日」1984
環境庁［1980］:環境庁『昭和55年版環境白書』1980
環境庁［1998］:環境庁『平成10年版環境白書各論』1998
環境庁［1999］:環境庁『逐条解説　環境影響評価法』ぎょうせい　1999
環境アセスメント協会［2003］:環境アセスメント協会『日本の環境アセスメント史』2003

〈2　環境影響評価の地方制度、実施件数および制度導入の背景等〉
待井他［2008］：待井健仁・井上堅太郎・羅勝元・安倍裕樹「日本の地方自治体における環境影響評価制度の制定・実施の経緯と社会経済的な背景に関する研究」『ビジネス・マネジメント研究第 5 号（2008 年 12 月）』

〈3　川崎市環境影響評価に関する条例（1976 年 9 月）の制定〉
(川崎市議会)
川崎市議会［1975］：川崎市議会「昭和 50 年第 7 回川崎市議会定例会会議録 昭和 50 年 11 月 26 日〜12 月 22 日」1975
川崎市議会［1976a］：川崎市議会「昭和 51 年第 1 回川崎市議会定例会会議録 昭和 51 年 2 月 26 日〜3 月 31 日」1976
川崎市議会［1976b］：川崎市議会「昭和 51 年第 2 回川崎市議会定例会会議録 昭和 51 年 5 月 24 日〜6 月 11 日」1976
川崎市議会［1976c］：川崎市議会「昭和 51 年第 3 回川崎市議会定例会会議録 昭和 51 年 9 月 6 日〜10 月 2 日)」1976
川崎市議会［1985］：川崎市議会『川崎市議会史第 3 巻』1985

(川崎市)
川崎市［1976］：川崎市「川崎市環境影響評価に関する条例 昭和 51 年 10 月 4 日」1976
川崎市［1977］：川崎市「川崎市環境影響評価に関する条例施行規則 昭和 52 年 6 月 30 日」1977
川崎市計画［1977］：川崎市「地域管理計画 昭和 52 年 7 月 1 日」1977
川崎市［1997］：川崎市『川崎市史通史編 4 上 現代行政・社会』1997

(衆議院・参議院)
参議院［1975］：参議院「参議院公害対策及び環境保全特別委員会議録 1975 年 3 月 7 日 環境に対する影響の事前評価による開発事業等の規制に関する法律案（小平芳平君他 1 名発議)」（法律案について「第 75 回国会参法一覧」による）1975
衆議院［1977a］：衆議院「衆議院公害対策並びに環境保全特別委員会議録 1977 年 5 月 17 日 環境影響評価による開発事業の規制に関する法律案（土井たか子君他 4 名提出・衆法第 34 号)」1977
衆議院［1977b］：衆議院「衆議院公害対策並びに環境保全特別委員会議録 1977 年 5 月 17 日 環境影響評価による開発事業の規制に関する法律案（古寺広君他 2 名提出・衆法第 39 号)」1977

(その他)
朝日新聞［1976］：朝日新聞（1976 年 4 月 3 日）
東京都［1969］：東京都「東京都公害防止条例 昭和 44 年 7 月 2 日」1969

蕨木［1977］：蕨木明雄「環境アセスメントと川崎市の対応」『環境技術』第 6 巻第 3 号 1977

松本［1980］：松本秀雄「環境アセスメント 川崎市の事例」『日本オペレーションズ・リサーチ学会』1980 年 5 月号

伊藤［1982］：伊藤三郎『ノミとカナヅチ 人間都市づくり 10 年』第一法規出版 1982

川名［1995］：川名英之『日本の公害第 11 巻』緑風出版 1995

伊藤市政記念誌［2005］：伊藤市政記念誌編集委員会『市民のまちをつくる：検証・川崎伊藤市政 1971-1989』川崎地方自治研究センター 2005

待井他［2008］：待井健仁・井上堅太郎・羅勝元・安倍裕樹「日本の地方自治体における環境影響評価制度の制定・実施の経緯と社会経済的な背景に関する研究」『ビジネス・マネジメント研究第 5 号（2008 年 12 月）』

〈4　北海道環境影響評価に関する条例（1978 年 7 月）の制定〉
（閣議決定・閣議了解）
閣議決定［1970］：閣議決定「第三期北海道総合開発計画 昭和 45 年 7 月 10 日」1970
閣議了解［1972］：閣議了解「各種公共事業に係る環境保全対策について 昭和 47 年 6 月 6 日」1972

（衆議院）
衆議院［1973］：衆議院議事録「衆議院議事録公害対策並びに環境保全特別委員会議事録 昭和 48 年 6 月 15 日」1973

（環境庁）
環境庁［1973］：環境庁編『昭和 48 年版環境白書』1973
環境庁［1982］：環境庁『環境庁十年史』1982

（運輸省）
運輸省［1974］：運輸大臣「苫小牧港東港地区の港湾計画について」昭和 49 年 1 月 18 日運輸大臣から苫小牧市長宛（「エネルギーと公害 No.301」1971 年 2 月 21 日による）
運輸省港湾局［1974］：運輸省港湾局長「苫小牧港東港地区の港湾計画について」昭和 49 年 1 月 18 日運輸省港湾局長から苫小牧市長宛（「エネルギーと公害 No.301」1971 年 2 月 21 日による）

（北海道議会時報）
北海道議会時報［1971a］：北海道議会「北海道議会時報」第 23 巻第 6 号 1971
北海道議会時報［1971b］：北海道議会「北海道議会時報」第 23 巻第 7・8 号 1971
北海道議会時報［1975a］：北海道議会「北海道議会時報」第 27 巻第 4 号 1975
北海道議会時報［1975 b］：北海道議会「北海道議会時報」第 27 巻第 5・6 号 1975
北海道議会時報［1978］：北海道議会「北海道議会時報」第 30 巻第 5・6・7 号 1978

(北海道議会会議録)

北海道議会［1971］：北海道議会「北海道議会昭和46年第2回定例会会議録 7月7日」1971
北海道議会［1975a］：北海道議会「北海道議会昭和50年第1回予算特別委員会会議録 3月10日」1975
北海道議会［1975b］：北海道議会「北海道議会昭和50年第2回定例会会議録 6月30日」1975
北海道議会［1975c］：北海道議会「北海道議会昭和50年第2回定例会会議録 7月7日」1975
北海道議会［1975d］：北海道議会「北海道議会昭和50年第3回定例会会議録 10月7日」1975
北海道議会［1975e］：北海道議会「北海道議会昭和50年第3回定例会会議録 10月13日」1975
北海道議会［1975f］：北海道議会「北海道議会昭和50年第4回定例会会議録 12月13日」1975
北海道議会［1976a］：北海道議会「北海道議会昭和51年第1回定例会会議録 3月8日」1976
北海道議会［1976b］：北海道議会「北海道議会昭和51年第1回定例会会議録 3月16日」1976
北海道議会［1976c］：北海道議会「北海道議会昭和51年第2回定例会会議録 7月1日」1976
北海道議会［1976d］：北海道議会「北海道議会昭和51年第3回定例会会議録 10月6日」1976
北海道議会［1977］：北海道議会「北海道議会昭和52年第1回定例会会議録 3月4日」1977
北海道議会［1978a］：北海道議会「北海道議会昭和53年第1回定例会会議録 2月25日」1978
北海道議会［1978b］：北海道議会「北海道議会昭和53年第1回定例会会議録 3月3日」1978
北海道議会［1978c］：北海道議会「北海道議会昭和53年第1回定例会会議録 3月14日」1978
北海道議会［1978d］：北海道議会「北海道議会昭和53年第2回定例会会議録 7月18日」1978

(北海道)

北海道［1973a］：北海道「苫小牧東部大規模工業基地に係る環境保全について 昭和48年6月」1973
北海道［1973b］：北海道「苫小牧東部大規模工業基地に係る環境保全について 昭和48年12月」1973
北海道［1974］：北海道「苫小牧東部大規模工業基地に係る環境保全について 昭和49年7月」1974
北海道［1975］：北海道「苫小牧東部大規模工業基地に係る環境保全について 昭和50年11月」1975
北海道［1978a］：北海道「苫小牧東部大規模工業基地に係る環境保全について 昭和53年12月」1978

北海道［1978b］：北海道「北海道環境影響評価条例 昭和53年7月19日」1978
北海道［1978c］：北海道「北海道環境影響評価条例施行規則 昭和53年12月15日」1978
北海道［1979］：北海道「苫小牧東部大規模工業基地に係る環境影響評価書 昭和54年6月」1979

(苫小牧市)
苫小牧市［1971］：苫小牧市「苫小牧東部大規模工業基地開発基本計画 昭和46年8月 第86回北海道開発審議会承認」1971
苫小牧市［1973］：苫小牧市「苫小牧東部開発に関する市の基本方針 昭和48年」1973
苫小牧市企画部［1974］：苫小牧市企画部開発課「苫小牧市東部開発に関する市の基本方針策定経緯 昭和49年3月」1974

(その他)
エネルギージャーナル［1973］：エネルギージャーナル社「エネルギーと公害 No.251.」1973年2月22日
長谷川［1973］：長谷川充「苫小牧市東部大規模工業基地関係年表」『北海道自治研究 No.57』1973
内山［1973］：内山卓郎「住民を踏みにじってきた苫東開発 苫東開発計画と問題点」『北海道自治研究 No.57』1973年10月15日
北海道新聞［1975］：北海道新聞1975年1月4日
伊藤［1975］：伊藤康吉「苫小牧東部開発における環境アセスメントの実施と今後の課題（事例報告）」『(財)日本生産性本部環境問題研究セミナー（1975年3月26日～28日）資料』
苫小牧市職労［1975］：苫小牧市職労自治研究推進委員会「苫小牧市東部開発反対斗争」『北海道自治研究 No.82』1975
伊藤［1976］：伊藤康吉「北海道における環境アセスメントの実施とその制度化への対応」『環境アセスメントについて：シンポジウム報告 昭和51年12月25日』総合研究開発機構 1976
永井［1976］：永井幹久「苫東開発と環境アセスメント」『レファレンス』第26巻第5号 1976
長谷川［1978］：長谷川充「苫小牧市東部大規模工業基地関係年表」『北海道自治研究 No.119』1978
阿部［1981］：阿部亮太「"苫東から"前史」『苫小牧東部開発との闘い』苫小牧環境問題対策協議会 1981
片岡［1984］：片岡直樹「苫東開発における環境アセスメント―その判断形成過程の構造と特質―」『社会文化研究』第9巻 1984
堂垣内［1986］：堂垣内尚弘「北海道環境影響評価条例について―行政的立場からの考察―」『北海学園大学工学部研究報告第13号』1986年

〈5　岡山県環境影響評価指導要綱（1978年12月）の制定〉
(岡山県・岡山県議会会議録)
岡山県議会［1974］：岡山県議会「岡山県議会定例会会議録 昭和49年6月10日」1974
岡山県議会［1976a］：岡山県議会「岡山県議会定例会会議録 昭和51年3月10日」1976
岡山県議会［1976b］：岡山県議会「岡山県議会定例会会議録 昭和51年9月17日」1976
岡山県環境部［1978］：岡山県環境部「昭和53年度環境行政の概要 昭和53年4月」1978
岡山県議会［1978a］：岡山県議会「岡山県議会定例会会議録 昭和53年10月4日」1978
岡山県議会［1978b］：岡山県議会「岡山県議会定例会会議録 昭和53年12月9日」1978
岡山県［1978］：岡山県告示「環境保全に関する環境影響指導要綱 昭和53年12月28日」1978

(その他)
山陽新聞［1978］：山陽新聞1978年12月19日
待井他［2008］：待井健仁・井上堅太郎・羅勝元・安倍裕樹「日本の地方自治体における環境影響評価制度の制定・実施の経緯と社会経済的な背景に関する研究」『ビジネス・マネジメント研究第5号（2008年12月）』
羅他［2010］：羅勝元・待井健仁・前田泉・井上堅太郎「岡山県の環境影響評価制度が地域の環境保全に果たした役割」『ビジネス・マネジメント研究第6号（2010年10月）』
井上［2015］：井上堅太郎「瀬戸大橋架橋と環境影響評価」『環境と政策 倉敷市からの証言』大学教育出版 2015

〈6　川崎市、北海道および岡山県による環境影響評価制度導入の意義と特徴等〉
(衆議院・参議院)
参議院［1975］：前出に同じ
衆議院［1977a］：前出に同じ
衆議院［1977b］：前出に同じ
(閣議了解)
閣議了解［1972］：前出に同じ
(環境庁)
環境庁［1979］：前出に同じ
環境庁［1980］：前出に同じ
環境庁［1998］：前出に同じ
(その他)
北海道議会［1978d］：前出に同じ
環境アセスメント協会［2003］：前出に同じ

第2章
地方自治体の環境影響評価制度と対象事業

1 はじめに

　環境影響評価法は対象事業種について国事業および国の許認可等関与事業とし（"法的関与要件"）、かつ大規模な事業に限定した（"規模要件"）。該当する開発事業者は法律に基づいて環境影響評価手続が求められる。同法は環境保全上の配慮を確保する監督・規制の仕組みを直接に規定するのではなく、事業に係る許認可等の法制度等を通じて確保する仕組みとした（"横断条項"）。これは、1997年に中央環境審議会が、国の立場からみて一定の水準の環境影響評価を実施し、環境保全上の配慮を確保できる事業を対象とすることが適当であり国が許認可等を行う事業を対象事業とする、との趣旨の答申を行ったことが拠りどころとなっているとみられる。

　一方、国制度と併行して地方制度が構築されてきた経緯があり、環境影響評価法も地方制度の存在を前提としている側面がある。環境影響評価法は地方自治体の条例により法対象外の開発に環境影響評価手続を求めることを容認した。現在、地方条例は規制権限をもたない事業であっても地域環境への影響を勘案して対象事業とし、また、地域ごとの考え方に応じて"規模要件"を小さくしている事例がある。法対象事業が法的関与要件を持つ事業とされていることから、横断条項によって環境保全措置を確保しているが、地方条例が首長の規制権限が及ばない開発等を対象事業とする場合における環境保全措置の確保について規定していない。地方条例は「要請」等により環境影響評価結果に基

づく環境配慮を確保する仕組みをとっている。

1970年代から今日に至る環境影響評価制度の形成過程、および制度の対象事業の取扱いについて、関係審議会等資料、政府資料、国会議事録などにより検証し所感をまとめた。

2　環境影響評価概念の導入および制度構築の変遷と対象事業

2-1　1972年の閣議了解と環境影響評価制度の導入

1972年6月の閣議了解「各種公共事業に係る環境保全対策について」（1972年閣議了解）は、その後の日本の環境影響評価制度を構築する第一歩となるものであった。1972年閣議了解は国と政府機関の公共事業に係る環境影響評価を行うとし、また、地方公共団体にも同様の措置を要請するとした。（閣議了解［1972］）

1973年に港湾法、公有水面埋立法の改正によって環境影響評価を行う仕組みが導入され、同年制定の「瀬戸内海環境保全臨時措置法」（1978年「瀬戸内海環境保全特別措置法」に改正・改称）により、水質汚濁防止法に定める特定施設であって瀬戸内海および瀬戸内海に流入する河川に排水するものの設置・変更に許可制を敷くとともに、許可申請にあたって環境影響の事前評価を行わねばならないとした。（環境庁［1982］）

1977年に発電所の立地について通産省が省議決定により（1979年の資源エネルギー庁「発電所の立地に関する環境影響調査及び環境審査の実施方針」により具体化）、1978年に建設省（当時）が所管事業について事務次官通達により、1979年に運輸省（当時）が整備五新幹線について運輸大臣通知により、それぞれ環境影響評価が実施されるようになった。（環境庁［1982］）

むつ小川原総合開発計画の第2次基本計画について、青森県が環境庁の指針に沿って1976～1977年に環境影響評価を行い、本州四国連絡橋建設計画（児島・坂出ルート）について、環境庁の基本指針に沿って本州四国連絡橋公団（当時）が1977～1978年に環境影響評価を行った。（環境庁［1982］）

一方、地方における環境影響評価制度として、1973年に福岡県が「開発事

業に対する環境保全対策要綱」により、1975年に栃木県が「方針」により、1976年に川崎市が「川崎市環境影響評価に関する条例」により、1976年に宮城県・山口県が要綱により、1979年に北海道が条例により、1978年に岡山県・神戸市、1979年に三重県・兵庫県・名古屋市などがそれぞれ要綱により環境影響評価制度を導入し、1979年までに9事例（6道県、3政令指定都市）において条例あるいは要綱により制度を導入した。（JEAS［2003］）

1979年までに導入された9事例の地方制度において、国制度の対象事業種に該当しない事業を対象としたことに特徴があり、レクリエーション事業（北海道など6事例）、工場・事業場（三重県など5事例）、廃棄物最終処分場（宮城県など6事例）などが対象とされた。（JEAS［2003］）

2-2 法制化の模索・見送りと閣議決定要綱

総合的な環境影響評価制度の模索と1976年の法案要綱

1972年7月の「四日市公害訴訟判決」は、被告企業6社のうち、コンビナート造成前から操業していた1社を除く5社について、立地上の過失が認められる、新たな工場の建設・稼働について事前に汚染物質の排出、居住地域との位置・距離・気象条件等を総合的に調査し、付近住民の生命・身体に危害を及ぼすことのないよう立地すべき注意義務があることに関して立地上の過失があるとした（津地裁［1972］）。この判決は開発に当たって事前に環境影響評価を行う必要性を指摘するものであった。

1973年2月に閣議決定された「社会経済基本計画」は、環境の受容能力の範囲内で開発を進める必要性、そのため開発主体に対して環境影響評価を十分に行うよう義務付ける考え方を示した（閣議決定［1973］）。前述のように、この年、港湾法の改正、公有水面埋立法の改正、瀬戸内海環境保全臨時措置法の制定がなされ、環境影響評価制度が導入された。

環境庁は総合的な環境影響評価制度の具体化に向けて、中央公害対策審議会およびその部会等において検討を進めた。1975年12月22日に、中央公害対策審議会環境影響評価専門委員会がまとめた「検討結果のまとめ」（"1975年

専門委検討結果")は、法制度を想定したとみられる環境影響評価制度を提示し、対象事業について環境に著しい影響を及ぼすおそれがあり法令等に根拠がある事業とし、環境影響評価の結果を事業実施に反映する仕組みを想定している。また、地方自治の本旨から、地域の特性に応じた施策がとられるべきであるとしている。なお、"1975年専門委検討結果"が示した対象事業について国が許認可等の権限を有する事業とするあり方、および環境影響評価の結果を許認可等において反映させるあり方について、近年においてはそれぞれ"法的関与要件"、"横断条項"と通称されているものに該当するものとみられる。（中公審専門委 [1975]）

　その後、環境庁は1976年3月末頃までに環境影響評価法案要綱を取りまとめたものとみられ、同年4月3日の朝日新聞にその「要旨」が報道されたが、対象事業を国の事業および国が許認可等を行う事業とし、事業者は環境影響評価の結果を勘案して計画・行為を決定するなどとしていた（朝日新聞 [1976]）。しかし、1976年1月～2月には経団連などが立法化に反対する意見を発表し、通産省が環境庁の法案検討に反対する見解をまとめるなど、強い反対のために環境庁法案の国会提案は見送られた。（川名英之 [1995]）

1981年法案の国会提案および廃案の経緯

　1979年4月に、中央公害対策審議会が「環境影響評価制度のあり方について」答申した（"1979年中公審答申"）。この答申については、1975年12月22日に"1975年専門委検討結果"がまとめられた後、同年12月23日に中央公害対策審議会に諮問された案件について、最終答申に至っていなかったものであった。答申は基本的に法制化が必要であるとした。対象事業について、当面としつつも、国・政府機関が行う事業とすること、免許等を行うものに限定して実効ある運用を図ることが適当とし、10種の事業（発電所を含む）を挙げた。実効性の確保のために環境影響評価が終わるまで事業着手を制限する必要性を指摘した。地方制度を容認する考え方をとり、国の制度が地方に準則を提供することとなるとした。（中公審 [1979]）

　川名英之氏による「日本の公害第11巻」によれば、1976年5月の環境影響

評価法案の国会提案の挫折を初めとして、1980年5月までの間に、計5回にわたって政府内における法案のとりまとめの失敗が続いた。この経緯の中で1978年頃から、立法化について関係省庁に加えて自民党（与党）がかなり深く関与するようになった。（川名［1995］）

　1981年4月に「環境影響評価法案」（"1981年環境影響評価法案"）が内閣から国会に提案された。中公審答申に示された対象事業から発電所が外されたが、これは政府内外における立法化反対の強い圧力の下で、成案を得て国会提案することを優先した結果によるものであった（川名［1995］）。この法案の対象事業は、発電所を外した他は"1979年中公審答申"に沿うものであった。また、地方条例による環境影響評価の導入を容認するものであった。現在の法制度においてとられている"横断条項"に相当する規定を設けて、評価書記載事項の公害防止等に関する配慮がなされるかどうかを審査して免許等を行うとの規定を含むものであった（衆議院［1981a］）。遅れがちに国会審議がなされ、法案の概要説明、参考人意見聴取などがなされたが、数回にわたって国会閉会中の継続審査に付された後に、1983年11月の衆議院の解散により廃案となった。（環境庁［1999］）

1984年の閣議決定要綱

　総選挙後の1983年12月に、第2次中曽根内閣は環境影響評価法案の再提案を決定したが、自民党内において調整が不調に終わり立法化は見送られ、1984年8月10日の閣議において、「法案をベースにした行政措置を取りまとめたい」との方針が決定され、同年8月28日に閣議決定により「環境影響評価の実施について（環境影響評価実施要綱）」（"1984年要綱"）を定めた（川名［1995］）。国政においては、1997年に環境影響評価法が制定されるまで、この要綱による環境影響評価が行われることとなった。

　"1984年要綱"は、対象事業を国が行う事業、国の免許等を受けて行う事業であって、規模が大きく環境に著しい影響を及ぼすおそれのあるものとして、主務大臣が環境庁長官と協議して定める11種の事業、およびそれらに準ずる事業とし、規模について面的開発について100ha以上などとし、現在の環境

影響評価法の「第一種事業」に相当する規模とした。事業者が調査・予測・評価を行って環境影響評価準備書を作成し、公告・縦覧および説明会を行うこと、関係者の意見を得て環境影響評価書を作成することなどを経て、事業の免許等を行う者が、免許等に際して環境影響評価書の結果に配慮する仕組みとした。(閣議決定［1984］)(環境庁［1984a］)

環境庁はこの閣議決定について都道府県、政令指定都市に通知して、地方公共団体が環境影響評価について条例等により施策を講ずることを妨げるものではない、閣議決定要綱との整合性に配慮するよう要請するとした。(環境庁［1984b］)

1975〜1984年に提案された野党法案

1975〜1984年に政府（環境庁）による立法化が見送られることとなった経緯と並行して、野党の公明党および社会党（当時）が、それぞれ複数回にわたって環境影響評価に係る法案を国会に提案した。1975年に公明党は「環境に対する影響の事前評価による開発事業等の規制に関する法律案」（参議院［1975］)を、1976年に社会党は「環境影響審査に基づく開発行為の規制に関する法律案」（衆議院［1976］）を提案した。その後においても、筆者が国会議事録から確認したところでは、公明党と社会党が1977年5月、12月に、社会党が1981年、1983年および1984年に、それぞれ法案を提案しているがいずれも廃案となった。（衆議院［1977a］［1977b］［1981a］［1983］［1984］)

これらの法案のうち、1975年公明党案および1976年社会党案の内容はともに、現在の法制度とかなり異なるものであった。第1には両案ともに、別法で定め国会同意を得て任命される委員からなる委員会（公明党案「開発事業等規制委員会」、社会党案「中央環境保全委員会」）を設け、この委員会のもとに制度を監理しようとしていたことである。委員会は開発事業に対して「認可」を与えること、認可事業の停止・原状回復・認可取消などの措置を命ずることができるとしていた。第2には対象事業を広範な事業としていた。公明党案では22種の事業等、社会党案では27種の事業を対象にしようとし、たとえば社会党案は「ゴルフ場の開発」（都市計画法第4条第10項の"特定工作物の建設又

はその施設の変更"）を含んでいたし、1977年提案の公明党法案もこれを含むものとなっていた（1975年公明党案には含まれていなかった）。第3には国に設ける委員会と同様に、都道府県に議会の同意を得た委員からなる委員会を設けるとし、複数の県等に係る事業および法に定める事業規模を超える事業などを除く対象事業を管轄するとしていた。第4にはさまざまな法律違反に対して罰則を規定していた。1977年の公明党案および1977年の社会党案はともに最も重い罰則を3年以下の懲役、100万円以下の罰金としていた。

2-3　環境基本法制定と環境影響評価

　1993年4月に環境基本法案が内閣から国会に提案され、同年5月に衆議院、11月に参議院でそれぞれ可決されて成立した。

　環境影響評価について、環境基本法第20条は「国は、土地の形状の変更、工作物の新設……（等の）事業を行う事業者が……（環境影響評価を行って）……環境の保全について適正に配慮することを推進するため、必要な措置を講ずるものとする」としたが、国に対して法制定等の具体的な措置を求めるものではなかった。

　環境影響評価制度を立法化することが明確でないとして、環境基本法案の審議にあたって議論が交わされた。環境庁は当時の各界の意見について「法制化すべきであるという……御意見（は）……連合、日弁連、全国公害患者の会……等がございます……環境基本法に環境アセスメント制度の法的根拠を明確に位置付けるとともに、法制化を行う場合には地方公共団体の自主性と実績を尊重すべきである（という）……御意見が知事会から寄せられ……現行制度の見直しを通じて対処すべきであるとする経団連等の経済界の意見が（あり）……この三つの範疇に……分けられる」（衆議院［1993a］）と説明した。

　環境基本法案に環境影響評価の立法化を明確に規定すべきとの指摘に対して、政府は当初、「現行の措置の適正な推進に努めると同時に必要に応じて見直しを行う」（衆議院［1993b］）としたのであるが、衆議院における最終審議段階において、環境庁長官（林大幹氏）が「（環境基本法案第20条に定める措置には）必要な場合には法制化するということが含まれておる」（同）と答弁

し、総理大臣（宮澤喜一氏）も「法制化を含めまして所要の見直しについて検討する」（同）とした。

1993年5月20日に環境基本法案は衆議院本会議で可決され参議院に送られた。参議院審議の過程において、総理大臣（宮澤喜一氏）が衆議院における答弁と同様に答えた（参議院［1993a］）。その後、衆議院の解散・総選挙により、1993年8月に細川内閣が発足し、宮沢内閣と同様の考え方を踏襲した（参議院［1993b］）。環境基本法案は1993年11月に参議院で可決され施行された。

この経過にみられるように、環境基本法の制定時に、環境影響評価の立法化が大きな論議を巻き起こしたが、立法の明確化をめぐる議論に止まり、制度の内容等の具体的なあり方は議論されることはなく、立法化は4年後の1997年に実現することとなった。

2-4 環境影響評価法制定と対象事業

環境基本法第20条に定める環境影響評価について、衆参両院の審議の過程において、環境影響評価制度の法制化を含めて検討するとの政府説明がなされて可決された経緯があり、政府にとって法制化が検討されるべき課題となっていた。それに加えて、1993年制定の行政手続法が環境影響評価法の法制化を急がせた。行政手続法によれば、行政指導に基づく環境影響評価制度である"1984年閣議決定要綱"によって環境配慮を求めた場合の対応は、事業者にゆだねられ、それに従う事業者と従わない事業者との間で不公平が生ずることになり、法制化が求められていた。（衆議院［1997d］）（参議院［1997a］）

環境影響評価法について、環境庁（当時）による「逐条解説・環境影響評価法」（環境庁［1999］）をはじめとして多くの図書、報文があるので、環境影響評価法について詳述することは控えることとする。この一文において主題とする環境影響評価の対象事業、および法制度と地方公共団体の制度の関係等について、以下のような経緯があった。

環境影響評価法制定に至る経緯

　環境基本法制定（1993年）の後、政府（環境庁）は環境影響評価制度について調査・研究を行い、1994年7月に「環境影響評価制度総合研究会」を設置して調査研究を進め、1996年6月にその報告書「環境影響評価制度の現状と課題について　環境影響評価制度総合研究会報告書」（"1996年研究会報告書"）がまとめられた。（環境庁研究会［1996］）

　これによれば、対象事業について両論を併記してまとめを行っており、一つは既存の国の許認可の枠にとらわれずに環境影響評価手続を行う、この場合には該当する事業について監督・規制する仕組みが必要となるとの考え方で、もう一つの考え方は規制緩和や地方分権の流れを踏まえ国による許認可等の制度が備えられている事業について国が責任を負い、その他については国の関与を設けるべきではないとの考え方である。また、国制度と地方制度の関係について触れ、両者の役割分担・調整のあり方が検討課題であること、地方分権の動向、地方の主体性・自主性の尊重の必要性、地方制度が行き渡っている状況等を踏まえ、検討することが必要とした。（環境庁研究会［1996］）

　"1996年研究会報告書"がまとめられた後、1996年6月に内閣総理大臣から中央環境審議会に「今後の環境影響評価制度の在り方について」諮問し、1997年2月に答申がなされた（"1997年中環審答申"）。（中環審［1997］）

　答申は今後の制度が整えるべき基本原則として、法律による制度とすること、事業者自らが環境影響評価を行う制度であること、国が許認可等によって事業に関与する際に環境配慮を反映させる制度であること、外部の意見を聴取する仕組みとすること、"1984年閣議決定要綱"よりも対象事業を拡大することなどを答申した。対象事業については、"1996年研究会報告書"に示された「両論」のうちの一方をとって、「国の立場からみて一定の水準が確保された環境影響評価を実施することにより環境保全上の配慮をする必要があり、かつ、そのような配慮を国として確保できる事業を対象とすることが適当である。このような観点から、新たな制度においては、規模が大きく環境に著しい影響を及ぼすおそれがあり、かつ、国が実施し、または許認可等を行う事業を対象事業に選定すること」とした。対象事業に係る環境配慮の確保については「国が

許認可等によって事業に関与する際に、環境影響評価の結果を適切に反映させるという趣旨の制度であること」と答申した。なお、この答申は地方公共団体が条例等で設ける制度について言及しなかった。(中環審[1997])

この答申を得て、対象事業に係る"法的関与要件"、"規模要件"および環境保全上の配慮の確保に係る"横断条項"等を含む法案が政府内で作成され、1997年3月に閣議決定の後国会に提案された。法案の国会審議において、地方制度と法案の関係を含み、さまざまな側面から議論が交わされたが、政府案どおりに5月に衆議院、6月に参議院でそれぞれ可決され、公布・施行に至った。

法案審議過程における対象事業の議論

法案審議の段階で、ゴルフ場、スキー場、その他のリゾート開発等の民間事業は法対象事業とならないことが見込まれていたため、これらを環境影響評価の対象とするべきではないか、国が許認可等により関与しない開発についてどうするのかなど、多くの指摘があった。政府(環境庁)は、規模が大きく環境に著しい影響を及ぼすおそれのある事業を対象とする、国の立場から見て一定の水準が確保された環境影響評価を実施することにより環境保全上の配慮を確保する必要がある、国が実施または許認可等を行う事業を対象とする、ゴルフ場については事業そのものをとらえる許認可法がないなどと答えた。(衆議院[1997a][1997b])(参議院[1997a][1997b])

ゴルフ場について事業そのものをとらえる許認可法がないとの答弁に関連して、「(法案の)対象事業にできるよう努力すべき」(参議院[1997a]における馳浩議員発言)、「国が関与し、あるいは国が行う事業については、法案がなくても……(環境保全上の配慮の手続を)実施できる……むしろ……国が関与しない、国が行わない事業も……法案(は)……目指すべきではないか」(参議院[1997b]における平田耕一議員発言)との指摘がなされた。こうした指摘に政府(環境庁)は、"1997年中環審答申"を踏まえていること、ゴルフ場等は地方の大部分の制度の対象事業とされていることなどと答えた(衆議院[1997c])(参議院[1997a])。

法案審議の時点（1997年）において、多くの地方自治体の制度が設けられていることに関連して、地方制度との関係および地方制度の後退の懸念について指摘がなされた。これに対して政府（環境庁）は、地方制度の後退にならない、法が対象としない事業を地方制度において対象とすることができる、地方分権の時代における国と地方の役割分担となるなどと答えた。（衆議院［1997a］［1997b］［1997c］）（参議院［1997b］）

環境影響評価法と対象事業

環境影響評価法は"法的関与要件"のある国事業および国による許認可等関与事業を対象とし、これらの事業の実施において環境影響評価の結果を許認可等に反映させる"横断条項"を規定した。一方、地方条例による制度の導入を容認しつつも、地方制度が対象事業に規制権限を持たない事業を対象とする場合における環境影響評価結果に基く環境保全の確保のための法的な後楯を規定しなかった。

環境影響評価法は13種の事業（12種の法律に規定する事業およびこれらに準ずる政令で定める事業）を対象とするとした。前述のように、"1997年中環審答申"に沿った事業であって、"1984年要綱"による対象事業に発電所、大規模林道および在来線鉄道を加えたものであった。中央環境審議会答申は基本原則として"1984年要綱"の対象事業を拡大することを指摘したのであるが、実際にはこの3つの事業種が追加された。

"1984年要綱"の対象事業の規模要件（環境庁［1985］）について、環境影響評価法は基本的にこれを踏襲した。その上で対象事業について"1984年要綱"に基づき定めていた規模に相当するものを「第一種事業」として環境影響評価を求めることに加えて、それよりも小さい規模（第一種事業の1.0〜0.75規模）の事業を「第二種事業」とし、これらについては環境影響評価の実施の是非を判定する手続（スクリーニングと通称されている）をとるとした。このことは"法的関与要件"の範疇に留まるのであるが、国制度の対象事業について実質的に拡大するものであった。

2-5　地方自治体における環境影響評価制度の整備・拡充と対象事業

"1972年閣議了解"は地方公共団体にも環境影響評価に関する所要の措置を要請するとしたが、1973年に福岡県が「開発事業に対する環境保全対策要綱」、1976年に川崎市が「川崎市環境影響評価に関する条例」を施行したことなどを先例として、条例あるいは要綱により環境影響評価制度が導入されていった。（JEAS [2003]）

"1984年要綱"は、地方公共団体が条例等により施策を講ずることを妨げるものではないとしたのであるが、その頃の時点において、川崎市、北海道、神奈川県および東京都が条例により、18府県と3政令指定市が要綱により影響評価制度を導入していた（環境庁 [1988]）。環境影響評価法の制定前に8条例（6都道県、2政令指定都市）および45要綱（38府県、7政令指定都市）が施行されていた（環境庁 [1998]）。

地方制度の特徴は法定外の対象事業種のもの、および法定事業種で法定未満規模の事業を対象としたが、事業種と規模は自治体ごとに異った。1997年の環境影響評価法制定時において、地方制度の対象事業種について、26種とする東京都の事例を最多とし、2種とする山形県、福島県を最少とし、面的開発の規模について、100ha以上とする事例があり、1ha以上とする事例があった。多くの自治体が工業団地・住宅団地の造成、レクレーション施設の建設を対象事業としていた。（待井他 [2008]）

1997年の環境影響評価法の制定により、地方制度を設ける場合に条例によること、法律の趣旨を尊重するとされたことを踏まえて、すべての都道府県、および17政令指定都市で、また、一部のその他の地方公共団体において、環境影響評価の実施に関する条例が制定されている。これらの地方制度において、法定事業種で法定規模未満の事業を対象事業としている自治体があり、また、法定事業種にない対象事業として、スポーツ・レクレーション施設の建設、工場・事業場の施設の設置（一定規模以上の排ガス・排水を伴うもの）、畜産施設（一定以上の飼育数のもの）、建築物の新設（一定規模以上の高さ、延べ床面積のもの）、産業廃棄物中間処理施設、し尿処理施設、ゴミ処理施設、下水道終末処理場などを対象事業としている自治体がある。地方制度の対象事業の

規模について、たとえばスポーツ・レクレーション施設について、50ha 程度としている事例が多く、10ha（岡山県、横浜市・市街化調整区域）、5ha（静岡県・特定地域内改変、尼崎市など）、3ha（石川県・スキー場）、1ha（岩手県・特別地域、神奈川県・甲地域、相模原市・A 地域）などの事例がある。（環境省 [2016]）

3 2011 年の環境影響評価法改正

3-1 2011 年法改正と改正法案の作成に至る経緯の概要

2011 年 4 月 22 日に環境影響評価法が改正・公布された。この改正は法制定時に、施行後 10 年を経過した場合に施行状況に検討を加えて必要な措置を講ずる（法附則第 7 条）と規定されていたこと、および生物多様性基本法の制定、その他の法施行後の環境をめぐる状況の変化があったことに対応するものであった。この改正により、法定の対象事業に係る計画段階における環境配慮に関する手続き、一部対象事業の追加（交付金事業の追加、政令改正による風力発電事業の追加）などがなされた。しかし、この一文において注目する対象事業および国と地方の制度の関係等について、1997 年制定時の枠組を踏襲し、基本的な変更を行わなかった。

環境省は改正法案の作成に当たって以下の手順をとった。2008 年 6 月に専門家、関係者からなる「環境影響評価制度総合研究会」（"2008 年研究会"）を設けて調査・研究し、2009 年 7 月に「環境影響評価制度総合研究会報告書」（"2009 年研究会報告書"）（環境省研究会 [2009c]）をまとめ、この研究結果を踏まえて中央環境審議会に諮問した。審議は同審議会総合政策部会に付議され、同部会に専門委員会を設置し、2009 年 9 月～2010 年 1 月に調査を行って「今後の環境影響評価制度の在り方について 環境影響評価制度専門委員会報告」（"2010 年専門委員会報告"）（中環審専門委 [2010]）をまとめ、これをもとに専門委員会委員長と事務局が答申案をまとめ、2010 年 2 月に中央環境審議会総合政策部会が「今後の環境影響評価制度の在り方について」（中環審 [2010]）を答申した。この答申を得て、政府内で改正法案が作成・閣議決定

され国会提案されて可決・成立した。

3-2 "2008年研究会"における対象事業等に関する議論

2008年6月～2009年7月に、10回にわたって開催された"2008年研究会"の議事録が公開されており（環境省HP［2018a］）、議事録において、法制度の対象事業等について、筆者が注目する意見・議論等は以下のようであった。なお、第1回研究会において研究会座長から、研究会の研究範囲について、法的関与要件を貫くことができない場合にはどう修正するかということについても含めた議論を行うとの考え方が示された（環境省研究会［2008a］）。

法制度の対象事業

法制度の対象事業については、以下のような意見・考え方があった。

第3回研究会において、参考人として意見を述べた日本自然保護協会関係者は、生物多様性の保全の観点から、環境の特性に応じた対象事業の考え方が必要であるとの意見を述べている。別の参考人で日弁連の関係者は、日弁連の立場としてすべての事業を対象にするという基本的な方針をとっていること、ただしその場合において発生する問題点があることを理解しており、ある程度の譲歩をせねばならないとの意見を述べている（筆者注：「譲歩」はある程度の限定を容認するとの主意ではないかと考えられる）。（環境省研究会［2008b］）

第4回研究会において、参考人として意見を述べた経団連の関係者は、業界団体を対象に意見照会を行った結果から、法による制度はナショナルミニマムの確保に重点がおかれるべきであること、規模が大きく環境影響の程度が著しくなるおそれのある事業に対象を限定するべきであること、都道府県条例等により行われている事情を踏まえる対応が必要などの意見があったことを説明している。（環境省研究会［2008c］）

第6回研究会において、国の制度の対象事業について、法律という観点からすれば国の制度において多くの事業を対象としたいという考え方があるとの委員意見があった（環境省研究会［2009a］）。

第8回研究会において、事業種・規模要件を外してスクリーニングによっ

て、環境影響評価が必要な事業、簡易に環境影響評価を実施する事業および実施しない事業に類型化する考え方があるとの委員意見があった(環境省研究会[2009b])。

対象事業と法的関与要件

法制度の対象事業と法的関与要件について、第1回研究会において、事務局(環境省)が法制定時における"1997年中環審答申"を説明して、国制度の対象事業を法的関与要件を有するものとしているとの整理を行っていると説明している(環境省研究会[2008a])。

第1回研究会において、法制化から10年を経ており、諸外国および地方自治体の制度を勘案して、許認可等に関与できる事業を対象とすることについて点検をしてみてはどうかという委員意見が示されている(環境省研究会[2008a])。

第5回委員会において以下のような指摘があった。

法的関与要件を外せば法制度の対象を拡大することができるとの委員意見があった。一方、これとは反対に環境影響評価の結果を国の許認可等において実行させる手段としている点を考慮した議論が必要である、環境影響評価の結果の実効を担保するための手段についての議論が必要であるので、単純に法関与要件を外すことは疑問であるとの指摘が委員からあった。また、環境影響評価の結果の強制力を保持して制度の根幹となっている法的関与要件を維持せざるを得ないながらも、地方条例においてはそうした要件のない事業についても対象として「要請」などによって対応しており、そうした対応が可能なのであれば、国制度においても法的関与要件を外して対象事業を拡大できるのではないかという委員意見があった。また、国の法制度において法的関与要件を外す場合に、勧告・公表制度によることが考えられるとの委員意見があった。法制度においては法的関与要件があることを環境影響評価の実効性の拠り所とし、国の関与要件がない事業を法対象にできないかのような側面があるとの指摘が委員からなされている。(環境省研究会[2008d])

国と地方の関係

　国と地方の関係について、第1回研究会において、事務局の環境省がその時点における見直しを検討するにあたって注目する背景として"地方分権"という大きな流れがあることを説明した（環境省研究会［2008a］）。

　第3回研究会において、参考人として意見を述べた日弁連の関係者は、国が対象事業を拡大すれば地方自治体の対象事業が狭められることになり、地方分権に沿わないこととなるので、その観点から検討の余地があるとした（環境省研究会［2008b］）。

　第4回研究会において、参考人として意見を述べた経団連の関係者は、業界団体を対象に行ったアンケート調査の結果から、国と地方条例が一体となって制度が運用されている実情にあること、そうした実情を踏まえてこれからのあり方を検討するべきであることとの指摘を行った。また、前述のように同じ関係者は、都道府県条例等により行われている事情を踏まえる対応が必要などの意見があったと説明している。（環境省研究会［2008c］）

　第5回研究会および第8回研究会において、一人の委員から地方は国の関与を受けたくないというのが実態ではないか、国が対処するべき部分と地方が地方のニーズに応じて行う部分を区分しておくべきではないかとの指摘があった。（環境省研究会［2008d］［2009b］）

3-3　"2009年研究会報告書"、"2010年専門委員会報告"および"2010年中環審答申"

　こうした議論を経て、"2009年研究会報告書"は対象事業および国と地方の関係について、「対象事業の種類および規模について範囲の拡大を図るべきという指摘がある一方、国の関与はナショナルミニマムという考え方で少なくし、地方の独自性を活かすことも必要ではないかという意見等もみられた……地方分権の流れがあり、法と条例が一体となって幅広い事業を対象にしている（ので）……直ちに新たな対象事業とすべきものはない……法的関与要件について……（それにより）環境保全上の配慮の確保について一定の強制力を担保する仕組みは、環境影響評価法の制度の根幹であり一定の妥当性があるという

意見がみられた……国の法的関与要件のない事業は……条例において対象事業とされている場合が多く、国の法的関与要件のない事業で国の……対象とすべき具体的な……実態面の要請がなお乏しい……」（環境省研究会［2009c］）とした。

"2009年研究会報告書"は法的関与要件について、「国の許認可を要件から外し、環境負荷の大小で対象事業を決めるべきという対象範囲の拡大の必要性があるとの意見があった……条例では、法的な許認可がない事業についても対象事業とし、事業者に対して一定の要請を行っていく仕組みがある……仮に許認可要件が外れた場合、勧告・公表といった手段により……実効性を発揮するという意見があった」（環境省研究会［2009c］）と報告している。

なお、対象事業および法的関与要件について、1997年の環境影響評価法制定時における中央環境審議会答申に沿って法制化がなされた経緯があった。"2009年研究会報告書"は、1997年答申を引用しているが、研究会としてその考え方を踏襲するのかどうかを明確に言及していない。しかし、議事録および主要論点別意見によれば、「検討に当たっての留意点」として記述されており、「留意」していた可能性がある。

この"2009年研究会報告書"を得た後に、環境省は中央環境審議会に「今後の環境影響評価制度の在り方について」を諮問した。答申に先立って専門委員会が設けられ、2009年9月～2010年1月の間、調査を行って"2010年専門委員会報告"をまとめたのであるが、同報告は、「小規模な事業や法対象外の事業種について……条例において対象事業とする役割分担を前提に、法と条例が一体となって……（環境影響評価が行われているという）役割分担を尊重すべき……許認可等の法的関与要件……は……制度の根幹であり維持すべきである」（中環審専門委［2010］）とし、法的関与要件を維持することを前提として、国制度における対象事業について、風力発電施設への対応等に言及したが、小規模事業および法定外事業種については地方制度にゆだねるとの考え方をとり、地方制度において地方首長が規制権限等をもたない開発事業を対象とする場合における環境保全の配慮の確保について言及しなかった。

"2010年中環審答申"は、対象事業、法的関与要件および国と地方の関係

について、"2010年専門委員会報告"のとおりに答申した（中環審［2010］）。2010年3月に「環境影響評価法の一部を改正する法律案」が閣議決定され国会に提案されたのであるが、この法案はこの"2010年中環審答申"を踏まえたものであった。

3-4 国会における審議と可決

2010年3月に参議院本会議において改正法案の趣旨説明が行われた。その本会議において規模要件を撤廃し対象事業を拡大して多くの事業に環境影響評価を求めること、および簡易な環境影響評価制度を導入することについて指摘・質問があり、これに対して政府側は、法と地方条例の制度によって十分に環境保全が図られておりその役割分担を尊重する、簡易な環境影響評価制度の導入には慎重に対応する必要があると答弁している。（参議院［2010a］）

4月8日の参議院環境委員会において参考人が意見を述べている。一人の参考人は簡易な環境影響評価制度を導入することについて、改正法案の根本的な変革が必要となること、地方条例制度の対象事業との関係について検討を要するとの意見を述べており、これは従前の"法的関与要件"、"規模要件"を踏襲する改正法案を是認せざるを得ないとの意見である。一方、別の参考人は簡易な環境影響評価制度を導入すること、規模要件を下げるなどにより対象事業を拡大すること、法制度の作り直しをすることなどの意見を述べている。（参議院［2010b］）

4月13日および15日の参議院環境委員会では、委員から評価実施件数が少ないこと、対象事業を追加すること、対象事業の規模要件を変更することについて指摘・質問があった。こうした指摘・質問に対して政府側が、政府側は風力発電以外に追加する考えのないこと、国制度と地方制度を合わせれば環境影響評価法施行後の実施件数が2,280件であると説明した（参議院［2010c］［2010d］）。この後、20日の参議院環境委員会、21日の参議院本会議において法案が可決された。

衆議院において法案審議が進められた。5月25日の衆議院本会議において、議員からなぜ法律の対象事業種（13種）に対する考え方を変更しないのかと

の質問があり、政府側が法制度と地方条例制度を組み合わせて環境保全を図るとの趣旨の答弁がなされた（衆議院［2010a］）。

　5月28日に衆議院環境委員会において参考人が意見を述べている。一人の参考人は、条例制度によって対象事業種を拡大しおよび小規模事業を対象としている状況にあり、地方分権・地域主義の観点から国制度の大幅な見直しを見送ったことはやむを得ないとの意見を述べているが、この意見は政府の法案の趣旨に沿うものである。別の参考人は、環境影響評価法の基礎となっている環境基本法第20条の規定に照らして対象事業を制約し過ぎている、対象事業に係る規模要件を外して対象事業を拡大する、対象事業に応じて環境影響評価を行うこととし簡易な評価を行う制度も導入するなどの意見を述べている。また、もう一人の参考人も、対象事業が少ないこと、規模要件が大きすぎること、また、対象事業について法制度と地方制度の両方でみるべきという意見があるが法制度の対象事業の範囲を広げることは意義があるとの意見を述べている。（衆議院［2010b］）

　同年11月12日の衆議院環境委員会において、環境影響評価法が「規模が大きく環境影響の程度が著しいものとなるおそれがある事業」（同法第1条）としていることについて、同法の拠り所である環境基本法は「事業」について規模要件などを規定していない（同法第20条）ことに関する指摘があった（衆議院［2010c］）。これに対して政府は、法制度と地方条例制度の役割分担を尊重する観点から、規模要件をなくすことおよび対象事業の範囲を広げて簡易な環境影響評価制度を導入することについて、慎重でありたいと答弁している（衆議院［2010c］）。

　こうした議論、参考人意見などがあったが、この過程において法制度の対象事業に係る"法的関与要件"の議論は交わされることはなかった。改正法案は2011年4月に国会で可決・成立し、"法的関与要件"およびそれに関係する"横断条項"は踏襲され、また、政令で定める対象事業の"規模要件"も維持された。

4　環境影響評価の対象事業に係る経緯

4-1　法制度の対象事業に係る"法的関与要件"とその経緯

　筆者がこの一文において注目する日本の環境影響評価制度における対象事業等について、国制度において法的関与要件を有する大規模な事業を対象とすること、地方制度において国制度未満の小規模事業および法定事業種以外の事業を対象とする"下出し"、"横出し"がなされていること、環境影響評価法に"横断条項"を規定することにより許認可等を行うにあたって環境影響評価の結果に基づく環境保全上の配慮の実効性を確保することに特徴がある。

　国制度において"法的関与要件"を有する事業を対象とする考え方は、"1975年専門委検討結果"にみられる（中公審専門委［1975］）。その後、"1984年要綱"、1997年制定の環境影響評価法、および2011年の環境影響評価法改正において一貫してとられ続けてきた。

　40数年前の"1975年専門委検討結果"に"法的関与要件"を付したことについて、1970年代半ば頃の時期に産業界および政府内の通産省と建設省から強い法制化反対機運がある状況下の法案検討において、"法的関与要件"を外す余地はなかったと筆者は考えている。

　政府（環境庁）は法制化を断念して"1984年要綱"を閣議決定し、"1981年環境影響評価法案"（1983年廃案）に沿って"法的関与要件"を有する事業を対象とした。このことについて後にまとめられた"1996年研究会報告書"は「閣議アセス（"1984年要綱"）が国の関与がある事業を対象としているのは……その結果を国の行政にも反映させる必要があるとされたためである」（環境庁研究会［1996］）としている。

　1997年の法制化に先立って報告された"1996年研究会報告書"は、対象事業に係る"法的関与要件"を付すことについて賛否両論があるとしたが、その後の"1997年中環審答申"は"法的関与要件"を基本原則の一つとして答申し、これに基づいて環境影響評価法案が作成された（環境庁研究会［1996］）（中環審［1997］）。法案の国会審議において"法的関与要件"を外すべきとの指

摘もあったが、法案を覆すことにはならなかった。環境影響評価法が地方条例による対象事業の"下出し"あるいは"横出し"を容認したことにより、法制度の一環として地方制度が法定外事業を補足し、国と地方が役割分担をする枠組を形成することとなった。

2011年法改正に先立って報告された"2009年研究会報告書"は、"法的関与要件"をもたない事業を法制度の対象事業に加える実態面の要請がないとし、この考え方に沿って2011年法改正において"法的関与要件"を存続した。（環境省研究会［2009c］）

4-2 現在の制度に至る経緯

環境影響評価制度を形成する過程において、現制度と異なる制度および対象事業のあり方等が提起され、あるいは議論された経緯があり、その主要なものとして筆者が注目するのは以下のとおりである。

第1に、1970年代後半にそれぞれに野党であった公明党および社会党から再三にわたって環境影響評価制度に係る法案が提案され、廃案となったことである。1975年頃に始まった環境影響評価制度の法制化の試みが難航を極め、"1984年要綱"に至る過程において、公明党および社会党が提案した法案は、別法で定め制度を監理する委員会により、幅広い開発行為を対象事業として「審査」および「認可」を行うことを骨子としていた。いずれも"法的関与要件"、"横断条項"などを伴うことなく、一つの法制度により環境影響評価という目的を完結させるものであった。

第2に、環境影響評価法案の審議（1997年）において、対象事業について"法的関与要件"を有するものとされていたことについて、ゴルフ場について許認可法がないことをもって対象事業としないとの政府説明に対して、対象事業とすべきであるとの指摘がなされ（参議院［2010e］）、また、法制度がなくても国事業・国関与事業について許認可等によって環境配慮を求めることが可能である、むしろそうした事業以外を対象とする法制度であるべきとの趣旨の指摘がなされた（参議院［1997b］）。筆者は、これらの指摘は環境影響評価制度の本質的なあり方を主張したものと考えているが、法案を覆すことになら

なかった。

　第3に、2008〜2011年に、環境影響評価法の改正時に対象事業等について議論が交わされたことである。調査・研究段階の"2008年研究会"の議論において、環境負荷の大きさで対象事業を決めるべきであること、"法的関与要件"を外して法制度の対象事業を拡大すること、簡易なものを含む種々のレベルの環境影響評価を事業に応じて選択する制度をとることなどの意見があった。しかし、その後の"2010年中環審答申"はこうした意見を採用しなかったため、改正法案は従前からの枠組みを踏襲した。

　第4に、改正法案の国会審議の過程において、2010年5月の衆議院環境委員会において、参考人から環境基本法第20条に照らして環境影響評価法は対象事業を制約し過ぎていると指摘され（衆議院［2010b］）、その後の国会審議においても同様の指摘がなされている（衆議院［2010c］）。これらの意見は環境基本法第20条が環境影響評価を行う事業者について、「土地の形状の変更、工作物の新設その他の事業を行う事業者」（環境基本法第20条）として事業の規模などを規定していないにもかかわらず、環境影響評価法が「規模が大きく環境影響の程度が著しいものとなるおそれのある事業」（環境影響評価法第1条）に限定していることを指すものとみられる。しかし、こうした意見が改正法案を覆すには至らなかった。

4-3　地方制度と環境保全上の配慮の確保

　地方の環境影響評価制度について、"1972年閣議了解"は国と同様の措置を要請するとし、"1984年要綱"は地方が条例等によって施策を行うことを妨げないとした。また、環境影響評価法（1997年）は地方が条例により法定外事業等に係る環境影響評価手続に関する規定を定めること等を妨げないと規定した。

　このように国が一貫して地方制度を容認してきた経緯があり、地方においては国制度の構築と併行して制度導入がなされてきた。現在までに全都道府県、17政令指定都市、その他9市において条例制定がなされている。（環境省HP［2018b］）

条例制度は法定未満事業および法定事業種以外の事業を幅広く対象とし、規模要件をかなり小さくしている事例があり、そうした状況を前提として、環境影響評価法制定（1997年）およびその改正（2011年）において、国と地方の制度が役割分担をしている、地方分権の流れを尊重する、国制度の対象事業を新たに追加する実態面の要請が乏しいとの判断に至った経緯がある。"法的関与要件"をもたない事業を制度の対象事業とする場合について、"1996年研究会報告"は「既存の許認可の枠にとらわれずに……問題となりうる事業について……環境影響評価手続を行うべきだとする意見がある。この場合、既存の国の関与がない事業については、環境影響評価の適切な実施を期するため……新たな監督・規制の仕組みが必要となる」（環境庁研究会［1996］）としていた。法制度は"法的関与要件"をもつ事業に限定して新たな監督・規制の仕組みを規定せずに"横断条項"を規定したのであるが、地方制度において監督・規制の権限のない事業を対象とする場合の法律上の仕組みを規定しなかった。

このために地方制度はこの点を補うこととなった。東京都環境影響評価条例は、事業者から評価書等の提出があった場合に、許認可権者にその写しを送付する、その際に許認可権者が許認可等を行うにあたって評価書の内容を十分に配慮するよう要請すると規定している（同条例第59条第1項および第60条）。神奈川県環境影響評価条例は、知事が当該事業の許可等の権限を有する場合には評価書等の内容に配慮する、また、知事以外に当該事業の許可権限を有する者がある場合には評価書の内容を配慮するよう要請するとしている（同条例第81条第1項、第2項）。「川崎市環境影響評価に関する条例」は、指定開発行為および法対象事業について、事後調査の実施を求め、その結果が条例評価書の内容と明らかに異なり、それが事業者側の責めに帰すべきものと認めた場合に事業者側に勧告し、併せて規制権限を有する者に通知するなどの措置をとるとしている（同条例35条～38条および第71条第2項）。（東京都［1980］）（神奈川県［1980］）（川崎市［1999］）

"2008年研究会"においては、地方条例において「要請」などによって対応がなされている事例があることから、国制度においてもそうした対応が可能であれば法的関与要件を外して対象事業を拡大できるのではないかという指摘

（環境省研究会［2008d］）、国制度において"法的関与要件"を外した場合における環境影響評価結果の実効性の確保について、勧告・公表制度をとり入れることが考えられる（同）などの意見があった。しかし、国制度にこうした考え方が取り入れられることはなく今日に至っているところであり、地方制度を法律に位置づけているにもかかわらず、地方が法定外事業を対象事業とする場合における環境保全上の配慮を確保する法律上の"後楯"を整えていない。

5 所　　感

5-1　国制度の対象事業に関する所感

　"1997年中環審答申"において示された国制度の対象事業について、「国の立場からみて一定の水準を確保する」および「環境保全の配慮を国として確保する」との考え方が、2011年の法改正時においても、とられているのかどうか明確ではないのであるが、対象事業に関するこの考え方について、3点の所感を指摘したいと考える。

　第1に「国の立場からみて一定の水準が確保された環境影響評価を実施する必要がある」（中環審［1997］）とした考え方について、環境影響評価の水準を確保する必要性に異論はないが、"国の立場"に特化した考え方ではなく、地方制度を含む制度全体として水準の確保が求められているはずである。このことが確認され所要の措置をとることが求められていると考える。

　第2に「環境影響評価に基づく環境保全上の配慮を国として確保できるように、国が実施し、または許認可等を行う事業を対象事業に選定する」（中環審［1997］）との"法的関与要件"についてである。筆者の私見であるが、既存の他法令等による許認可等の仕組みを忖度して、環境影響評価法による事業そのものへの関与をしなかったものと考えている。現在の法制度は「国の関与がない事業を法制度の対象事業にできないかのような側面がある状態を継続している」（環境省研究会［2008d］）こととなった。環境影響評価の本旨からみて環境負荷の観点から対象事業を定める必要があり、国制度の対象事業について"法的関与要件"を付す必要性はないと考えられる。この趣旨の議論は、1997

年に法案を審議した国会において、国の関与がない事業を含む法制度を目指すべきであるとの指摘がなされ、"2008 年研究会"においては"法的関与要件"を外した場合における法律上の規定について発言がなされている。

第 3 に法制度の対象事業に係る"規模要件"についてである。"2008 年研究会"において規模要件を外す考え方、規模要件を維持する考え方などのさまざまな意見が交わされている。また、2010 〜 2011 年における法改正に係る国会審議においても、規模要件を外して対象事業を拡大する、環境基本法第 20 条の規定からみて対象事業を制約し過ぎている、対象事業を拡大するとともに簡易な環境影響評価を含むさまざまなレベルの環境影響評価を用意してスクリーニングして実施するなどの指摘・意見があった。しかし、"規模要件"は国制度において維持されて今日に至っている。筆者は、法制度における対象事業の"規模要件"を見直しするとともに、より小規模な事業を対象とする場合における制度の監理を地方が担う方向を目指すことが望ましいものと考える。

5-2 環境影響評価制度に関する所感

1970 年代に導入され変遷を経てきた環境影響評価制度について、主として国と地方制度の対象事業に注目して 3 点の所感を指摘したいと考える。

第 1 には、地方制度の対象事業の環境影響評価結果に基づく環境配慮を確保するあり方を議論し、必要な対応をとることについてである。地方条例は法定対象事業の"下出し"、"横出し"を行った事業に係る環境影響評価の結果による環境保全上の配慮について、規制権限を有する者に対して「要請」などによって、それぞれに対処する仕組みをとっている例がある。法制度は対象事業を"法的関与要件"のあるものに限定し、"横断条項"によって環境保全上の配慮を確保するとしているのであるが、現在の法制度は、容認する地方条例について"横断条項"に相当する配慮・仕組みを欠いている。地方制度において環境保全上の配慮を確保するために法改正を含む検討の必要があると考える。

第 2 には、国と地方の役割分担について、大幅な見直しを行うことについてである。環境影響評価法の制定時および 2011 年改正時に、法制度による対象事業を拡げることは地方分権の拡大の動向、地方の主体性・自主性の尊重の必

要性、地方制度が行き渡っている状況を踏まえて、国制度の対象事業を"法的関与要件"を有する大規模な事業に留めるとの判断がなされ据え置かれた。しかし、法制度の"法的関与要件"を外して対象事業が拡大した場合に、現在の地方条例対象事業と重なることとなるとすれば、地方条例に環境影響評価の手続等を移管することによって、地方分権の動向等に齟齬を来すことはないはずである。また、"法的関与要件"を外した場合における環境保全上の配慮の確保を法律に盛り込むことは困難なことではなく、それを阻むのはむしろ"既得権益"であると筆者は考える。

最後に、日本の環境影響評価制度を抜本的に見直すことについてである。これについて筆者は1970年代後半に国会に提案され廃案となった公明党および社会党（当時）の環境影響評価に関する法案を想定している。前述（「2-2　法制化の模索・見送りと閣議決定要綱」参照）のように野党法案は、国会同意を得た委員からなる委員会が制度を監理すること、開発事業について委員会による「認可」制度をとること、環境影響の規模を勘案した幅広い事業を対象とすること、地方に国と同様の地方の委員会を置くこと、さまざまな法制度違反に対する懲役を含む罰則制度をとることなどを特徴として一つの法体系により環境影響評価という目的を完遂するものであった。このような見直しが近い将来に実現することは困難と考えられるのであるが、まずは日本の環境影響評価制度が未成熟であるとの認識を関係者・関係機関が共有し、検討がなされる必要があると考える。

【引用文献・参考図書】
（国会議事録・衆議院）

衆議院［1976］：衆議院「衆議院公害対策並びに環境保全特別委員会議事録 昭和51年5月12日」1976

衆議院［1977a］：衆議院「衆議院公害対策並びに環境保全特別委員会議事録 昭和52年5月17日」1977

衆議院［1977b］：衆議院「衆議院公害対策並びに環境保全特別委員会議事録 昭和52年12月7日」1977

衆議院［1981a］：衆議院「衆議院環境委員会議録 昭和56年11月20日」1981

第 2 章　地方自治体の環境影響評価制度と対象事業　*81*

衆議院［1983］：衆議院「衆議院環境委員会議事録 昭和 58 年 4 月 12 日」1983
衆議院［1984］：衆議院「衆議院環境委員会議事録 昭和 59 年 5 月 8 日」1984
衆議院［1993a］：衆議院「衆議院環境委員会議事録 平成 5 年 5 月 14 日」（同委員会における環境庁企画調整局長答弁による）1993
衆議院［1993b］：衆議院「衆議院環境委員会議事録 平成 5 年 5 月 18 日」1993
衆議院［1997a］：衆議院「衆議院本会議議事録 平成 9 年 4 月 10 日」1997
衆議院［1997b］：衆議院「衆議院環境委員会議事録 平成 9 年 4 月 11 日」1997
衆議院［1997c］：衆議院「衆議院環境委員会議事録 平成 9 年 4 月 15 日」1997
衆議院［1997d］：衆議院「衆議院環境委員会議事録 平成 9 年 4 月 22 日」1997
衆議院［2010a］：衆議院「衆議院本会議議事録 平成 22 年 5 月 25 日」2010
衆議院［2010b］：衆議院「衆議院環境委員会議事録 平成 22 年 5 月 28 日」2010
衆議院［2010c］：衆議院「衆議院環境委員会議事録 平成 22 年 11 月 12 日」2010

（国会議事録・参議院）

参議院［1975］：参議院「参議院公害対策及び環境保全特別委員会議事録 昭和 50 年 3 月 7 日」1975
参議院［1993a］：参議院「参議院本会議議事録 平成 5 年 5 月 24 日」1993
参議院［1993b］：参議院「参議院本会議議事録 平成 5 年 8 月 27 日」1993
参議院［1997a］：参議院「参議院環境特別委員会議事録 平成 9 年 5 月 21 日」1997
参議院［1997b］：参議院「参議院環境特別委員会議事録 平成 9 年 5 月 28 日」1997
参議院［2010a］：参議院「参議院本会議議事録 平成 22 年 3 月 31 日」」2010
参議院［2010b］：参議院「参議院環境委員会議事録 平成 22 年 4 月 8 日」2010
参議院［2010c］：参議院「参議院環境委員会議事録 平成 22 年 4 月 13 日」2010
参議院［2010d］：参議院「参議院環境委員会議事録 平成 22 年 4 月 15 日」2010
参議院［2010e］：参議院「参議院環境委員会議事録 平成 22 年 5 月 21 日」2010

（閣議了解・閣議決定）

閣議了解［1972］：閣議了解「各種公共事業に係る環境保全対策について（昭和 47 年 6 月 6 日）」1972
閣議決定［1973］：閣議決定「経済社会基本計画に関する件（昭和 48 年 2 月 13 日）」1973
閣議決定［1984］：閣議決定「環境影響評価の実施について（昭和 59 年 8 月 28 日）1984

（環境庁・環境省資料）

環境庁［1982］：環境庁『環境庁十年史』1982
環境庁［1984a］：環境庁企画調整局長「環境影響評価実施要綱について — 環境庁企画調整局長から都道府県知事・政令市長宛（1984 年 12 月 21 日）」1984
環境庁［1984b］：環境庁事務次官 "環境影響評価の実施について" の閣議決定について（昭和 59 年 12 月 21 日環企管第 127 号 環境事務次官から各都道府県知事・各政令指定都市市長

あて)」1984

環境庁［1985］：環境庁企画調整局長「環境影響評価実施要綱について（1985年10月25日環境庁企画調整局長から都道府県知事等あて通知)」

環境庁［1988］：環境庁『昭和63年版環境白書』1988

環境庁［1998］：環境庁『平成10年版環境白書・各論』1998

環境庁［1999］：環境庁環境影響評価研究会『逐条解説・環境影響評価法』ぎょうせい 1999

環境省［2016］：環境省「都道府県・市区町村における環境影響評価条例の制定・施行状況（平成28年3月31日)」『環境影響評価情報ネットワーク』2016

環境省HP［2018a］：環境省HP「環境影響評価情報支援ネットワーク──環境影響評価制度総合研究会情報（平成20年6月〜平成21年7月)」

〈www.env.go.jp/policy/assess/index.php.〉（2018年4月28日参照）

環境省HP［2018b］：環境省HP「環境影響評価情報支援ネットワーク──都道府県・市区町村における環境影響評価条例の制定・施行状況（2016年3月31日現在)」

(審議会答申等)

中公審専門委［1975］：中央公害対策審議会防止計画部会環境影響評価専門委員会「環境影響評価制度のあり方について・検討結果のまとめ（昭和50年12月22日)」1975

中公審［1979］：中央公害対策審議会「環境影響評価制度のあり方について──答申（昭和54年4月10日)」1979

中環審［1997］：中央環境審議会「今後の環境影響評価制度の在り方について（1997年2月10日)」

中環審専門委［2010］：中央環境審議会環境影響評価制度専門委員会「今後の環境影響評価制度の在り方について──環境影響評価制度専門委員会報告（2010年1月28日)」

中環審［2010］：中央環境審議会「今後の環境影響評価制度の在り方について（答申）2010年2月22日」

(環境庁・環境省研究会資料)

環境庁研究会［1996］：環境庁環境影響評価制度総合研究会「環境影響評価制度の現状と課題について──環境影響評価制度総合研究会報告書──（1996年6月)」

環境省研究会［2008a］：環境省環境影響評価制度総合研究会「第1回研究会（2008年6月26日）議事録」

環境省研究会［2008b］：（同）「第3回研究会（2008年10月3日）議事録」

環境省研究会［2008c］：（同）「第4回研究会（2008年11月19日）議事録」

環境省研究会［2008d］：（同）「第5回研究会（2008年12月17日）議事録」

環境省研究会［2009a］：（同）「第6回研究会（2009年2月2日）議事録」

環境省研究会［2009b］：（同）「第8回研究会（2009年4月24日）議事録」

環境省研究会［2009c］：（同）「環境影響評価制度総合研究会報告書（2009年7月30日)」

(その他)

津地裁 [1972]：津地方裁判所四日市支部「四日市事件判決理由（昭和47年7月24日）」1972
朝日新聞 [1976]：朝日新聞（1976年4月3日）
東京都 [1980]：東京都「東京都環境影響評価条例（1980年10月20日）」
神奈川県 [1980]：神奈川県「神奈川県環境影響評価条例（1980年10月20日）」
川名英之 [1995]：川名英之『日本の公害第11巻』 緑風出版 1995
川崎市 [1999]：川崎市「川崎市環境影響評価に関する条例（1999年12月24日）」
JEAS [2003]：日本環境アセスメント協会（JEAS）『日本の環境アセスメント史』2003
待井他 [2008]：待井他「日本の地方自治体における環境影響評価制度の制定・実施の経緯と社会経済的な背景に関する研究」『ビジネスマネジメント研究』第5号 2008

第3章
環境保全に関する協定等

1　はじめに

　1952年3月に島根県に立地する工場が公害防止に係る覚書を島根県知事に提出したことを起首の事例として、地方自治体が環境保全に係る協定等を結ぶ手法を用いることは、近年においても続いている。環境保全に関する島根県の事例以降の経緯において、年代および環境課題からみて、先導的、典型的、あるいは代表的と考える7種の環境保全に関係する協定等を取り上げ、それぞれの事例について、専門家の報文、専門機関による調査資料、議会議事録、行政資料および新聞報道などをもとに、経緯、背景、関係した主体および協定等の内容を調査した。協定等が担ってきている役割や特徴、7事例の類似、相違、変遷等に注目している。

　取り上げたのは、1952年の島根県の民間企業が提出した公害対策に関する覚書の事例、1964年の横浜市が電源開発（株）と大気汚染防止対策等について交わした往復文書、1971年～1973年に倉敷市・岡山県が48社と交わした公害防止協定、1978年に岡山県・香川県等6自治体が本州四国連絡橋公団と交わした環境保全協定、2006年12月に神戸市および2007年1月に京都市が事業者等と交わしたレジ袋削減に関する協定、2015年～2017年に長野県がさまざまな関係者と交わした生物多様性保全に関する協定、2014年から久留米市が市内の工場等と交わしてきている「環境共生都市づくり協定」である。

　環境の保全に関わる主体の間で約束が交わされる場合に、協定、覚書、誓約

（書）、往復文書などの形式がとられてきているが、本章ではそれらをまとめて「（環境保全に関する）協定等」としている。また、利害関係のある関係者について「住民」とし、利害の有無に関係なく幅広い一般人について「市民」としている。

2　環境保全に関する協定等

2-1　協定等の多様化

地方自治体等の行政と事業者等の間で交わされる環境の保全に係る協定等について、日本における初めての事例は、1952年3月に島根県内の2つの企業が島根県に提出した「覚書」であるとされている。この2つの覚書は全国的に喧伝されることはなく、直ちに他の自治体に波及することはなかったとみられる。（工業立地センター［1970］）

その後、1964年に横浜市が電源開発（株）（当時）と公害防止、特に大気汚染防止対策に関する往復公文を交わし、同市はその後1974年までにその他の企業と40件近くの「公害防止契約」を交わした。当時、公害問題が全国的な社会的関心事となっており、この横浜市の取組みは公害規制措置が不十分な状態で地方行政が公害対策を立地企業に求める「横浜方式」として大きな話題となり、他の地方自治体に波及した。

公害防止協定数について、1967年に18自治体が30事業所と締結していたとされるが、1970年に141自治体、854事業所、1975年に8,923事業所、1980年に17,841事業所に急増し、2004年に有効な公害防止協定は31,028件に達した。（環境庁［1971］［1976］［1981］）（産業と環境の会［1978］）（環境省［2005］）

「昭和47年版環境白書」は、当時公害防止協定が相次いで締結されるようになっていたことについてその理由を「①公害防止協定により、公害規制法規を補完することができる。②公害防止協定により、当該地域社会の地理的・社会的状況に応じたキメの細かい公害防止対策を適切に行うこともできる。③公害防止協定に将来の具体的公害防止の目標値を設定することが多く、企業にこ

の達成のための具体的な公害対策または公害予防技術の開発を促進させる効果をもっている。④企業側からみても、立地するに際して地域住民の同意を得なければ、操業が不可能となっている最近の実態にかんがみ、住民の同意に代えて、地方公共団体と公害防止協定を締結する例が多く、その必要性は高くなっている」（環境庁［1972］）としていた。この記述は「昭和54年版環境白書」まで踏襲され、「昭和55年版環境白書」以降は、②および④の理由が挙げられるようになり、その後若干の用語の変化はみられるが「平成12年版環境白書」まで踏襲されて記述された。（各年版環境白書による）

　こうした理由とともに、法令による工場への立入り権限のない地方自治体が立入り権限をもつこと、企業の新増設等に対して発言権を確保すること、企業側の協定違反時における対処を定めることなど、また、企業にとっては立地地域における公害配慮の好印象（イメージアップ）を確保すること、住民の公害反対運動等を回避することができること、などの理由が指摘されている。（淡路［2014］）

　一方、1970年代以降に、公害対策だけでなく廃棄物対策、自然環境保全を加えた環境保全協定と称するような協定、自然保護・緑地保全等に関する協定、景観保全に関する協定、レジ袋の削減に関する協定、生物多様性の保全に関する協定、地球環境保全に関する協定など、多様化する傾向を示すようになった。名称について「里山保全協定」（高知市里山保全条例に基づく協定）、「環境の保全及び創造に関する協定」（瀬戸市告示に基づく協定）、「生活環境保全協定」（富山県産業廃棄物適正処理指導要綱に基づく協定）なども存在し、環境保全に係る協定は多様化している。

　加えて国（環境省等）が協定を締結した事例がある。筆者が知るところではレジ袋の削減に関し、環境省は2006年9月に（株）ローソンおよび（株）モスフードと、2007年4月にイオン（株）と協定を締結した。また、環境省は生物多様性の推進に関する基本協定書を、2014年5月に（公）日本動物園水族館協会と、2015年6月に（公）日本植物園協会と締結した。また、長野県の生物多様性パートナーシップ協定の11件（2017年1月現在）のうちに、2015年に長野県と中部森林管理局（林野庁）が交わしている協定、および

2016年に長野県と国立環境研究所が交わしている協定の2件がある。(ローソン・環境省［2006］)(モスフード・環境省［2006］)(環境省・イオン［2007］)(環境省・日本動物園水族館協会［2014］)(環境省・日本植物園協会［2015］)(長野県・中部森林局［2015］)(国環研［2016］)。

2-2 新しい環境政策課題と協定等

協定等の多様化は1990年代以降の廃棄物の処理処分対策、資源循環・リサイクル対策、地球環境の保全、生物多様性の保全などの新しい環境政策課題に対応して、それらの分野において協定等が締結されていることが知られ、環境保全に関する協定の裾野を広げており、いくつかの代表的な事例を指摘することができる。

第1にレジ袋の削減を進めるための行政、事業者による協定であるが、これには市民団体が参加する事例が多くみられる。1990年代以降に法令による制度がかなりよく整備されてきた廃棄物の発生抑制・リサイクルについてであるが、レジ袋の発生抑制について、容器包装法(容器包装に係る分別収集及び再資源化に関する法律)の2006年改正は、規制的な全国一律のレジ袋有料化を行わなかったので、その削減は都道府県、市町村のレベルの取組に委ねられることとなり、そこに協定による取組みの余地が生じた。なお、容器包装法の改正を検討した中央環境審議会廃棄物・リサイクル部会は地方自治体・国と事業者による自主協定の締結が有効であると指摘していた(中環審［2006］)。

第2に生物多様性の保全に関する協定である。2008年制定の生物多様性基本法は、地方自治体に対して「生物多様性地域戦略」の策定に努めることを規定し、2010年制定の生物多様性保全地域連携促進法(地域における多様な主体の連携による生物の多様性の保全のための活動の促進等に関する法律)は、市町村が地域連携保全活動計画を作成することができると規定している。こうした計画において、具体的な保全の推進策の一つとして協定の締結と活動の実施が、地域の選択肢となったとみられ、協定による取組みがみられるようになった。

第3に地球環境保全に取り組む地方自治体における協定である。2008年に

改正された地球温暖化対策推進法(地球温暖化対策の推進に関する法律)は、都道府県および指定都市等に、地球温暖化対策実行計画・区域施策編(実行計画区域施策編)を策定することを規定した。地域の温室効果ガス排出削減は幅広い地域の社会経済活動に関係する。このため実行計画区域施策編は幅広い施策が網羅され、さまざまな主体の参加・協働による活動が盛り込まれる。多くの地域において製造業等の事業者の占める温室効果ガスの排出割合は高いのであるが、事業者に対する規制的な削減手法がとられていない中で、協定による取組みがみられるようになっている。

　第1～第3を含む環境保全に関する協定等の総数について、筆者は集計された例を確認できていないのであるが、相当の件数に達しているものとみられ、地域ごとの環境政策課題にそれぞれに役割を担い、また全体として日本の環境政策課題に役割を果たしているものとみられる。

【引用文献・参考図書:環境保全に関する協定】
(環境庁・環境省・中環審等)
環境庁[1971]:環境庁『昭和46年版公害白書』1971
環境庁[1972]:環境庁『昭和47年版環境白書』1972
環境庁[1976]:環境庁『昭和51年版環境白書』1976
環境庁[1981]:環境庁『昭和56年版環境白書』1981
環境省[2005]:環境省『平成17年版環境白書』2005
中環審[2006]:中央環境審議会「今後の容器包装リサイクル制度の在り方について(意見具申)・平成18年2月22日」2006
(環境省・民間協定)
ローソン・環境省[2006]:ローソン・環境省「環境保全に向けた取組に関する協定・平成18年9月12日」2006
モスフード・環境省[2006]:モスフード・環境省「環境保全に向けた取組に関する協定・平成18年9月12日」2006
イオン・環境省[2007]:イオン・環境省「循環型社会の構築に向けた取組みに関する協定・平成19年4月16日」2007
環境省・日本動物園水族館協会[2014]:環境省・日本動物園水族館協会「生物多様性保全の推進に関する基本協定書(平成26年5月22日)」2014
環境省・日本植物園協会[2015]:環境省・日本植物園協会「生物多様性保全の推進に関する

基本協定書（平成 27 年 6 月 25 日）」2015

(長野県等)
長野県・中部森林局［2015］：長野県・中部森林局「生物多様性保全の推進に関する基本協定書（平成 27 年 8 月 28 日）」2015
国環研［2016］：国立環境研究所「高山帯モニタリングに係る長野県と国立環境研究所との基本協定のお知らせ（平成 28 年 2 月 15 日）」2016

(その他)
工業立地センター［1970］：（財）工業立地センター「地方公共団体・企業間の公害防止協定に関する研究」『商事法務研究 10 公害防止協定事例とその分析』商事法務研究会 1970
産業と環境の会［1978］：産業と環境の会『公害防止協定の社会的役割・機能（公害防止協定研究委員会報告書）』1978
淡路［2014］：淡路剛久「日本における公害防止協定の法的性質と効力」『環境と契約』成文堂 2014

3　環境保全に関する協定等の 7 つの事例

3-1　事例 1：島根県と 2 つの民間会社の覚書 – 1952 年

水質汚濁への懸念

　行政と民間事業者等の間で交わされた最初の公害防止のための約定は、1952 年に島根県の求めに応じて山陽パルプ江津工場および大和紡績益田工場について、企業側が島根県知事に提出した「覚書」であるとされている。（工業立地センター［1970］）

　2 つの工場は第 2 次世界大戦後の 1951 年に、戦前からの工場用地に新たに工場を建設しようとしたが、水質汚濁による水産業への影響を心配して漁業者らによる反対運動が繰り広げられた。同じ頃に、鳥取県側の米子市に日本パルプの工場建設が進められていたことについて、島根県八束漁業協同組合が水産業への影響を心配して「日本パルプ米子工場設置反対同盟」を結成し、反対運動を行っていた。（島根新聞［1951b］）（中国新聞［1951a］）

　1951 年 7 月 14 日に島根県知事、島根県の関係部長、約 150 名の島根県・鳥取県の漁業関係者らが、島根県議会議事堂に集まり、「日本パルプ米子工場廃

液対策協議会」が開かれている（中国新聞［1951b］）。これと同じ時期に建設が進んでいた島根県西部の2つの工場について、漁業関係者等が強い懸念を持った。7月18日には、県議会で議員が廃液問題を懸念する指摘・質問し、知事がパルプ工場、人絹工場の廃液処理問題が大きな問題となっていること、廃液処理を行わねば漁業に悪影響を及ぼすことなどを答弁している（島根県議会［1951a］）。12月頃には米子市の日本パルプに対して能義・八束両郡の漁民が、また、山陽パルプに対して邇摩郡と関係沿岸漁協が、それぞれに猛烈に設置反対するようになった（朝日新聞［1951c］）。山陽パルプについて、12月16日に、沿岸15漁協の約500名が「邇安地区漁民大会」を開催し強い反対表明を行い、30日には関係者26名が工場を訪ねて工場設置反対を訴え、江津町長を訪ねて陳情した（島根新聞［1951d］）。12月24日、江東村（現在は江津市）議会は廃液処理施設を備えるまで操業開始に反対するとの趣旨の村議会決議を行っている（江津市［1982］）。

　1月29日に県知事、県行政関係者と約40名の漁業関係者による「第1回島根県水質汚濁防止対策協議会」が開かれ、知事が2つの工場の稼働にあたって廃液処理施設を完備する、最悪の場合には汚水の流入を中止させると説明し、最終的に邇安地区の漁業関係者を除いて、知事の施策を信頼するとした。3月中旬に邇安地区の漁業関係者も取扱いを知事に一任することを申し出た。（島根新聞［1952a］）（朝日新聞［1952c］）（中国新聞［1952a］）（島根県議会［1952］）

覚書に至る経緯と内容

　漁業関係者の懸念に対して、知事が1951年7月に専門家の意見に沿って工場側と約束を交わす交渉を行うことを表明し、文書による手続きをとることで話し合いがついているとしていた（島根県議会［1951a］）。同年11月には島根県議会が2つの工場に対して「工場廃液の汚濁防止の措置に関する勧告」を行って、漁民の不安を良心的に受け止めて善処するなどを求めている。この時に島根県議会は、水質汚濁防止法の制定を求める請願（陳情）を同時に行うことを決議している（島根県議会［1951b］）。12月には知事が、大社町朝日パル

プ、山陽パルプ江津工場、米子日本パルプ、益田大和紡の4工場に浄化施設について勧告した（島根新聞［1951c］）。

12月～1月頃には知事、あるいは県行政内部で覚書の案ができたのではないかと考えられる。12月下旬に県が漁業関係者と工場側の双方が納得できるようなあり方を考えたいと発言し、1月には覚書について県議会委員会の了承を得たので工場側に手交するとした。（朝日新聞［1951c］［1952a］）

当初に手交された覚書の案について「廃水調査委員会の実害判定の結果、知事から操業停止の勧告を受けた時はこれに従う」（朝日新聞［1952a］）との内容を含んでいたようである。これについて、会社側が難色を示し、最終的に覚書には含まれなかった。（朝日新聞［1952a］［1952b］）（島根新聞［1952c］）（中国新聞［1952c］）

3月17日の島根県議会における質問に対する知事の答弁においては「一両日中に会社側から覚書を入れて頂く」とされており（島根県議会［1952］）、覚書は1992年3月18日に島根県知事に企業側から提出されている（島根県［1998］）。

筆者はこの覚書の原文に接していないが専門雑誌に掲載されており、また、新聞に覚書の内容が報道されている。（商事法務［1970］）（島根新聞［1952c］）（中国新聞［1952c］）（補注1）（補注2）

覚書は工場側が島根県および専門家（柴田三郎氏）の意見に基づいて漁業に影響を及ぼさないよう設備を完備し、損害賠償するなど7項目を確約するとしている。廃水設備の設計・施工および本操業について、専門家（柴田三郎氏）、または県指定の技術者の意見・指導にしたがうこと、試験操業において廃水浄化で所期の水質を得ない場合には本操業をしないこととしている。本操業後に、浄化が不十分のままで廃水した場合には、所期の水質を得るようにすること、知事が廃水調査委員会の実害判定の結果に基づいて勧告した場合には実害がないようにすること、実害が生じた場合には補償委員会の結論に従って補償することとしている。また、知事、県議会議長、漁民代表2名および会社側代表2名により構成する廃水対策委員会、廃水水質と実害の判定を行うために学者・技術者からなる廃水処理調査委員会、および実害について結論する島根県

および利害関係者からなる補償委員会の3つの委員会を設けることとしている。こうした内容は、県と会社側があらかじめ「覚書」の内容に合意していたことを示すものである。

　覚書により排水処理について約束されたのは散水濾床等を設けて排水を処理するとしたものであった。1952年2月3日に、専門家（柴田三郎氏）（補注3）が島根県庁を訪れて廃液処理に関する研究結果を発表している。新聞報道には「廃水処理工程図」が図示されており、柴田氏が図示して両工場で採用するべき廃液処理方法を説明したものとみられる。推奨された廃液処理は、山陽パルプ江津工場に対しては、散水濾床による生物化学処理工程と石灰乳等を注入・中和した後に沈殿処理を行う工程を組み合わせたものである。小石を9尺程度重ねた濾過層に廃水を散布・濾過して含まれる腐敗性物質を生物処理した後、石灰乳で中和・沈殿槽で沈殿物を除去、排水する、これにより排水先の溶存酸素への影響を避け、廃水中の短繊維を沈殿除去できる、被害は80～90％まで防止できる（島根新聞［1952b］）としている。一方、大和紡益田工場については散水濾床による生物化学処理を行う廃水処理方法を示し、被害は最少限度にくいとめられる（島根新聞［1952b］）（中国新聞［1952b］）とした。

覚書の背景と特徴等

　島根県と民間企業2社との覚書について背景、特徴等を以下のようにまとめることができる。

　第1には当時の島根県における企業誘致と公害規制に関する背景である。1951～1952年当時、日本は戦後復興の最中にあり、島根県内では企業誘致に高い関心があった。例えば島根新聞はその社説で工場の誘致は期待すべきものとしている（島根新聞［1951a］）。島根県は江津、益田を含む県内の各地域が工場誘致条例を制定することを勧告し（朝日新聞［1951b］）、島根県も11月県議会で「島根県工場設置奨励条例」を制定した（島根県報［1951］）。江津町（当時。現在は江津市）は工場誘致のための町条例を制定し、3ヵ月間固定資産税を免除し、パルプ工場に適用するとしていた（朝日新聞［1951a］）。1954年に益田市も「益田市工場設置奨励条例」を制定した（益田市［1978］）。しかし、

国の法令による公害規制は無く、地方都府県において1949年の東京都工場公害防止条例、1950年に大阪府事業場公害防止条例、1951年に神奈川県事業場公害防止条例などが制定されるようになっていた時期である。なお、島根県の公害防止条例はそれらよりも遅く1970年に制定された。水質汚濁が懸念されるにもかかわらず、公害規制が皆無の状況下で、島根県政は覚書によって企業誘致と公害への懸念の均衡を図った。

　第2に覚書を交わすことを発想したのは知事、あるいは島根県行政であり、漁業関係者の強い水質汚濁への懸念がそれを促したとみられることである。1951〜1952年頃に島根県内では工場廃液をめぐる実害が知られていた（朝日新聞［1952a］）ので、漁業関係者の懸念は根拠のないものではなかった。

　一方、島根県、江津町および益田町は企業立地を推進しようとしており、島根県が工場誘致と環境保全を図るべく事態の収拾にあたった。島根県知事は、1951年7月の県議会本会議において排水処理の専門家の指導を得て工場側に廃液処理を行ってもらうこと、処理施設設置の約束について文書による手続きをとることで話し合いがついているとしていた（島根県議会［1951a］）が、最終的に「覚書」の提示・提出に至ったものと考えられる。1952年1月には島根県が会社側に覚書案を手交したとされ（朝日新聞［1952a］）、1951年7月〜1952年1月の間に「覚書」という形と内容が固まったものとみられる。最後まで工場の操業開始に反対した一部の地域の漁業関係者が、最終的に覚書を交わすことを前提に、「知事に一任」（島根県議会［1952］）し、工場の操業が地域に受け入れられた。かなり厳しい対立関係にあった利害関係者の間を取り持つ合意手段として覚書が用いられたとみられるが、その発想は知事、あるいは行政内部であったとみられる。

　第3に覚書の内容と廃水処理についてである。島根県は覚書を想起するとともに、その前提として専門家の知恵を借りるという途を拓いた。廃液処理の技術的な専門家（柴田三郎氏）の意見・推奨を得て、山陽パルプ江津工場に対しては、散水濾床による生物化学処理と中和・沈殿処理を組み合わせた処理を、また、大和紡益田工場に対しては散水濾床による生物化学処理を行う廃水処理方法を工場に導入することを求めた。柴田氏は完全とは言えないが被害を

90％防げる（島根新聞［1952b］）とした。また、これは筆者の想像であるが、こうした処理施設について、柴田氏が科学者として当時において導入・実用可能な技術として推奨したものと考えている。廃液処理の実効性の確保と被害補償について、所期の廃液の水質を達成できない場合には本操業をしないこと、操業後に所期の水質が確保できない場合には追加した処理方法をとること、実害に対して補償を行うことを明記し、また、覚書の運用に関する廃水処理対策委員会、廃液水質に関する廃水調査委員会、実害に関する補償委員会の3つの委員会を明記するなどのように覚書後の管理を覚書に盛り込んだ。

　なお、残念ながら、島根県の2件の覚書による排水処理によって、その後の公害が完全に防止されたとは言えない。これは散水濾床という排水処理技術の不完全さによるとみられるのであるが、島根県の漁業関係資料は、1952年の山陽パルプ江津工場の操業開始後に邇安地方の沿岸において、かなり深刻な漁業被害が発生し、漁業関係者が工場に抗議したと記録している（島根県漁連等［2003］）。

　この覚書の締結に至る経緯から、水質汚濁を懸念した漁業関係者、島根県の求めに応じて廃水処理を提案した専門家（柴田三郎氏）、漁業関係者の懸念を勘案して専門家の知恵を借りる途を拓き、また覚書によって利害関係者の合意を形成することに導いた島根県知事と行政が、それぞれに腐心し、覚書によって環境の保全と地域の開発の均衡を維持しようとしたことが知られる。

（付記）
　山陽パルプ江津工場の廃水処理の不完全さが、後に益田市におけるパルプ工場立地に影響を与えた。1956年に益田市に立地を決定した中越パルプ益田工場の進出計画について、漁業関係者の激しい反対運動が起こった。1957年4月1日の益田市議会全員協議会において、傍聴していた約300人の漁業関係者らのうち、数十人が市長・市議会議長を取り囲んで暴行を加える乱闘事件が発生した。工場の立地は最終的に1963年に中止されたのであるが、このことについては、山陽パルプ江津工場の廃液被害の状況から漁業関係者が強く反対したとされる（益田市［1978］）（島根県漁連等［2003］）。なお、これはこの地域から遠く離れた東京都および千葉県のことであるが、益田市議会全員協議会における乱闘事件の発生した翌年の1958年6月に、東京都内の本州製紙江戸川工場の廃液に係る千葉県の漁業関係者らによる工場乱入事件が発生し、同月に「水質汚濁防止対策全国漁民大会」が開かれている（島根県漁連等［2003］）。その

年末には水質保全法、工場排水規制法が制定されている。

(補注1) 覚書について「公文書公開請求」を行った（2012年10月31日）が、その存在が確認できないとの通知を受けた（2012年11月11日）。
(補注2) 2つの工場について企業側から島根県知事に提出されたとされる「覚書」（工業立地センター［1970］）については、本書の「第4章　島根県と2つの民間会社の覚書」に掲載している。
(補注3) 柴田三郎氏は1899〜1984年。東京帝国大学卒業後、1944年まで東京都に在職、その後、経済安定本部資源調査委員会委員など。「下水・廃水分析法や処理法を研究し、その礎を築いた」とされている。（http://sinyoken.sakura.ne.jp　2013年1月参照）

【引用文献・参考図書：島根県覚書】
（報文等）
工業立地センター［1970］:（財）工業立地センター「地方公共団体・企業間の公害防止協定に関する研究」『商事法務研究10　公害防止協定事例とその分析』商事法務研究会　1970
商事法務［1970］:商事法務研究会『商事法務研究10　公害防止協定事例とその分析』商事法務研究会　1970
（地方資料等）
島根県報［1951］:島根県報「島根県工場設置奨励条例 昭和26年11月26日」1951
島根県議会［1951a］:島根県議会『島根県議会議事録 昭和46年7月18日』1951
島根県議会［1951b］:島根県議会『島根県議会議事録 昭和46年11月22日』1951
島根県議会［1952］:島根県議会『島根県議会議事録 昭和47年3月17日』1952
益田市［1978］:益田市『益田市誌下巻（昭和53年6月30日）』1978
江津市［1982］:江津市『江津市誌下巻（昭和57年6月30日）』1982
島根県［1998］:島根県『平成10年版島根県環境白書』1998
島根県漁連等［2003］:島根県漁連・島根県信用漁連『JFグループ島根五十年の軌跡』2003
（島根新聞）
島根新聞［1951a］:島根新聞 1951年2月17日
島根新聞［1951b］:島根新聞 1951年6月8日
島根新聞［1951c］:島根新聞 1951年11月22日
島根新聞［1951d］:島根新聞 1951年12月31日
島根新聞［1952a］:島根新聞 1952年1月31日
島根新聞［1952b］:島根新聞 1952年2月4日
島根新聞［1952c］:島根新聞 1952年3月21日

(中国新聞)
中国新聞［1951a］：中国新聞 1951 年 6 月 8 日
中国新聞［1951b］：中国新聞 1951 年 7 月 17 日
中国新聞［1952a］：中国新聞 1952 年 2 月 1 日
中国新聞［1952b］：中国新聞 1952 年 2 月 5 日
中国新聞［1952c］：中国新聞 1952 年 3 月 23 日
(朝日新聞)
朝日新聞［1951a］：朝日新聞 1951 年 1 月 24 日
朝日新聞［1951b］：朝日新聞 1951 年 2 月 13 日
朝日新聞［1951c］：朝日新聞 1951 年 12 月 25 日
朝日新聞［1952a］：朝日新聞 1952 年 1 月 19 日
朝日新聞［1952b］：朝日新聞 1952 年 1 月 23 日
朝日新聞［1952c］：朝日新聞 1952 年 1 月 31 日

3-2　事例２：横浜市による公害防止に関する往復文書― 1964 〜 1974 年

公害防止往復文書交換の概略

　1964 〜 1974 年の間に横浜市と立地企業との間で交わされた 40 件近くの公害防止に関する往復文書は、当時に公害規制権限を持たない横浜市が企業に公害対策の約束を取り付けた画期的な手法・方式とされ「横浜方式」と呼ばれ、その後、他の地方自治体が企業等と「公害防止協定」取り交わすこととなる先鞭を付けることとなった。「横浜市史」は「横浜方式」について「企業と自治体が工場を建設する前に公害防止協定を締結して企業活動によって発生する公害を防止する方式が 60 年代半ばに横浜市において確立した」（横浜市［2002］）としている。「横浜方式」については多くの報文、資料等があるが、それらをもとに経緯、背景、特徴等を概説すると以下のとおりである。

　横浜市は根岸湾（磯子・根岸沖）の埋立地について、1960 年代半ば頃までに東京電力、日本石油精製、その他の企業に売却したが、1964 年 2 月に東京電力が買入用地の一部を電源開発株式会社（電源開発）（補注 4）の発電事業用地としたいと申し出た。埋立地の売買契約に、横浜市の書面による同意がな

ければ第三者に譲渡、又は使用させることができない（引渡後3年間）とされていたことによる協議であった。電源開発はその用地において石炭火力発電所を計画していた。

横浜市は、当時の市内の公害の状況や公害反対運動等を勘案し、一方、自らの構想の一環として工業開発推進を図ってきたことを勘案し、さらには公害対策と石炭火力容認とのバランスを配慮し、1964年12月1日に電源開発に大気汚染防止対策を文書で申入れ、同日に企業側が市の申入れの趣旨に沿うと文書で回答した。横浜市はこの往復文書を「公害防止契約」と呼び、この後1974年までに市内立地企業と40件近くの同種の公害対策に関する往復文書を交換した。（鳴海［1970］）（猿田［1981］）（横浜市［2002］［2003］）

公害防止往復文書交換の背景

横浜市がこのような「公害防止契約」を結んだことは「画期的」とされた。それは、横浜市が開発の推進と公害対策を「公害防止契約」によって両立させたことであるが、後に多くの地方自治体に範とされた。横浜市は根岸湾（磯子・根岸沖）を開発し埋立地を売却したので企業の立地・操業を歓迎する立場にあった。実際のところ横浜市は企業誘致の段階において公害に関心が強くなく、市民も開発を求める傾向があったようである。（横浜市［2003］）

しかし、1961年に「四日市喘息」が発生し、また、その頃には水俣病、イタイイタイ病の惨状もよく知られるようになっていた。1960年頃には横浜市内においてさまざまな公害苦情、公害対策要求がなされるようになっていた。1960年に磯子区医師会長（小室完次氏）が市長に進出企業の公害対策に配慮を求める陳情書を提出し、これに対して市長は県に申し入れるなどと回答したが、同時に公害対策のために公害対策制度を用意すると約束し、同年12月に市行政の諮問機関として「横浜市公害対策委員会」（市要綱による。委員30名。事業者代表、市民代表および学識経験者）を発足させた経緯があった。1964年3月に日本石油が操業を始めると、悪臭が漂うとして磯子区の住民が市長に要求書を提出するなど、横浜市、住民、日本石油の3社による公害問題・公害対策をめぐるやりとりがあった。（横浜市［2002］［2003］）

1964年6月に環境保全に関する活動を行う「中区磯子区環境衛生保全協議会」が組織された。協議会は横浜市の中区、磯子区の町内会役員、医師会役員、商店街役員などによるものであった。協議会は5月に開かれた電源開発調整審議会（当時の通産省所管）が横浜・磯子を含む3カ所に国策として石炭火力発電所を建設することを決定したことを懸念して、政府に対して公害事前調査団の派遣とその調査結果が出るまで、公害のおそれのある工場の新増設を中止するよう強力な行政指導を要請・陳情した。（猿田［1981］）（横浜市［2002］）

その1年前の1963年に社会党・飛鳥田一雄市長が就任していた。市長は、公約としていた公害対策、工業立地を推進する市政、ならびに国の国内炭保護政策としての石炭火力発電所立地の3点を並び立つよう腐心する立場となった。市長は科学的に課題に対処するために専門家の提言と公害対策協議会（市条例による。委員30名。1960年の「横浜市公害対策委員会」を改組した組織）から、電源開発の立地を容認し、対策を求めるとする内容の答申を得て、当時の国の基準よりもきびしい基準を設定する方向で対処することとし、行政内部で大気拡散計算による汚染予測と煙突の高さ、低硫黄石炭の確保の可能性、集塵機の性能等の技術的な検討を行って、電源開発側に求める公害対策を具体化し、「公害防止契約」を結ぶこととなった。（猿田［1981］）（横浜市［2003］）

公害防止対策の概要等

横浜市は往復文書の交換により、当時において横浜市が公害防止を求める法制上の権限を持たなかったにもかかわらず、また、法律等に基づく有効な公害規制がほぼ皆無であった状況下にあったにもかかわらず、具体的な公害防止対策導入を求めることに成功した。

1960年代半ばの頃に、公害規制の法制度は貧弱であったし、電力業界に強い影響力を持つのは通商産業省（当時）であった。加えて電源開発は、国が約3分の2の株を保有する特殊会社であったので、横浜市は電源開発の立地について対策を求めたうえで容認するとの考え方をもとに、通商産業省と協議を行う途を選んだ。硫黄酸化物削減策として北海道の低硫黄炭の確保と利用、開発が進んでいた電気集塵機の設置を想定したばいじんの排出抑制対策、騒音機器

源から音を遮蔽するなどについて交渉し、最終的に市長が通産大臣に申入れを行った。それによれば「本件については、政府の石炭政策の一環である事情にかんがみ、当市としても協力を惜しむものではありません……建設予定地が住居地域に隣接し……慎重に検討を加え……次に述べる事項について、これを充足することが条件と考えられる……」とし、これに対して、通産省事務次官が「要望に沿うよう取り計らいたい」とした（横浜市［1964a］）（通産省［1964］）。当時、横浜・磯子の他に、広島県竹原、兵庫県高砂に石炭火力発電所の計画があった。猿田氏は「（当時の電源開発・通産省は）横浜で立地できなければ、おそらく広島の竹原でも兵庫の高砂でも立地できなくなるのではないかという危惧もあった……（横浜は）テストケースになっていた」（猿田［1981］）と述べている。

　1964年2月に東京電力が横浜市に用地の一部を電源開発の発電所用地とすることに同意を求め、同年12月に横浜市と電源開発の間に公害防止契約が交わされるに至ったが、このことの端緒は、横浜市と東京電力との間の埋立地売買契約が、東京電力が土地を第三者に使用させる場合に同意を得ることを要するとし、これに沿って東京電力が横浜市に同意を求めたことであった。この経緯は横浜市の立場を優位にし、電源開発、東京電力、通産省に横浜市の申し入れに従うように有効に働いたとみることができる。さらに東京電力にとっては自らの残りの用地（電源開発が使用する以外）において、やがて横浜市と公害対策を交渉せねばならない立場にあった。（横浜市［2002］［2003］）

　1960年代には全国的に四日市喘息、水俣病、イタイイタイ病の惨状が知られるようになり、また、横浜市内においても市民が公害に強い関心を寄せるようになっていたことが、横浜市行政を強く後押ししていたとみることができるし、横浜市側が公害防止を求める根拠となる技術的、科学的な説明を行うことにより、通産省、電源開発に公害防止対策の導入を促したと考えられる。（猿田［1981］）

　「公害防止契約」による電源開発の主要な公害防止対策は大気汚染対策であった。良質の石炭（低灰分・低硫黄分）を使用することおよび亜硫酸ガス排出濃度を500ppm以下とすること、集塵機を設置（集塵率98％以上）して含

塵量を 0.6g／m³ 以下とすること、高煙突（120m）を設置して吐出速度（30m／秒）・排煙温度（130℃）を保持すること等であった。また、燃料の石炭の飛散防止、防音・遮音対策、海水汚染防止などの公害対策を求めるとともに、市職員の調査の受け入れ、公害が予測される場合や被害発生時の措置を約定した。（横浜市［1964b］）

　当時、1962年制定の「ばい煙の排出の規制に関する法律」（ばい煙規制法）により、1963年9月から京浜地域について排出基準が適用されることとなったが、規制基準は極めて緩く、硫黄酸化物について一般的な日本工業規格の燃料用重油の硫黄分（3.5%以下）であれば基準（2,200ppm）に適合し、ばいじんについては集塵機を設置しなくても燃焼管理によって基準（1.5mg／m³）に適合する程度のものであったし、また、煙突の高さについて規制していなかった。なお、ばい煙規制法に替えて1968年に制定された大気汚染防止法が徐々に規制基準を強化したのであるが、横浜市が電源開発と交わした「公害防止契約」程度の規制が大気汚染防止法に基づいて遵守するべき基準となるのは1970年代であった。

（補注4）電源開発株式会社は、1952年に制定された「電源開発促進法」に基づいて同年9月に設立された「電源開発株式会社」。発足当初は、資本の約3分の2を国、残りを電力会社が保有した。2004年に国・電力会社の保有株が売却されて完全民営化された。（電源開発（株）ホームページによる）

【引用文献・参考図書：横浜市協定】
横浜市［1964a］：横浜市「電源開発株式会社の磯子火力発電所の公害防止について」（横浜市長から通産大臣宛申入書・1964年10月3日）
横浜市［1964b］：横浜市「磯子火力発電所の公害防止について」（横浜市長から電源開発総裁宛申入書、1964年12月1日）
通産省［1964］：通産省事務次官「電源開発株式会社の磯子火力発電所の公害防止について」（通産省事務次官から横浜市長宛回答・1964年10月8日）
鳴海［1970］：鳴海正恭「企業との公害防止協定──横浜方式」『ジュリスト特集公害』有斐閣 1970
猿田［1981］：猿田勝実「公害防止協定の沿革と横浜方式について」『公害・環境に係る協定等

の法学的研究』1981 有斐閣
横浜市［2002］：横浜市『横浜市史Ⅱ第三巻上』2002
横浜市［2003］：横浜市『横浜市史Ⅱ第三巻下』2003

3-3　事例3：岡山県・倉敷市と立地企業の公害防止協定 ― 1971～1973年

公害防止協定の締結に至る経緯

　岡山県、倉敷市は1971年11月29日に、川崎製鉄（株）・川鉄化学（株）（いずれも当時）と、大気汚染物質・水質汚濁物質の排出負荷量、具体的な集じん機の設置、専用岸壁付近の港域の汚泥の浚渫、工場緑化などに関する公害防止協定書を交わした。この協定を最初として、1973年12月までに、市内に立地する主要企業と48件の公害防止協定を締結した。（倉敷市［1973a］）

　倉敷市においてこうした公害防止協定を締結するに至ったことについて、当時の倉敷市における公害事情があった。水島工業地域は、1950年代後半に工業用地造成・企業進出が進んだが、1960年代半ば頃から漁業被害・異臭魚発生などの水質汚濁被害、い草・果樹・農作物等の大気汚染被害が顕在化し、悪臭や騒音に対する苦情が多発した。工業地域周辺の住民、農漁業関係者、および倉敷市民が公害反対運動を繰り広げるようになった。1960年代末頃には大気汚染によると考えられる喘息患者の増加が報告されるようになった。1972年8月に倉敷市は条例（「倉敷市特定気道疾病患者医療費給付条例」）を施行して認定者に医療費の自己負担分を支払う制度を導入し、さらに1975年12月に公害健康被害補償法に基づく健康被害補償が行われるようになった。なお、法律に基づく健康被害補償がなされたことにより、1979年に条例を廃止し、条例による支給を1983年に打ち切った。法律に基づく健康被害の認定者数は最も多い時期（1988年）には約3,000人に達した。（井上［2015］）

　1960年代中期～1970年代当初の時期は、水島工業地域の各立地企業にとって想定する工場規模の10～30％の段階であった。岡山県、倉敷市、立地企業は水島開発を完成させたいと考えていたが、公害に対する強い懸念があり、ま

た、総量規制制度は未整備であるなど公害規制は未完であった。1970年6月に倉敷市議会は「市民から公害を守る決議」を行い、公害のおそれのある企業を一切誘致しない、すでに誘致済みの企業について厳重に監視するなどとした（倉敷市議会［1970］）。

　このような状況下で水島開発の推進と公害対策を併行させる地域の選択として、すでに誘致済みであった企業と汚染物質の排出抑制を図るなどを内容とする公害防止協定の締結の途が選択された。大気汚染物質の硫黄酸化物および水質汚濁物質のCOD（生物化学的酸素要求量）について地域全体の排出量を勘案して、各企業の排出量の上限を約定し、新増設施設の協議・了解手続を行うとした。

公害防止協定とその内容

　岡山県、倉敷市は1971年11月29日に川崎製鉄（株）・川鉄化学（株）（いずれも当時。現在はJFEスチール西日本製鉄所倉敷地区）と公害防止協定書（川鉄協定）を交わした。企業側は、既存の3基の溶鉱炉を持つ銑鋼一貫製鉄所に1基の溶鉱炉・関連施設を増設し、この地域における工場を最終規模に完成させようとしていた。同年夏頃に県・市に計画が持ち込まれ、県・市が企業側に協定の締結を求め、数か月の交渉の後に協定が締結された。（岡山県・倉敷市・川崎製鉄等［1971］）

　協定書は、公害対策、工場の公害防止管理、施設の新設・増設時の協議、協定に違反した場合の措置、工場緑化などを定めた。公害対策について、大気汚染防止対策として硫黄酸化物排出量、燃料の平均硫黄含有率、輸入鉄鉱石の硫黄含有率を具体的に定めたが、これは当時の大気汚染防止法による規制を超えて工場から排出される総量の上限を定めたものであった。粉じん対策として、粉じんを発生する42施設に設置する集塵機とその性能を具体的に定めたが、これは当時の大気汚染防止法による粉じん飛散防止の措置に係る規制を上回る集塵対策を求めたものであった。水質汚濁対策について、化学的酸素要求量（COD）、浮遊物質量（SS）、ノルマルヘキサン抽出物質の水質汚濁負荷量、水質汚濁対策のための施設の設置、および一部の施設の冷却水の循環利用などを

定め、また、工場の排水口付近と鉱石岸壁周辺の汚泥浚渫を定めた。

　協定書は工場が新・増設を行う場合の協議について定め「（企業は）公害に関する特定施設その他の公害を発生するおそれのある施設の新設または増設を行う場合は、あらかじめ、甲（岡山県）および乙（倉敷市）と協議し、その公害防止対策について甲および乙の了解を得る」（協定第21条）とした。また、工場緑化について「（企業は）構内の緑化を計画的に推進するものとし、本協定の締結後すみやかにその計画書を作成し、甲および乙と協議する」（協定第19条）、協定に対する違反時の措置として「（県市が企業に）事情を聴取し、その程度に応じて、改善措置を指示し、またはその違反状態が解消されるまでの間、当該違反に係る施設の操業の短縮、操業の停止等を指示することができるものとし、（企業は）これに従う」「（県市は）地域の生活環境が悪化した場合において、その原因が（企業の）操業によるものと認められるときは、前項に準ずる」（協定第26条第1項、第2項）とした（別表参照）。

　岡山県、倉敷市は同じ日に水島共同火力（現在は福山共同火力・倉敷共同発電所）と公害防止協定書を交わし、その他の主要立地企業について、1972年5月に日本鉱業および三菱石油（現在は合併して「JXTGエネルギー（株）」）、1972年9月に中国電力（水島・玉島火力発電所）、1973年8月に（株）化成水島（現在「三菱ケミカル（株）」）および旭化成工業（株）（現在「旭化成（株）」）とそれぞれ公害防止協定を交わした。これらの協定において、硫黄酸化物排出量、水質汚濁物質負荷量を定め、また、施設の新増設時の協議、工場敷地の緑化、協定違反時の措置等について、川鉄協定と同様に定めた。また、主要工場のみでなく、その他の企業と1973年12月までに協定を交わし、計48社と協定した。（倉敷市［1973a］）

水島工業地域企業の新・増設の凍結措置と公害防止協定

　前述のように、1960年代後半から1970年代にかけて、倉敷市における公害は大気汚染による健康被害および農作物被害、水質汚濁による異臭魚被害、悪臭・騒音苦情の多発など、公害が顕著であった。こうした事態のために、1970年に倉敷市議会が公害発生のおそれのある企業は一切誘致しないとする「公

害から市民を守る決議」を決議した（倉敷市議会［1970］）。次いで1973年2月に、市長が「水島工業地帯隣接地区の生活環境を保全するための基本計画」（"基本計画"）を発表し、「水島臨海工業地帯の立地企業の施設の新設又は増設は、汚染物質の排出のほとんどない施設を除き、当分の間これを認めないものとする」（新増設凍結措置）との内容を含む措置をとるとした。（倉敷市［1973b］）

　この新増設凍結措置を決定した1973年の時点において、公害対策の法制度等は流動的であった。たとえば、大気汚染物質の二酸化硫黄環境基準が改定されようとしていたこと（改定は1973年5月）、大気汚染物質の総量規制制度が検討されていたこと（硫黄酸化物に係る総量規制が法制化されたのは1974年、総量規制の施行は1978年）、瀬戸内海環境保全臨時措置法が制定されようとしていたこと（制定は1973年10月）などの状況にあった。また、岡山県は二酸化硫黄および二酸化窒素にかかる総量規制等の汚染対策を検討していた。倉敷市は汚染物質の排出を抑制するために水島工業地域の施設について、汚染物質の排出のほとんどない施設を除いて新増設凍結を行うとしたのである。（倉敷市［1973b］）（井上［2015］）

　地方の首長の政治的な判断によって、法令等に根拠がない場合にあっても、工場施設の新・増設を凍結する、あるいは工場誘致計画を中止するような措置がなされる事例がある。倉敷市の"基本計画"による新増設凍結措置についても、当時の公害の状況を背景とした倉敷市の政治的な判断であるが、法令等の根拠はなかった。しかし、この新増設凍結措置の時点で主要な立地企業と公害防止協定を締結しており、川鉄協定第21条の例のように、協定締結企業はあらかじめ新・増設施設の設置について協議・了解を要した。また、基本計画は、その時点で協定を交わしていない企業と協定締結を行うとし、さらに必要があれば締結済みの協定を見直すとした。（倉敷市［1973b］）

　この倉敷市による新増設凍結の措置は「当分の間」としていた。また、「汚染負荷のほとんどないような特別な場合を除き、工場の新増設は当分の間いっさい認めない」（倉敷市［1973b］）としており、「特別な場合」に対する配慮がなされていた。その後この措置は、規制の拡充などの公害対策の拡大、環境

汚染の改善などに伴い、1976年、1977年に一部緩和され、1983年に総量規制を含む公害対策の仕組みが整ったとして全面的に解除されるまで続いた。（倉敷市［1973b］［1976］［1977］［1983］）

公害防止協定の果たした役割

　倉敷市の公害防止協定は地域の公害対策に有効に機能したと考えられる。

　最も有効であったと考えられることは企業の新増設を規制したことである。1960〜1970年代に公害法による規制、地方行政による総量削減措置が強化・拡大してゆく過渡期に、地域における開発と公害対策を両立させる重要な政策手段として機能したとみることができる。この新増設規制は1980年代半ば頃まで続いたが、その頃までに汚染物質の総量規制制度の導入や公害規制の拡充が進み、また、環境の汚染の改善が進み、公害防止協定の新増設規制の役割を

　別表　川鉄協定における特徴的な条項

（工場緑化）
第19条　丙および丁は、構内の緑化を計画的に推進するものとし、本協定の締結後すみやかにその計画書を作成し、甲および乙と協議する。
（施設設置の協議）
第21条　丙および丁は、この協定の締結後水島製鉄所および水島工場に、公害に関する特定施設その他の公害を発生するおそれのある施設の新設または増設を行う場合は、あらかじめ、甲および乙と協議し、その公害防止対策について甲および乙の了解を得る。
（違反時の措置等）
第26条　甲および乙は、丙または丁がこの協定に定める公害防止措置に違反したときは、丙または丁から事情を聴取し、その程度に応じて、改善措置を指示し、またはその違反状態が解消されるまでの間、当該違反に係る施設の操業の短縮、操業の停止等を指示することができるものとし、丙または丁は、これに従う。
2　甲および乙は、地域の生活環境が悪化した場合において、その原因が丙または丁の操業によるものと認められるときは、前項に準ずる。

注1：「甲」は岡山県、「乙」は倉敷市、「丙」は川崎製鉄（株）、「丁」は川鉄化学（株）である。
注2：公害防止協定書（岡山県、倉敷市、川崎製鉄（株）および川鉄化学（株）による協定。1971年11月29日締結）による。

終えることとなった。

　公害防止協定は法規制が不十分であったことを補って、汚濁物質の排出総量を抑制した。特に大気汚染物質の硫黄酸化物、水質汚濁・異臭魚の原因物質の「油分等（ノルマルヘキサン抽出物質）」の排出を抑制するために、公害防止協定はこれらの汚染物質の排出量を具体的に数量によって規定した。また、川鉄協定第26条第1項、第2項の例のように、協定に反した場合、および地域の生活環境が悪化した場合の原因が企業の操業によるものと認められる場合の措置として、違反や生活環境悪化に係る施設の操業の短縮、操業の停止等を指示することができるとした。筆者の知る限り、この定めが実際に適用されたことはなかったとみられるが、協定の履行、公害発生の防止に予防的に役割を担ったと考えられる。

　協定は公害対策の他に工場の緑化について定め、これは現在においても有効に機能している。川鉄協定第19条は「（企業は）構内の緑化を計画的に推進するものとし、本協定後すみやかにその計画書を作成し、甲および乙（県・市）と協議する」としていた。

【引用文献・参考図書：倉敷市協定】
倉敷市議会［1970］：倉敷市議会「市民から公害を守る決議」（1970年6月8日）
岡山県・倉敷市・川崎製鉄等［1971］：岡山県・倉敷市・川崎製鉄（株）・川鉄化学（株）「公害防止協定書」昭和46年11月29日
倉敷市［1973a］：倉敷市『倉敷市における公害対策の概要第8報 昭和48年度』1973
倉敷市［1973b］：倉敷市「水島臨海工業地帯隣接地区の生活環境を保全するための基本計画（1973年2月26日）」
倉敷市［1976］：倉敷市「水島工業地帯の工場施設の新設または増設に係る取扱方針 1976年2月」
倉敷市［1977］：倉敷市「水島工業地帯の工場施設の新設または増設に係る取扱方針 1977年2月」
倉敷市［1983］：倉敷市「水島工業地帯の工場施設の新設または増設に係る取扱方針 1983年1月」
井上［2015］：井上堅太郎『環境と政策 ― 倉敷市からの証言』大学教育出版 2015

3-4　事例4：瀬戸大橋環境影響評価と環境保全協定 ― 1978年

日本の環境影響評価制度の導入と瀬戸大橋環境影響評価

1978年9月30日に、「本州四国連絡橋（児島―坂出ルート）に係る環境保全に関する基本協定」が、岡山県、香川県、その他関係4市町と本州四国連絡橋公団（本四公団）（補注5）の間で締結された。この協定が締結された後、同年10月10日に起工式が行われ着工された。

「本州四国連絡橋児島－坂出ルート」について、環境庁（当時）が監理して1977年7月～1978年5月にかけて瀬戸大橋環境影響評価が実施された。日本の環境影響評価制度について、当時はその社会的な導入の緒についてばかりの段階にあった。1972年に政府の閣議了解である「各種公共事業に係る環境保全対策について」により、一部の法律（1973年の港湾法と公有水面埋立法の一部改正等）、国による行政指導（1977年通産省など）により、また、地方自治体による行政指導、条例など（早期の事例は1973年福岡県要綱、1976年川崎市条例等）により、実施されるようになった。

1973～1975年に北海道が苫小牧東部大規模工業開発にかかる環境影響評価を実施したのであるが、これについては環境庁が側面から関わったとみられる（本書の「第1章」参照）。その後環境庁は1976年に「むつ小川原総合開発計画第2次基本計画に係る環境影響評価実施についての指針」を青森県に示し、青森県により環境影響評価が行われた。これらに次いで1977年7月に環境庁が「児島・坂出ルート本州四国連絡橋事業の実施に係る環境影響評価基本指針」（環境庁［1977］）を、また、建設省・運輸省が「児島・坂出ルート本州四国連絡橋事業の実施に係る環境影響評価技術指針」（建設省・運輸省［1977］）を本四公団に提示し、公団により環境影響評価が実施された。

瀬戸大橋架橋等の環境影響評価

環境影響評価の対象プロジェクトは、瀬戸大橋（児島―坂出ルート）の架橋部とそれに接続する陸上部の高速道路（4車線）・鉄道（在来線。架橋部については在来線・新幹線の4車線敷設可能）、総延長24.7km（本州側20.3km、

四国側 4.4km)、海上島嶼部は上部を高速道路、下部を鉄道とする二重構造の鉄道道路併用橋、高速道路について最大 48,000 台／日、鉄道について鉄道事業者による列車走行を見込むものであった（瀬戸大橋架橋等）。瀬戸大橋架橋等に係る環境影響評価は、大気汚染、騒音・振動、低周波空気振動、自然環境、自然景観等を評価対象とした。

本四公団による評価書において環境保全目標は以下のとおりとされた。

自然環境について、「A 全国的価値に相当するもの → 当該環境要素を保全する、B 地方的又は都道府県的価値に相当するもの → 当該環境要素の相当程度を保全する、C 市町村の価値に相当するもの → 当該環境要素への影響を可能な限り最小化する」とした。自然景観について、架橋前後の本州側 2 点、四国側 2 点を選んで景観比較写真をもって影響を予測・評価し「本地域の……現景観は変化し……多島海景観から橋梁景観に変わる……新たな価値ある景観となるよう努力していきたい……橋梁の直近に住む人々にとって……景観が変化したという……影響を……（修景等の対策によって）軽減していきたい」（本四公団［1978］）とした。

大気質の環境保全目標について、事業計画地域に係る岡山県、香川県の公害防止計画の目標値を努力目標としたが、当時の大気汚染環境基準（二酸化硫黄環境基準を除く一酸化炭素、浮遊粒子状物質、二酸化窒素、光化学オキシダントの 4 項目。二酸化窒素環境基準については改正以前の旧環境基準。）であった。道路騒音の環境保全目標について、当時の騒音環境基準（2 車線以上の道路に面する地域）に相当するレベル、鉄道騒音の環境保全目標について、一般区間 80 ホン（A）、長大橋梁区間 85 ホン（A）とした。他に振動の環境保全目標も設定された。

これらの中で主要な環境影響として注目されたのは瀬戸内海国立公園に関係する自然環境・自然景観、自動車排出ガスによる二酸化窒素大気汚染、および鉄道・自動車騒音であった。影響が及ぶ範囲は岡山県の倉敷市・早島町、香川県の坂出市・宇多津町であった。

1977 年 11 月に本四公団は関係自治体に環境影響評価書案（現在の環境影響評価法制度による「準備書」に相当）を送付・公表して手続が始められ、本四

公団による評価書案の公開・縦覧、説明会の開催、関係自治体・住民の意見書の提出を経て、1978年5月に本四公団が意見書を踏まえた環境影響評価書を取りまとめて環境庁と地元自治体に送付・公表した。（井上［2015］）

　評価書において、自然景観に関係してトンネル案については建設費が橋梁の1.1～1.4倍にのぼること、技術上および維持管理上に多くの問題があること、架橋案については基本的に問題がないとした。本州側の国立公園の鷲羽山についてオープンカットの方針を変更しないこと、景観に配慮するとした。橋梁の色彩については、無彩色あるいは薄い色を中心に、諸方面の意見を参考に決定するとした。なお、環境庁の自然環境保全審議会小委員会は、架橋を容認しがたいものの架橋を否定できないとして容認するとし、鷲羽山のオープンカットをトンネルにするなどの意見を付した。工事着工の後に鷲羽山部分はトンネルとすること、橋梁の色彩は「ライトグレー」とすることとなった。（井上［2015］）

　二酸化窒素に係る大気汚染について、倉敷市の一部地域が公害健康被害補償法の補償対象地域になっており各方面から強い関心が寄せられていたが、既汚染（年平均0.01ppm）に新たな高速道路による汚染負荷を加えても年平均値0.02ppmとなり、健康影響を及ぼすことがないとした。なお、1978年5月に評価書が関係方面に送付・公開された後、同年7月に二酸化窒素環境基準が改正されて日平均値が0.04～0.06ppmのゾーン内又はそれ以下（年平均値で0.02～0.03ppmに相当）とされたのであるが、瀬戸大橋環境影響評価の予測値はこのゾーン内の下限に相当するレベルにあり、近年においても地域の二酸化窒素環境基準は維持されている。（井上［2015］）

　また、騒音について鉄道走行騒音に関心が寄せられ、評価書は一般区間について80ホン以下、橋梁部について85ホン以下としたうえで供用開始までに5ホン程度軽減することを目標として努力するとされた。橋梁部の鉄道騒音軽減については、環境庁が5ホン程度軽減することを目標とするよう努めることとの意見を提示していたことによるものであった。なお、1988年の瀬戸大橋等開通後に、この橋梁部の鉄道騒音について努力目標が達成できない状態が続いたため、約2年間にわたって紛争が続いた経緯がある。（井上［1995］［2015］）

瀬戸大橋架橋等に係る環境保全協定

　環境影響評価書案の公開・縦覧の後、1977年12月2日に岡山県知事が「今の時点で（起工後完成までに要する）10年後を完全に見越すことは難しいように思う。このため架橋完成の10年後の環境管理を公団にどのようにさせるかで公害防止協定のようなものを結ぶことを考えたい」（山陽新聞［1977］）と発言した。その後、岡山県は環境影響評価書案に対する知事意見に「着工にあたり本県と公害防止に関する協定を締結することとされたい」（岡山県［1978］）との一項を付した。香川県も協定の締結を求める意見を提出した。

　協定の締結について本四公団は「住民不安をなくし、着工をスムースにするためには締結せざるを得まい」（山陽新聞［1978］）としていたとされ、一方、事業の監督官庁である建設省・運輸省は「前例がなく他の公共事業にも大きな影響を及ぼす」（同）として難色を示したとされる。しかし、本四公団は事業実施に協力を得る必要のある岡山県・香川県の両県が求めている、政府は早期着工を求めているなどから、建設省・運輸省と協議して協定を締結することとした。（山陽新聞［1978］）

　1978年6月に、岡山県、香川県、本四公団による協定内容の三者協議が行われた後、十数回にわたって協議が行われ、同年8月末頃までに協定内容が固まり、9月30日に岡山県、香川県、倉敷市・早島町（岡山県）、坂出市・宇多津町（香川県）の6自治体と本四公団第二建設局長による環境保全協定が締結された（別表参照）。また、坂出市は別に「本州四国連絡橋（児島―坂出ルート）に係る協定」を本四公団と締結した。

　協定は7条からなり、その前文にあるとおり、主として瀬戸大橋架橋等に係る建設中および供用後の環境管理について約束している。自治体側と本四公団が環境影響評価書による環境保全目標の維持・達成を図るとし（第1条）、環境保全目標の維持達成が困難である事態において協議し、必要な措置を実施し（第4条）、本四公団は評価書に記載している環境管理計画の策定、技術の研究開発（騒音・振動対策、自然環境保全等）、必要な調査・検討（自然改変地の緑化、希少種の保全、景観等）について、自治体側と協議・連絡するとしている（第2条、第3条）。また、工事中に発生した紛争に対し、本四公団がその

処理に当たること、また、自治体側が必要な調整に当たることを協定している（第5条）。

　一般的には、環境影響評価手続きにおいて事業者による環境保全措置が約束されるので、協定の内容は環境影響評価書の内容を上回るような環境保全措置は含まれないはずである。それにもかかわらず協定が締結されるに至ったいくつかの理由を指摘することができる。（山陽新聞［1978］）（井上［2015］）

　第1には岡山・香川両県と関係4市町は瀬戸大橋架橋等を推進することを基本姿勢としていたとみられるものの、道路・鉄道の沿道および架橋下の住民は騒音や大気汚染等に不安があり、これを無視することはできなかったことである。協定締結は地域の首長にとって、瀬戸大橋架橋等と環境保全の均衡を得るために格好な政策手段であったとみられ、協定は地方行政が主導して締結されたものである。

　第2に本四公団は協定締結に応じることによって、着工およびその後の工事を速やかに進めることができるとの判断があったものと考えられる。建設省・運輸省は協定締結に難色を示したが、それは環境影響評価手続が行われる事業について環境保全協定を結ぶことは、他にも両省に関わる多くの環境影響評価が想定される事業に影響することを勘案したものであったとみられるが、最終的に本四公団が協定を締結するとする判断を容認した。

　第3には前述のように関係首長が工事期間を経て供用開始される10年後の不確定性を懸念したことである。環境影響評価手続において、環境影響評価書案に112件の意見書が提出されたが、その中には環境保全目標・環境基準が維持達成できるとする予測手法・仮定の信頼性に疑問を持つ意見が多く、中でも大気汚染、騒音・振動、低周波空気振動などに関する懸念が多かった。

　第4には環境影響評価において起工後に協議するとされた重要な案件が存在したことである。本州側の景勝地である鷲羽山を切り通す（通称「オープンカット」）ことによって上下に鉄道用・道路用の各2本のルートを確保しようとしたこと、橋梁のデザインと色彩について景観との関係から起工後に持ち越されたことなどである。これらについて起工後に、鷲羽山の「オープンカット」についてはトンネルに変更する、一部の橋梁のデザインを斜張橋に変更する、橋

の色彩については「ライトグレー」とすることとなった経緯があった。

別表　本州四国連絡橋（児島 ― 坂出ルート）に係る環境保全に関する基本協定

本州四国連絡橋（児島 ― 坂出ルート）に係る環境保全に関する基本協定
　岡山県、倉敷市および早島町並びに香川県、坂出市、宇多津町（以下「甲」という。）と本州四国連絡橋公団（以下「乙」という。）とは、本州四国連絡橋（児島 ― 坂出ルート）の建設及び管理にあたり、周辺地域の生活環境及び自然環境の保全を図ることを目的として、次のとおり協定する。
（総則）
第1条　甲及び乙は、相互に協力して環境保全に努めるものとし、乙は、環境影響評価書及び今後行う調査研究の結果等を踏まえて適正な環境管理を実施することにより、環境保全目標（環境基準の定められている項目については環境基準とする。以下同じ。）の維持達成に努め、甲の実施する環境保全対策と連携し、環境保全に万全を期するものとする。
（環境管理計画）
第2条　乙は、環境影響評価書に定める環境管理計画を策定するにあたって、あらかじめ甲に協議するものとする。
（新技術の開発導入）
第3条　乙は、環境の保全のため新技術の研究開発及びその導入に努めるものとし、その成果を甲に連絡のうえ実施するものとする。
（環境保全対策改善の措置）
第4条　乙は、環境影響評価書に基づく環境保全対策を講じても予測し得ない事項及び予想外の問題等のため環境保全目標を維持達成することが困難な場合は、甲と協議のうえ環境保全対策改善について必要な措置を講ずるものとする。
（工事中の監督指導）
第5条　乙は、施工企業に対して環境保全について積極的に指導監督を行うとともに、工事の実施に関連して苦情若しくは紛争等が生じた場合は、誠意をもってその処理に当たるものとする。
2　甲は、前項の処理に当たって必要な場合は、その調整に当たるものとする。
（細目協定）
第6条　甲及び乙は、この協定の実施に伴って必要が生じた場合は、別途細目協定を締結することができるものとする。
（その他）
第7条　この協定に定めのない事項、疑義を生じた事項若しくは変更を要する事項については、甲乙協議してこれを定めるものとする。
　この協定締結を証するため、本書七通を作成し甲乙記名押印のうえ各自その一通を保有する。
昭和53年9月30日
甲　岡山県知事、倉敷市長、早島町長、香川県知事、坂出市長、宇多津町長
乙　本州四国連絡橋公団 本州四国連絡橋公団第二建設局長

（補注5）本四公団は 1970 年に設立、2005 年に業務が「本州四国連絡高速道路（株）」に引き継がれている。

【引用文献・参考図書：瀬戸大橋環境影響評価】

環境庁［1977］：環境庁「児島・坂出ルート本州四国連絡橋事業の実施に係る環境影響評価基本指針（昭和 52 年 7 月 20 日）」1977

建設省・運輸省［1977］：建設省・運輸省「児島・坂出ルート本州四国連絡橋事業の実施に係る環境影響評価技術指針（昭和 52 年 7 月 20 日）」1977

山陽新聞［1977］：山陽新聞 1977 年 12 月 3 日

岡山県［1978］：岡山県「本州四国連絡橋（児島・坂出ルート）環境影響評価書案に関する意見 昭和 53 年 1 月」1988

山陽新聞［1978］：山陽新聞 1978 年 2 月 24 日

本四公団［1978］：本州四国連絡橋公団「本州四国連絡橋（児島・坂出ルート）環境影響評価書・昭和 53 年 5 月」1978

井上［1995］：井上堅太郎「瀬戸大橋鉄道騒音問題の顛末にみる環境影響評価制度の欠点と今後への対応」『資源環境対策 1995 年 11 月』1995

井上［2015］：井上堅太郎「瀬戸大橋と環境影響評価」『環境と政策 倉敷市からの証言』大学教育出版 2015

3-5　事例 5：レジ袋削減のための協定 ― 2000 年代以降

レジ袋削減のための条例制定と協定

　スーパー、コンビニなどの小売店が顧客の買い物を入れて渡すプラスチック製の袋（レジ袋）について、1970 年代末に一部の小売店が有料化し、1982 年には「かながわ生協」（当時。現在は「生協ユーコープ」）が有料化（10 円）を行った（小野寺［2007］）（ユウコープ HP）。しかし、2000 年代初までその動きは大きく拡大することはなかった。

　1990 年代後半から、省資源・省エネルギー、温室効果ガス削減などの機運が拡大するとともに、レジ袋は有限な石油資源の無駄使いの典型として徐々に注目が高まり、2000 年代には地方自治体の主導による小売店のレジ袋を有料化する 2 つの仕組みが取り入れられるようになった。条例を制定する手法、および地域の行政、小売店、消費者団体等が協定を締結する手法である。

2002年に東京都杉並区が「すぎなみ環境目的税条例」(旧杉並区条例)を制定した。旧杉並区条例は廃棄物の減量、リサイクルの推進等の環境保全施策に要する費用にあてるため、地方税法に基づきレジ袋に課税(5円)し、レジ袋を配布する事業者等が消費者から徴収し、事業者等が区長に納入するとした。しかし、この条例は区民、事業者の反対が強く施行されない状態が続いた。(東京都杉並区［2002］)

　杉並区は2008年3月に「杉並区レジ袋有料化等の取組の推進に関する条例」(新杉並区条例)を制定し、旧杉並区条例を廃止した。新杉並区条例はレジ袋の使用の抑制を図ることを目的に、一定数量以上のレジ袋を使用する事業所(年間20万枚以上)を有する事業者に有料化等により使用抑制を図る取組みを求め、取組みが不十分な事業者等に勧告する、正当な理由なく勧告に従わない場合には手続きを経て公表することを骨子としている。また新杉並区条例は有料化により得る収益金について事業者等が環境保全施策等に寄付することを想定して寄付を行った事業者等を公表することができると規定した。(東京都杉並区［2008］)

　新潟県佐渡市は2007年4月から「レジ袋ゼロ運動」に取り組んだ後、2008年12月に「佐渡市レジ袋有料化等の取組の推進に関する条例」を制定した。この条例はレジ袋の使用を抑制し、ゴミの減量、二酸化炭素の削減等による環境にやさしい島づくりを図ることを目的に、一定数量以上のレジ袋を使用する事業所(年間10万枚以上)を有する事業者に有料化等により使用抑制を図る取組みを求め、市が取組みの不十分な事業者等に勧告を行うこと、正当な理由なく勧告に従わない場合には手続きを経て公表することを骨子としている。(佐渡市［2008］)

　これらの2例の他に、2010年に埼玉県川口市が「川口市レジ袋の大幅な削減に向けた取組の推進に関する条例」を制定している。この条例では杉並区、佐渡市の条例と同様にレジ袋の多量使用事業者(年間20万枚以上)にレジ袋削減の取組みを図るよう求めているが、有料化という言葉を使わなかった。取組みの不十分な事業者等に対して勧告を行うこと、正当な理由なく勧告に従わない場合に命令を行うことを規定した。(川口市［2010］)

レジ袋削減について条例制定を行った自治体の事例として2つの市、1つの特別区を確認することができたが、筆者はそれ以外に同種の条例を確認することができなかった。これに比べてレジ袋削減のための地方自治体の主導による協定は極めて多い。環境省が集計した資料によれば、2011年度にまでに14県、10政令指定都市、その他の市町等において、レジ袋の有料化（無料配布中止）などの協定を締結して取組みを行うようになった。それらの中で最も早期に締結された協定は、2006年12月の神戸市における事例、次いで2007年1月の京都市における3件の事例であるとみられる。（環境省HP［2008］［2009］［2010］［2011］）（神戸市・生協［2006］）（京都市・イオン・市民団体等［2007］）（京都市・京都生協・市民団体等［2007］）（京都市・古川町商店街振興組合・市民団体等［2007］）

神戸市のレジ袋有料化等協定

2006年12月に神戸市は「生活協同組合コープこうべ」（生協こうべ）とレジ袋削減の取組みに関する協定を締結した。生協こうべは翌年6月1日からレジ袋代金をレジ精算（有料化）する、マイバッグ持参率90％以上を目指す、また、集まったレジ袋代金を環境保全などの社会貢献活動に活用するとしている。生協こうべは神戸市内の66店だけでなく、兵庫県内の155店においてレジ精算を行うこととした。（神戸市・生協［2006］）（神戸新聞［2006］）

この協定は、翌年2007年12月に、神戸市、生協こうべの他に「神戸市地球環境市民会議」（神戸市民会議）が参加する3者協定に移行しているが、この時点で（株）関西スーパーマーケット（関西スーパー）が、神戸市、神戸市民会議と新たに協定を締結した。いずれも前文と4項目の約定からなる。生協こうべの協定は、2006年12月の協定と同様に、レジ袋代金をレジ精算（有料化）する、マイバッグ持参率90％以上を目指すとし、集まったレジ袋代金を環境の取組みに活用するとした。関西スーパーの協定は、レジ袋を辞退した場合に買い物券として利用できるエコカードにスタンプを押印する、レジ袋辞退率30％を目標とするとした。両協定ともに、神戸市民会議は市民にマイバッグの持参・レジ袋削減を呼びかける、事業者の取組みを支援するとした。（神

戸市・生協こうべ等［2007］）（神戸市・関西スーパー等［2007］）

　神戸市と生協こうべによる協定は、筆者が把握した限りにおいては、この種の協定として日本で初めてのものとみられる。生協こうべHPによれば、1974年に包装のムダを見直して布製の買い物袋を試用する取組みを一つの店舗で始めた後に、1978年に使用済レジ袋を再使用してスタンプを集めてもらって買上額から値引きする運動を行い、1995年にはスタンプ制に代わってレジ袋を利用する人に1枚5円を代金箱に入れてもらう「マイバッグ運動」に移行した。そして2006年12月に神戸市と協定を結び、翌年6月から買い上げ品の精算時にレジ袋を必要とする消費者に代金のレジ精算を求めるようになった。生協こうべにとって神戸市との協定は1970年代以来の長年の取組みの流れに沿うものであったとみられる。（生協こうべHPによる）

　協定の前文は「自然に恵まれた"美しく住みやすい神戸"を未来の世代に引き継ぐためには、環境にやさしい神戸らしいライフスタイル、ビジネススタイルが求められます」とし、神戸市が「一般廃棄物処理基本計画」に掲げる2005年度レジ袋排出量25％削減を達成する取組みの一つとして、生協こうべと協働するとしている。また、協定において神戸市側の果たすべき努めとして、市民、他の事業者の理解、協力を得ることとしたが、この点については、前述のように1年後にこの協定を市民団体の参加する3社協定に更新し、また、他の事業者に呼びかけて2016年6月までに、無料配布中止を11事業者の100店舗に拡大した。神戸市は環境保全の取組の中に、民間事業者（生協こうべ）の取組を組み込むようにレジ袋削減を始め、それを拡大したとみられる。（神戸市・生協こうべ等［2007］）（神戸市［2016］）

京都市のレジ袋有料化等協定

　2007年1月に京都市は、イオン（株）、京都生活協同組合、古川町商店街振興組合の3つの事業者等、および市民団体等と3件のレジ袋削減等に関する協定を締結した。協定はいずれも前文と10項目の約定からなる。協定に参加した市民団体についてであるが、京都市ゴミ減量推進会議、京のアジェンダ21フォーラム、京都市レジ袋有料化推進懇談会（京都市懇談会）などの9団体で

ある。京都市 HP（京都情報館）によれば、これらの3件の協定の後、33事業者と同種の協定を締結している（2016年3月9日）。食品スーパー（27事業者）、酒類販売（1）、大学生協（2）、商店街（3）である。（京都市［2016］）

　イオン（株）にかかる「京都市におけるマイバッグ等の持参促進及びレジ袋有料化に関する協定」は前文と10項目を約定している。イオン（株）はモデル店舗においてレジ袋の無料配布を行わないでレジ袋削減を図る活動を推進する、マイバッグ持参率50％以上を目標とする、レジ袋収益金を環境保全・地域貢献活動に使用し報告すると約定した。参加市民団体はレジ袋削減を市民に呼びかけ、モデル店の取組みを支援すること、京都市懇談会はモデル店の活動を支援するとともに取組みの効果を調査・公表してこうした活動の拡大を目指すこと、京都市はモデル店の活動について効果的にPRして支援することを約定した。（京都市・イオン・市民団体等［2007］）

　京都生活協同組合（京都生協）にかかる協定はイオン（株）に係るものと同じ名称である。京都生協は「レジ袋の有料化を継続する」としており、この協定以前から有料化を実施していたとみられ、また、京都生協の各店舗で実施するとした。買い物袋持参率90％以上（平均）を目標とする、レジ袋販売代金については、イオン（株）と同様に環境保全・地域貢献活動に使用するとした。参加市民団体、京都市懇談会、京都市はイオン（株）の協定と同様に、京都生協の取組みを支援するなどとした。（京都市・京都生協・市民団体等［2007］）

　古川町商店街振興組合（組合）にかかる協定は名称が異なり「京都市におけるマイバッグ等の持参促進及びレジ袋の削減に関する協定」として交わされた。この協定では、組合は市民にマイバッグ等の持参を呼びかけること、レジ袋削減を図る活動を行うこと、組合が作成したマイバッグ持参者にポイント（金権）により優遇するとし、有料化（無料配布中止）を約定しなかった。マイバッグ持参率目標は60％とした。参加市民団体、京都市懇談会、京都市は他の協定と同様に、組合の取組みを支援するなどとした。なお、収益金等の社会還元については約定しなかった。（京都市・古川町商店街振興組合・市民団体等［2007］）

京都市がこれらの協定の締結を主導したものとみられる。京都市は協定前文において「地球温暖化防止と循環型社会の構築に向けた環境配慮行動を推進し、次世代の子どもたちによりよい地球環境を引き継ぐことを目指し、本協定を締結し……」としている。また、京都市は協定の中で「京都市地球温暖化対策条例」「京都市廃棄物の減量及び適正処理等に関する条例」「京都市循環型社会推進基本計画」の趣旨に基づいて事業者の活動を支援するとしており、協定締結をこうした環境の保全に係る条例・計画の目的・目標に沿うものと位置づけている。

容器包装法の改正とレジ袋

1990～2000年代に資源循環・再資源化に関する法律の制定・改正が進み、1995年に「容器包装に係る分別収集および再商品化の促進等に関する法律」（容器包装法）が制定された。廃棄物、不要物の回収・再資源化を行う個別リサイクル法制度の先駆けとなるものであった。容器包装法は制定時に、施行後10年を経過した時点で、一部の条項について見直しを行うとされていた（法附則第3条）。

環境省、経済産業省は容器包装法の見直しに関しそれぞれの審議会に容器包装法改正に係る検討を求め、両省審議会のそれぞれの下部組織で検討を重ね、2006年1月に、「中央環境審議会廃棄物・リサイクル部会」（中環審リサイクル部会）および「産業構造審議会環境部会廃棄物・リサイクル小委員会リサイクルWG」（産構審リサイクルWG）の合同会合を開催して、それぞれの報告書（案）を了承した。

中環審リサイクル部会は、容器包装廃棄物について発生抑制・再使用のさらなる推進を図る必要があること、レジ袋の無料配布の抑制の法的措置を講ずることが必要であること、レジ袋が有料化されても容器包装法の対象とすること、事業者の自主的取組みを加速するにあたって事業者と地方自治体・国との自主協定も有効であることなどを報告した。産構審リサイクルWGは、容器包装の排出抑制・再使用の取組みが必要であること、事業者・事業者団体に対する規制的手法による対処ではなく柔軟性を確保することが重要であること、

有料化された場合においてもレジ袋を容器包装法の対象とすること、国は各事業者・事業者団体のこれまでの取組みや自主行動計画を勘案して容器包装の発生抑制等に取り組むべき事項を検討すべきであるなどとした。(中環審部会 [2006])(産構審リサイクル WG [2006])

　2006 年 2 月に中央環境審議会は「今後の容器包装リサイクル制度のあり方について（意見具申）」(中環審意見具申) を意見具申した。この中で中央環境審議会は、容器包装法の見直しを行う必要があること、容器包装の発生抑制・再使用をさらに推進する取組みを充実させること、レジ袋の無料配布抑制のために法的措置を講ずることにより買物袋持参を促進することが必要であること、レジ袋が有料化されても容器包装法の対象とすること、事業者と地方自治体・国との自主協定の締結を促進することは有効であることなどとした。(中環審 [2006])

　こうした関係審議会および審議会の下部機関の検討を踏まえて容器包装法の改正が行われた。中環審意見具申等が示唆したレジ袋無料配布の抑制のための法的措置については、直接に規制的な措置を取り入れるのではなく、間接的に事業者側の自主的な取組みを促す「事業者の判断となるべき事項」を省令により定めるとした。この判断基準において、かなり広範囲の小売事業者に、容器包装の低減のために目標を定めて計画的に取り組むこと、取組みの手法としては容器包装の有償化、景品等の提供、買い物袋の提供、容器包装の軽量化、簡易包装化等を行うことを示した（財務省他 [2006]）。

地方の取組みを促したもの

　2006 年 2 月の中環審意見具申は、レジ袋の無料配布抑制のために法的措置を講ずることにより発生抑制・再使用を充実させることを指摘していた。しかし、容器包装法の改正は規制的な有料化を行わずに緩やかな事業者による努力を求めることに止まり、地方自治体がレジ袋の削減に取り組む余地を残した。これにより自発的・積極的に取り組む自治体によるレジ袋削減等を促したようにみられる。2006 年 12 月に神戸市、2007 年 1 月に京都市がそれぞれレジ袋の有料化等を行う協定によって、2008 年 3 月に東京都杉並区、2008 年 12 月

に新潟県佐渡市がそれぞれ条例によって取組みを行うようになった。

なお、地域の事業者が行政、住民団体等と協定を結んでレジ袋を有料化することについて、独占禁止法上の取扱いに関する以下のような経緯があった。佐渡市は条例の施行（2008年4月）にあたって、市内のすべての事業者にレジ袋を5円に有料化することを要請するとしていた。これに対して公正取引委員会は、行政側が一律に価格を指導することについて、店舗側がカルテル行為を禁ずる独占禁止法に触れるおそれがあると指摘し、佐渡市は自由な価格設定に転換した（産經新聞［2007］）。しかしその後、公正取引委員会は「A市」の事例として、市、住民団体および小売事業者が協定を締結することにより、レジ袋を有料化して1枚5円とすることについて、直ちに独占禁止法上問題となるものではないとした（公取委［2008］）。

環境省の調査結果によれば、都道府県と事業者等によるレジ袋削減協定について、早期の事例は富山県が2008年3月に25事業者（116店舗）、10市民団体と「富山県におけるレジ袋削減推進に関する協定書」を交わした事例である。次いで2008年度に青森県、沖縄県など12県においてレジ袋削減に関する協定が締結された。2011年度に20県を越えたが、その後はあまり変化がなく、環境省の集計によれば、2014年度に2者協定約1割、3者協定約3割強である。また、政令指定都市・中核市・特別区等（政令指定都市等）について、前述の2006年12月の神戸市、2007年1月の京都市の後、同年5月に仙台市、10月に川崎市、2008年度に札幌市、静岡市、いわき市などに拡大し、2010年度に26市等（58回答）が協定を締結した。2014年度に2者協定1割弱、3者協定39%である（71回答）。（環境省HP［2008］［2014］）

環境省調査によれば、レジ袋削減を目的とする条例制定について、47都道府県についてこれまでに制定されていないし、将来も実施・検討の見込がないとされている。また、政令指定都市等について、前述のように東京都杉並区等が条例を制定したのであるが、その後に制定の事例はなく、将来も実施・検討の見込がないとされている（調査回答は71市・区）。レジ袋の削減の取組みについて、47都道府県は何らかの取組みを行っており、政令指定都市等について71市・区（調査回答は86市区）において取組みがなされている。都道府

県、政令指定都市等における取組みについて、条例制定は1例のみであり、これに比べて協定締結による取組みの方が多く、協定締結以外に、地方自治体による事業者への要請や支援などがなされている。(環境省 HP [2014])

　1990 年代に社会的に地球環境保全、省エネ・省資源等に対する関心が急拡大し、廃棄物処理法(廃棄物の処理及び清掃に関する法律)が改正され、環境基本法が制定され、また容器包装法その他のリサイクル関係法が制定された。引き続いて 2000 年代に循環型社会形成推進基本法、および自動車リサイクル法(使用済自動車の再資源化等に関する法律)が制定されるなど、循環型社会形成のための仕組みが整備された。レジ袋の年間の使用・廃棄量は約 300 億枚、そのための石油資源は約 60 万kℓ／年とされ、循環型社会形成に向けてその削減は一つの課題である。ところがレジ袋は事業者および消費者にとって簡易・安価で社会に深く浸透しており、これを短期間(例えば数年間)に払拭することは、強い規制的な手法を導入しなければ困難であると考えられる。しかし、容器包装法の 2006 年改正は前述のようにレジ袋削減について事業者の努力を促すに止まった。これにより地域の取組みに多くの可能性が残されることとなったが、レジ袋削減は一般市民、事業者に連携と協働が求められる課題である。環境の保全に積極的であろうとする地方自治体にとって欠かせない取組みとなっており、その手法としては連携と協働を実現しやすい協定方式がとられているとみられる。

【引用文献・参考図書：レジ袋削減協定】
(環境省)
環境省 HP [2008]：環境省 HP「レジ袋に関する調査 平成 20 年度」2008
環境省 HP [2009]：環境省 HP「(同) 平成 21 年度」2009
環境省 HP [2010]：環境省 HP「(同) 平成 22 年度」2010
環境省 HP [2011]：環境省 HP「(同) 平成 23 年度」2011
環境省 HP [2014]：環境省 HP「(同) 平成 26 年度」2014
(審議会等)
中環審部会 [2006]：中央環境審議会廃棄物・リサイクル部会「容器包装リサイクル制度見直しに係る最終取りまとめ(案)(平成 18 年 1 月 23 日)」2006

産構審リサイクル WG［2006］：産業構造審議会環境部会容器包装リサイクルワーキンググループ「容器包装リサイクル法の評価検討に関する報告書（案）（平成 18 年 1 月 23 日）」2006

中環審［2006］：中央環境審議会「今後の容器包装リサイクル制度のあり方について（意見具申）（平成 18 年 2 月 22 日）」2006

(財務省他)

財務省他［2006］：財務省・厚生労働省・農林水産省・経済産業省「小売業に属する事業を行う者の容器包装の使用の合理の合理化による容器包装廃棄物の排出の抑制の促進に関する判断の基準となるべき事項を定める省令（平成 18 年 12 月 1 日）」2006

(公正取引委員会)

公取委［2008］：公正取引委員会「独占禁止法に関する相談事例集（平成 19 年度）」（平成 20 年 7 月 10 日）2007

(神戸市関係)

神戸市・生協［2006］：神戸市・生活協同組合コープこうべ「レジ袋削減に向けた取組に関する協定（平成 18 年年 12 月 27 日）」2006

神戸新聞［2006］：神戸新聞 2006 年 12 月 27 日夕刊

神戸市・生協こうべ等［2007］：神戸市・生協コープこうべ・神戸市地球環境市民会議「レジ袋削減に向けた取組みに関する協定」（平成 19 年 12 月 19 日）2007

神戸市・関西スーパー等［2007］：神戸市・関西スーパーマーケット・神戸市民会議協定「レジ袋削減に向けた取組みに関する協定（平成 19 年 12 月 19 日）」2007

生協こうべ HP：生協こうべ HP「マイバッグ運動」
〈http://eco.coop-kobe.net/mybag/history/index.html〉）2017 年 3 月 22 日参照

神戸市［2016］：神戸市 HP「食品スーパー事業者とレジ袋削減に向けた取組みに関する協定を締結しています（2016 年 6 月 30 日更新）」

(京都市関係)

京都市［2016］：京都市情報館「マイバッグ等の持参促進及びレジ袋の削減に関する協定 ― レジ袋削減協定 ― 平成 28 年 3 月 9 日現在」2016

京都市・イオン・市民団体等［2007］：京都市・イオン・市民団体等「京都市におけるマイバッグ等の持参促進及びレジ袋有料化に関する協定・平成 19 年 1 月 10 日」2007

京都市・京都生協・市民団体等［2007］：京都市・京都生協・市民団体他「京都市におけるマイバッグ等の持参促進及びレジ袋有料化に関する協定・平成 19 年 1 月 10 日」2007

京都市・古川町商店街振興組合・市民団体等［2007］：京都市・古川町商店街振興組合・市民団体等「京都市におけるマイバッグ等の持参促進及びレジ袋有料化に関する協定・平成 19 年 1 月 10 日」2007

(その他)

東京都杉並区［2002］：東京都杉並区「すぎなみ環境目的税条例（2002 年 3 月）」

小野寺［2007］：小野寺勲「レジ袋有料化に向けて　点から面へ」『ごみっと・SUN60号』（2007年5月6日）』
産經新聞［2007］：産經新聞 2007年3月7日
東京都杉並区［2008］：東京都杉並区「杉並区レジ袋有料化等の取組の推進に関する条例（2008年3月）」
佐渡市［2008］：「佐渡市「佐渡市レジ袋有料化等の取組の推進に関する条例（2008年12月）」
川口市［2010］：川口市「川口市レジ袋の大幅な削減に向けた取組の推進に関する条例（2010年3月）」
ユウコープHP：〈http://www.ucoop.or.jp/service/omise/kaimono_hukuro.html〉
（2017年3月27日参照）

3-6　事例6：長野県の生物多様性保全協定 ― 2015〜2017年

長野県の生物多様性保全協定

　長野県は2015年8月に、民間事業者、民間組織、国の機関等（関係者等）と4件の生物多様性保全のためのパートナーシップ協定を締結したのを初めとしてこれまでに11件の協定を締結している（2017年2月）。それぞれの関係者等が生物多様性の保全に関わることのできる側面を活かして役割を果たすことを内容としている。長野県は当初の2件の協定について「立会い」したが、9件については協定の当事者となっている。期間を設けていない協定と期間を設けているもの（2年間〜11年間）がある。（長野県［2017］）

　協定の締結までに以下のような経緯があった。長野県は2012年2月に「生物多様性ながの県戦略」（「ながの県戦略」）を策定した。この戦略の中で5項目の重点施策の一つを「5　地域連携・協働促進プロジェクト」とし、連携ネットワークを構築するとした。「ながの県戦略」は、県（行政）だけでは生物多様性保全に限界があり、希少種保護や森林整備などの市民活動が活発な地域であることを活かして、市民活動の連携を強化し、活動の充実を図るとした。また、「信州生物多様性ネットワーク（仮称）」を設立してさまざまな主体の連携の強化、協働事業や地域連携保全活動等を実施するとした。（長野県［2012］）

　長野県自然保護課は2015年度に実施する事業として「人と生きもの パートナーシップ推進事業」を課内において発想し予算措置を行った。この事業を進

めるにあたって用意された広報資料「人と生きものパートナーシップ推進事業 信州の生きものを未来へ引き継ぐために」によれば、市民団体と企業や学校などが協働して社会全体で生物多様性保全活動を行うための仕組みづくりを行うことを趣旨としている。長野県は、資金・労力の支援を求める市民団体とその活動地域・対象生物種等を集約し、それを事業者、学校、国の関係機関などに紹介して支援を呼びかけ、仲介の役割を担った。この結果から 2015 年 8 月に 4 件の協定が交わされた。その後、引続き協定締結がなされ、2017 年 1 月までに 11 件が締結されている。

長野県のパートナーシップ協定

　11 件のパートナーシップ協定について、「信州生物多様性ネットワークきずな」(「きずな」)、中部森林管理局、国立環境研究所、三菱 UFJ リサーチ＆コンサルタント (三菱 UFJRC)、その他に大学、高校、自治体 (町)、民間団体等の間で交わされている。長野県は当初の 2 件の協定について立会者であったが、その後の協定については協定の当事者となっている。

　主要なパートナーシップ協定について概略は以下のとおりである。

　2015 年 8 月に「生物多様性保全の推進に関する基本協定書」が長野県と「きずな」との間で交わされている。「ながの県戦略」は地域連携・協働プロジェクト「信州生物多様性ネットワーク (仮称)」を設立するとしていたが、それを実現したものである。「ながの県戦略」の策定を進めた「生物多様性長野県戦略策定委員会」の委員長を務めた中村寛志氏 (当時信州大学教授) の意向により、同氏の退官後に 2015 年 2 月に設立された。「きずな」の会則によれば、「生物多様性の保全や研究に携わっている団体や個人が集まり、活動の情報を交換するネットワーク化を進め、協働して生物多様性保全の活動に取り組み……人々の交流と連携をコーディネートするとともに、活動の発信と普及を図る……」(会則第 2 条) としている。長野県と「きずな」は、生物多様性に関する講演・調査・ファンドの活用などについて相互協力する、「きずな」は専門家の派遣、調査研究データの提供などの協力を行うとして協定を締結した。(きずな [2015])

2015年8月に、長野県と中部森林管理局の間で「生物多様性保全の推進に関する基本協定書」が交わされた。この協定は長野県内の絶滅危惧種の保全対策等について連携・強化を図ることを目指している。協定の前文によれば、長野県内の絶滅危惧種の生息・生育域が国有林に多く分布しており、長野県と中部森林局がいっそうの連携・協力を図る必要があり、特に絶滅が極めて危惧され山岳地帯に生息するライチョウ、イヌワシ、アツモリソウの保全のための対策の連携強化が期待されるとしている。そのために、協定では絶滅危惧種の情報・知見の共有、簡易な観察機器の設置、試験・研究成果の共有・分析の協力、成果の情報発信の協力等を行うとしている。(中部森林管理局・長野県 [2015])

2016年2月に、長野県と国立環境研究所(国環研)の間で「生物多様性保全の推進に関する基本協定書」が交わされた。この協定では、長野県と国環研が信州の山岳環境や生物多様性保全の取組みに相互協力する、長野県は国環研が地球温暖化の影響把握を目的として高山帯等にモニタリングカメラを設置するにあたって協力する、成果物(撮影画像)を国環研の業務の他に、長野県等が信州の山岳環境・生物多様性保全に活用するなどを約定している。(国環研 [2016])

2016年3月に、長野県と三菱UFJリサーチ&コンサルタント(三菱UFJRC)の間で基本協定が交わされた。この協定では、三菱UFJRCが生物多様性保全分野の情報等を提供することによって長野県の施策・事業に協力し、地域における研究、普及啓発および保全モデル構築等の強力・連携を行うとしている。(三菱UFJRC [2016])

以上の4件の他に多様な活動や目的を持つ7件のパートナーシップ協定が交わされている。特定の種の保全に関するもの、普及啓発・環境学習を推進するもの、特定の地域・地区についての活動等に関するものなどがある。協定の締結者について、民間事業者、民間活動団体、自治体、大学、高校などがそれぞれの事例により協定締結者である。特定の種(ミヤマシジミ、イヌワシ、アツモリソウ)の保全活動を行う協定について、長野県が「きずな」、民間事業者、民間団体、高校と協力するとして3件の協定が交わされている。生物多様性保全の普及啓発活動を行うとして、長野県と「きずな」・民間事業者が交わ

した協定、木曽町における研究・保全・環境学習に協力するとして長野県・木曽町・帝京科学大学が交わした協定、霧ヶ峰におけるニホンジカの食害、外来植物の侵入などから草原の保全再生に取り組む民間団体（霧ヶ峰自然環境保全協議会）の活動に民間事業者・長野県が協力する協定などである。（長野県［2017］）

　民間事業者は資金提供（6 件）を行う他に、保全活動、保護区の整備、機材の提供、および環境学習活動に対する協力などを行うことを約束している。大学（帝京科学大学）は地域（木曽町）の生物多様性保全研究、保全活動への参加および小中学校の環境学習支援を行うこと、高等学校（上伊那農業高校）はアツモリソウ自生地の保全活動を行うことを約束している。（長野県［2017］）

生物多様性の保全と協定

　生物多様性保全を目的に協定を締結する取組みは、長野県によるものの他にいくつかの事例がある。

　千葉県は 2008 年から千葉大学、東京大学、千葉科学大学などの 8 つの大学（2016 年 1 月現在）と連携協定を締結して委託研究を行い、2009 年以降、研究成果をもとに年 1 度の研究成果発表会を開催している（千葉県生物多様性センター HP）。大阪府は生物多様性保全に取り組む企業と大阪府、試験研究機関等が連携する「おおさか生物多様性パートナー協定」を交わしている。2013 年 11 月に、パナソニック（株）エコソリューションズ社が同社内にビオトープを設けるなどについて、大阪府、大阪府立農林水産総合研究所、大阪府立大学と連携協定を結び、その後、2013 年度に 2 件、2014 年度に 2 件の同種の協定が締結されている（大阪府 HP）。環境省は 2014 年 5 月に日本動物園水族館協会と、また 2015 年 6 月に日本植物園協会と絶滅危惧種の生息域外保全・外来種対策等にかかる取組みについて連携し生物多様性保全の推進に資するとして協定を締結している（日本動物園水族館協会・環境庁［2014］）（日本植物園協会・環境庁［2015］）。

　生物多様性は遺伝子、生物種、生態系について多様であることを意味するとされているのであるが、その保全のあり方は、対象とする生物種・生態系、対

象地域とそのスケール、活動の目的（保全・再生・代償措置、外来生物対策、調査・監視・観察・研究、普及・啓発等）、主体の連携・協働、活動の手法（協働、計画策定、法・条例規制、協定締結など）等のいずれの側面においても多様である。したがって生物多様性保全のためのさまざまな側面から関心を寄せる主体による協働によって取組みを進めることができる可能性があり、協定は協働を促す有効な手法であると考えられる。このような協定締結と活動を推進するについては、地域の生物多様性の保全の推進に包括的な責任を負う地方自治体がふさわしいと考えられる。長野県はそれに取り組んでいるとみられ、さらに県内に幅広く展開することが期待され、同時に他の地方自治体に波及することが期待される。

【謝辞】　長野県の生物多様性に関するこの項をまとめるにあたり、長野県自然保護課の宮原登様、田中達也様、神谷一成様、畑中健一郎様にご教示および資料のご提供をいただいた。
　ここに記してお礼申し上げます。

【引用文献・参考図書：長野県生物多様性協定】

長野県［2012］：長野県「生物多様性ながの県戦略 平成24年2月」2012
きずな［2015］：信州生物多様性ネットきずな「会則（平成27年2月10日）」2015
日本動物園水族館協会・環境庁［2014］：日本動物園水族館協会・環境庁「生物多様性保全の推進に関する基本協定書 平成26年5月22日」2014
日本植物園協会・環境庁［2015］：日本植物園協会・環境庁「生物多様性保全の推進に関する基本協定書 平成27年6月25日」2015
中部森林管理局・長野県［2015］：中部森林管理局・長野県「生物多様性保全の推進に関する基本協定書 平成27年8月28日」2015
国環研［2016］：国立環境研究所「高山帯モニタリングに係る長野県と国立環境研究所との基本協定のお知らせ 平成28年2月15日」2016
三菱UFJRC［2016］：三菱UFJリサーチ＆コンサルティング「生物多様性保全の推進に関する基本協定締結 2016年3月」
長野県［2017］：長野県「生物多様性保全パートナーシップ協定締結一覧（平成29年1月現在）」2017

3-7　事例7：久留米市の環境共生都市づくり協定 — 2000年代以降

久留米市環境基本条例と環境共生都市づくり協定

　久留米市は2004年6月に6社（アサヒコーポレーションなど）と「環境共生都市づくり協定」を締結したことを初めとして、これまでに142件（久留米市による。2017年3月現在）が締結されている。この協定の締結については、1999年制定の「久留米市環境基本条例」（市条例）に、市と事業者が協働して環境保全・創造活動を実施するために協定締結を行うと規定したことによる。この考え方は、2000年策定の久留米市環境基本計画、その後の改訂環境基本計画、および2011年策定の久留米市地球温暖化対策実行計画（区域施策編）において明記されており、協定締結は現在も進められており、毎年度に10件程度の締結を行っている。（久留米市［2016］）

　市条例は協定について「市長は、事業者と協働して良好な環境の保全及び創造に資する活動を実施するため、市長が別に定める事業所と環境保全協定について協議し、その締結に努めなければならない」（条例第19条）と規定している。市条例は、協定の内容について規定し、公害防止、緑化推進、省エネルギー、廃棄物の減量、その他環境への負荷の低減、従業員の環境保全活動等への自主的参加支援等としている（同第20条）。久留米市から提供を得た「環境共生都市づくり協定（例）」によれば、事業者に環境負荷低減計画の策定・実施、実施状況の年に1度の報告を求め、環境負荷低減活動が実施されない場合には、市が改善を促すことができるとしている。

　市条例に規定されているように、「環境共生都市づくり協定」は市が事業者と協働して環境保全施策を実施する具体策と位置づけられ、市の環境基本計画は協定を以下のように記述している。

　当初の環境基本計画（2000年3月）は、基本的施策（第4部）の一つの章「第4章　すべての主体の参加による環境共生都市の実現」において、締結済みの環境保全協定（筆者注：後述するように1973年以来締結を行ってきた市と64事業者との「環境保全協定」を指すものと考えられる）を見直して、省エネルギー・環境管理体制整備を加える、製造業以外の事業者とも協定を進め

る、協定の遵守を指導して環境保全・創造を進めるとしている。改定された環境基本計画（2011年3月）は、第4章（施策の方向と具体策）の第5節（市民環境意識の向上と協働の促進）において、「環境共生都市づくり協定の締結を推進し、啓発活動等で連携を強化します」とし、そのことについて「環境にやさしい取組を、それぞれの企業に合った内容で実践してもらい、省エネルギーや廃棄物削減を進めていくためのものです。協定を結んだ企業は、環境負荷を減らすための計画を作り、事業活動の中で、計画に沿った取組みを従業員全員で実践していきます」としている。一部見直しを行った環境基本計画（2015年3月）は、第3章（施策の方向と具体策）の第5節（市民環境意識の向上と協働の推進）において、「事業者は環境配慮活動を行い、市は支援や助成に関する情報等を提供し、協働して環境保全に取組むための仕組みである、『環境共生都市づくり協定』の締結を推進します」としている。（久留米市［2000］［2011a］）

　久留米市から提供を得た協定書（例）によれば、「持続的発展が可能な環境共生都市・久留米」の実現を目指して協定を締結するとしており、「持続的発展」および「環境共生都市」がキーワードとなっている。市条例はその前文に「かけがえのない地球を守り、恵み豊かな環境を保全しながら将来の世代に引き継ぐことは、わたしたちの願いであり、また責務である。わたしたちは、市、市民、事業者のすべてのものの協働による循環を基調とする社会の形成により、自然と人間とが共生し、持続的な発展が可能な都市・久留米を実現していくことを決意し……条例を制定する」としている。また、久留米市環境基本計画は「めざすまちの姿」を「環境が守られ、緑があふれ、活力に満ちた、心の豊かさが保たれたまち」としている。こうしたことを基本的な認識として環境の保全に協働する協定締結が進められているとみることができる。

環境保全協定から環境共生都市づくり協定へ

　1999年制定の市条例に、市と事業者が協働して環境保全・創造活動のための協定締結を行うと規定したことについてであるが、地方環境基本条例にこうした規定を設けることは一般的なことではない。久留米市条例の協定締結の規

定は約 30 年さかのぼる「環境保全協定」(1973 年) の存在があったと考えられ、以下のような経緯があった。

1960～1970 年代に日本全体で公害問題が極めて大きな社会問題となっていたのであるが、同時期に久留米市内においても環境汚染をめぐる紛争があった。久留米市史によれば、1967 年に、高良内町・鍛冶山の旧鉱山 (稼働していたのは明治末～大正初期) の一帯の採掘出願がなされたことに対して反対運動が起こり、6 年後に出願が取り下げられ、旧鉱山にかかる鉱滓等の流出防止対策および酸性水の中和対策等が 1976 年に完成した事例があった。(久留米市 [1990])

1961 年に操業を始めた三光化学 (後に三西化学) の農薬 (PCP：ペンタクロロフェノール) が複数回にわたって飛散するトラブルが起こった。1963 年 12 月に地元住民の訴えに対応して、福岡県衛生部と地元住民の間で覚書が交わされ、工場の事故等による薬物の飛散があった場合には操業を中止させるなどとした。1963 年～1972 年に福岡県が健康影響を懸念する住民の訴えに応えて 5 回にわたって住民検診を行ったが、調査結果は工場に起因する健康被害は認められないとした。ところが 1972 年に、別の医師等により住民検診が行われ、工場の影響が認められるとし、PCP 等が検出された井戸水使用者が高い比率で農薬中毒の指標値を示したとされた。このことについて 1973 年に福岡県は統一見解を発表し、この住民検診結果は全体像を論理的に科学的に矛盾なく証明しているとは考えがたいとした。この後、1973 年に住民 2 家族 10 人が原告となり、被告 (三光化学、三西化学および親会社の三井東圧化学) を相手取って提訴し、工場の操業は 1983 年に停止されたが、訴訟は 1999 年の最高裁判決まで争われ、地裁・高裁・最高裁ともに原告側が敗訴した。(久留米市 [1990] [1996]) (三西化学裁判資料集 [2000])

1972 年に市内・合川町の市ノ上地区において井戸水の黄変が起こり、7 年前まで操業していたメッキ工場の跡地の一部に黄褐色の土の露出が見つかった。工場跡地周辺の井戸水から六価クロムが検出され、中和剤の注入等の無害化工事が行われた。1973 年には井戸水の使用者についてクロムの影響に関する健康診断が行われ異常がなかったとされた。その後、1975 年に全国的に六

価クロム汚染問題が社会問題化したことにより、この地区における健康影響の懸念が再燃したが、住民の再検診が行われて異常のないことが確認された。(久留米市［1990］)

こうした経緯にみられるように1963年～1975年にかけて三光化学(三西化学)およびメッキ工場跡地に係る環境汚染健康影響を懸念して、住民検診が繰り返して行われた。両方ともに一度は影響がないとされた後に懸念が再燃するなどにより、筆者が把握したところでは、前者については6回、後者について2回、計8回にわたって住民検診が行われた。どの検診結果についても環境汚染による住民健康影響はなかったのであるが、地域に大きな心配を投げかけて関心を集めたできごとであったとみられる。

一方、環境に係る市民運動もみられた。市の中心部を4kmにわたって流れる池町川について、1968年から「池町川を美しくする会」による活動が行われて、筑後川からの清水導入を実現(1982年)して清流を取り戻した事例があった。また、合成洗剤の問題について、1974年に「久留米市内を流れる川を美しくする会連合会」が設立されて合成洗剤による汚濁を問題視するようになり、1978年に「久留米市衛生組合連合会20周年大会」は「合成洗剤追放」を決議するなどの活動を行い、1980年代にかけて活動は市民・市民団体・市議会・市行政などの幅広い参加を得て続けられた。(久留米市［1990］)

こうしたことから、久留米市においては1970年代前半に公害に対する関心が高かったと考えられ、久留米市政において3つの環境保全のための動きがあった。

第1には1972年1月に公害対策審議会を発足(1973年の環境保全基本条例制定後は「環境保全審議会」)させて、4月に公害に対する「本市の公害対策について」諮問し、同年9月に答申を得ている。答申は、「生活環境保全を最重点施策とし、特に市長が標榜する『水と緑の人間都市久留米』実現のため……快適な市民生活ができるようにつとめなければならない」として、公害規制、自然保護等を担当する環境局(部)の新設、職員の増強、公害測定機材の整備、予算措置、公害センターの新設等を答申した。筆者の確認した限りでは、この審議会の発足・諮問・答申は久留米市政が環境保全に動き出した最初

のできごとであったとみられる。(久留米市 [1990] [1996])

　第2には環境保全協定の締結であった。1973年9月に久留米市は3つのゴム会社（日本ゴム、月星化成およびブリヂストン）と「環境保全に関する協定」を締結した。協定は13条からなり、公害発生を未然に防ぎ、公害防止計画をもとに推進することを基本とし、公害対策、工場緑化、下請け企業に対する責務、市の立入検査などを約定した（久留米市から提供を得たA社との協定による）。なお、これらの3社は前述した住民検診事案に至るような環境汚染問題を抱えていたわけではない。しかし、1960年代以降、環境汚染をめぐる紛争等があり、1970年頃から公害監視を徐々に拡充し、把握される環境汚染の実情は、二酸化硫黄汚染について環境基準に不適合がみられ、池町川の生物化学的酸素要求量（BOD）は数十ppmに及んでいた（久留米市 [1976]）。「汚染の実態調査を行っていく中で、予想以上に環境悪化が進んでいることや、井戸水から六価クロムが検出される事件の発生などがあり、改めて地元企業と公害対策を協議する必要が生じて……」（久留米市 [1990]）協定締結を進めたとされている。久留米市はその後も他の事業者（製造業）と協定を交わし、1999年11月までに64社と協定を交わしたのであるが、これらの各社についても、個別に環境汚染問題を有することを理由とするものではなかった。（久留米市 [1990]）

　第3には1973年12月に環境保全基本条例（旧条例）を制定したことであった。この条例は前文を付しており、「われわれは、自然を尊び、自然の摂理に従い現在および将来にわたって良好な環境を享受する権利を有するとともに、これを保全し、創造し、もって健康で文化的かつ安全な生活を営むために努力する義務を持つ。この認識に立って、わが故郷を真に水と緑の人間都市とするために本条例を制定し、環境保全に係る基本的事項を定める」とした。また、「市民および事業者は、それぞれの立場において相互に連携し、協同して良好な環境の保全と創造のため、自主的に活動しなければならない」（第3条）とした。この点について、当時の公害対策基本法、自然環境保全法にこうした市民・事業者に対する連携、協同（あるいは協働）、自主的な活動について規定していなかったので、当時の環境に係る条例として先進性を認めることができる。し

かし、具体的な施策を規定しないで、「市長は、次の各号に掲げる施策を策定し、より良好な環境の実現に務めなければならない」（第4条）として、公害対策、自然環境保全、都市緑化、河川・池沼の保全、環境保全の思想普及・指導育成などの8項目を挙げるにとどまった。このことは市長に具体的な施策を委ねており、市長が施策として条例の趣旨・規定に沿う64社との協定締結を行うことを可能にしたとみられる。後にこの旧条例を1999年に改定した「久留米市環境基本条例」（新条例）は、「わたしたちは、昭和48年に久留米市環境保全基本条例を制定し、環境保全に係る基本的姿勢を示し、我がふるさとを水と緑の人間都市とするために懸命の努力を続けてきた」（前文）と述べているように、旧条例は久留米市の環境保全の取組みの基盤となり、久留米市（市長）が行う協定締結の後楯となったと考えられる。（久留米市［1973］［1999］）

1999年に旧条例を改正して新条例を制定したことは、国における環境基本法の制定（1993年）および全国の地方自治体による環境基本条例制定の趨勢と軌を一にしている。久留米市の新条例が特徴的であるのは環境保全協定について規定して、市長に事業所と協定締結に努めること、およびその協定に含まれるべき6項目を規定したことである（第19条および第20条）。これは1973年に3事業所と環境保全協定を締結したことを初めとして、長年にわたって環境保全協定締結を市政の重要な政策手法としてきたことを踏襲し、条例に協定締結を規定したと考えられる。

久留米市の環境政策における協定

筆者が久留米市の「環境共生都市づくり協定」について注目するのは、新条例において協定締結が規定されていることであるが、さらにその内容について公害防止、緑化推進、環境負荷の低減、従業員の環境保全活動への参加などを協定するとしていることである。環境負荷の低減に関しては、久留米市は「久留米市地球温暖化対策実行計画（区域施策編）」（2011年10月）を策定し、長期目標（1990年度比80％削減）などを掲げているのであるが、この実行計画においても、市民・行政・事業者の協働の推進のために協定を締結するとしている。温室効果ガスの削減目標に応じて、協定を改定する、あるいは協定に基

づく事業者の環境負荷低減計画の内容の更新を求めるなどにより、市域の温室効果ガスの排出の削減を推進することができる可能性を有している。久留米市の「環境共生都市づくり協定」は、その運用によって、環境保全上の課題である地球温暖化対策、生物多様性保全、循環型社会形成などに、有効に活用することができる政策手段となり得るとみられる。（久留米市 [2011b]）

　1999年の新条例に協定締結を規定したことについて誰が発想し、規定を促したかについて確証を得ることはできていないが、市行政内部であった可能性が高い。その際に、最初（1973年）の3事業者との「環境保全に関する協定」以来の協定（64件）が、市政の環境施策として重要な役割を担ってきたことが念頭にあったものと推定される。旧協定は公害対策を強く意識した内容となっていたとみられるが、現時点では久留米市は地球温暖化対策などの新しい地域課題への取組みを「環境共生都市づくり協定」に託しているとみられる。

　旧協定、新協定ともに法的な根拠や議論を避けた政策手法として選択されているとみられる。旧協定の締結が進められた1970年代に、条例により大気汚染、水質汚濁、騒音などの公害を規制するとすれば、当時整備・強化が進んでいた法規制との整合性を確保するために腐心することとなった可能性が高い。旧協定は公害に係る基準を約定しているが、大気汚染（硫黄酸化物、ばいじん）、水質汚濁（生物化学的酸素要求量など）について、法規制値よりも厳しく約定している（久留米市 [1974]）。加えて事故時の措置・被害の補償、市の立入検査、工場の緑化、下請け企業に対する指導などを求めているが、これらは法的な議論を避けた発想により約定されたとみられる。

　新協定は、新たに省エネルギー、廃棄物の減量などの環境負荷を減らす取組みを求め、製造業だけでなく製造業以外の事業所とも協定を締結してきている。新条例が「事業者と協働して良好な環境の保全及び創造に資する活動を実施するため……」に市長が事業者と協定を締結するとしているように、条例上の現在の協定は協働の手段と位置づけられている。新協定は環境負荷の低減について、条例および諸計画に基づいて市が進める環境保全対策を具体化する政策手法となっていると解される。

　これは筆者の想定であるが、今後も久留米市は「環境共生都市づくり協定」

を環境政策の主要な手法として継続し、これまでの協定の環境保全の枠組を超えて、自然環境保全・共生、「生物多様性地域戦略」策定・実施、快適な生活環境の保全など、また、市民意識の向上と協働などにおいて、事業者との協定にとどまらず、住民組織、民間団体との協定が交わされていくことが期待されていると考える。

【謝辞】　久留米市の環境共生都市づくりに関するこの項をまとめるにあたり、久留米市環境政策課の江頭宣昭氏、山口嘉代氏、長沼正和氏、環境保全課の村上涼二氏、志波貴臣氏にご教示および資料のご提供をいただいた。また、久留米大学藤田八輝先生に側面からご助力をいただいた。
　　ここに記してお礼申し上げます。

【引用文献・参考図書：久留米市協定】
久留米市［1973］：久留米市「久留米市環境保全基本条例 昭和48年12月26日」1973
久留米市［1974］：久留米市「昭和49年度公害の現況と対策」1974
久留米市［1976］：久留米市「昭和51年度公害の現況と対策」1976
久留米市［1990］：久留米市『久留米市史第4巻』1990
久留米市［1996］：久留米市『久留米市史資料編』1996
久留米市［1999］：久留米市「久留米市環境基本条例 平成11年3月31日」1999
久留米市［2000］：久留米市「久留米市環境基本計画 平成12年3月」2000
久留米市［2011a］：久留米市「久留米市環境基本計画 平成23年3月」2011
久留米市［2011b］：久留米市「久留米市地球温暖化対策実行計画・区域施策編」2011年10月
久留米市［2016］：久留米市「環境共生都市づくり協定（更新日2016年9月8日）」
三西化学裁判資料集［2000］：三西化学農薬被害事件裁判資料集編集委員会『(同裁判) 資料集』2000

4　考　　察

4-1　環境保全協定等の変遷と継承
　この一文においては、1950年代から今日に至る7事例の環境保全に関する協定等を取り上げている。第1の事例は、日本で最も早期に交わされたとされ

ている1952年の島根県と2つに民間企業の間の公害防止に関する覚書である。第2の事例は横浜市と電力会社の間で1964年に交わされた公害対策に関する往復公文等、また第3の事例は倉敷市において1971～1973年の間に48事業者と交わされた公害防止協定である。第1の事例から第3の事例に至るまでに約30年間を経ており、その間における公害対策の拡充等を背景として、内容に進展がみられる。第1の事例は主に水質汚濁防止施設の設置を約束するものであった。第2の事例では主に大気汚染対策について、煙突の高さや硫黄酸化物・ばいじん排出濃度などを約束するとともに、事業者が市職員による調査、公害が予測される場合の措置、被害発生時の措置等を容認するものであった。第3の事例では幅広く公害全般にわたる具体的な対策、主要汚染物質の排出総量、新増設時の協議・了解手続など、また協定違反時の施設の操業停止等を約束するものであった。

　第4の事例の環境保全協定は、瀬戸大橋に係る環境影響評価手続を終えた後に、事業者と関係県市町との間で締結された。環境影響評価手続における「評価書」において約束された「環境保全目標」の維持達成および環境管理を確約することを主な目的としている。評価書の環境保全目標については、大気汚染・水質汚濁・騒音の環境基準の他に、自然環境保全・景観保全に係る環境保全目標などが含まれており「環境保全協定」とされた。

　第5の事例は廃棄物処理・リサイクルに関係するレジ袋の削減に係る協定、第6の事例は生物多様性の保全に係る協定、また第7の事例は温室効果ガスの削減などを含む「環境共生都市づくり協定」である。第1～第4の事例は概して事業者側に求められる環境保全のための措置等に関する規制的な約定であったが、第5～第7の事例においては、概して事業者の自主的な対応や協定等当事者の参加・協働に関する約定となっており、1990年代以降の環境政策課題に活用されるようになっていると考えられる。

　1950年代以来にみられる環境保全に係る協定等の経緯は、公害防止協定の締結が盛んであった後に廃れるのではなく、近年においても環境政策課題に応じて社会的な役割を果たしていることを示している。

4-2 首長・行政の関わりと協働等

　地方自治体の首長、あるいはその下で業務を担っていた行政担当者が、協定等を発想し、締結するなどに導いたとみられ、この点は7つの事例に共通している。しかし、第1〜第4の事例と第5〜第7の事例において住民・事業者等の関わりは異なる。

　第1〜第3の公害防止協定、および第4の事例（瀬戸大橋に係る環境保全協定）についてであるが、発想・締結に導いたのは首長・行政であったが、公害を懸念した漁業関係者（第1の島根県の事例）や住民（第2の事例の横浜市の住民、第3の事例の倉敷市の住民、第4の事例の瀬戸大橋の架橋下および道路・鉄道沿道の住民）らが、首長に協定等の締結を促したと考えられる。首長・行政が開発と環境の保全のバランスを確保する政策手段として協定等を締結し、協定等の相手方である事業者は、首長・行政の求めに沿って約定の内容を遵守する義務を負った。

　しかし、第5〜第7の事例において市民・民間団体・事業者等は首長・行政と協働する主体である。第5の事例（レジ袋の削減協定）において、神戸市は事業者の取組みに相呼応するように協定を結び、その後に市民団体の参加も得て協定し、京都市は当初から事業者、市民団体と協定した。第6の事例（長野県の生物多様性保全協定）においては行政が多様な主体に呼びかけて協定等を締結に導き、第7の事例（久留米市の「環境共生都市づくり協定」）においては行政が事業者に呼びかけて協定等を締結してきている。

　第1〜第4の事例と第5〜第7の事例のもう一つの重要な相違は、首長・行政にとって前者は環境の保全と開発のバランスを図る施策であったが、後者は必ずしもそうではないということである。後者のような協定等を締結するという政策は、地域政策の選択肢の一つであって必須ではなく、他に強調する施策があれば優先順位を譲るものと考えられる。第5〜第7の事例のような協定等を締結することは首長・行政が環境保全の取組みを重視するかどうかに委ねられている。

4-3　協定等の役割と性格

協定等が果たしている役割および性格を以下のようにみることができる。

第1の事例の島根県の公害防止の覚書、第2の事例の横浜市の公害防止の公害防止契約（往復公文）は、公害規制がなされていない状況下で公害対策を求めたことを特徴とする。第3の事例の倉敷市における48件の公害防止協定は公害規制の未整備を補完し、また、第4の事例の瀬戸大橋架橋に係る環境保全協定は、環境影響評価制度を補完するように、評価書の環境保全目標の維持達成を求めた。第1～第4の事例にみられるのは、歴史的にみて環境保全の仕組みの構築過程においてそれぞれの時期における社会的な仕組みの未完を補ったとみられる。

第5の事例のレジ袋の削減に係る協定については、容器・包装の回収とリサイクルに係る容器包装法の制度における空隙部分となっているレジ袋の削減の具体的な取組みを行政、事業者、市民団体等が協働で行おうとするものである。第6および第7の事例では、地域における生物多様性保全、温室効果ガス削減等の環境負荷の低減のための施策として社会的な対応の空白部分に新しいあり方を切り開こうとする試行であるとみられる。第5～第7の事例にみられるのは、現在の環境政策課題への社会的な対応の空白を補うような役割を果たしているとみられることである。

協定等の性格として煩雑な手続を必要とせず、迅速に地域社会が取り入れることができることを指摘できる。一般的に条例制定や法施行によって環境保全対策を行うことは手続が煩雑で時間を必要とするが、協定等については関係者が合意しさえすれば短時日で締結が可能である。多くの協定等が締結されてきたのは、協定等が有するこの性格が大きく関係していると考える。過去においては公害対策等において補完が求められる空隙を迅速に埋めることができる協定等が採用されたと考えられ、また、現在においては環境政策の仕組みにおいて地域の施策の余地がある分野を、首長・行政等が環境の保全に配慮した施策を行おうとする場合に、煩雑な手続を要しない迅速な手法として採用していると考えられる。

4-4 協定等の特徴

　協定等の特徴としてあげられる第1の特徴は、協定等が地域の環境政策手法として生き続けていることである。早期に用いられたのは公害防止協定、次いで環境保全協定であったが、協定等の役割は廃れるのではなく、1990年代以降に再構築された環境基本法の枠組においても、第5～第7の事例のように政策手法として用いられて今日に至っている。第1の事例（1952年）、および第2の事例（1964年）の頃に、公害の懸念と開発のバランスに腐心し首長・行政が協定等を発想するに至ったが、その後は協定という政策手法は地方自治体にとって身近で迅速に対応できる政策手段として選択されているとみられる。

　第2の特徴は、協定等における首長・行政と住民・市民の関わりの変化である。第1～第4の事例の協定等について、住民・市民および公害反対運動等は公害を懸念して対応策を求め、首長・行政がそれに応える政策の選択肢の一つとして企業と公害防止協定を結んだ。しかし、第5～第6の事例では、首長・行政は市民・事業者・民間団体等に環境課題に対応するための協働を呼びかけ、協定等に参加を求めるようになった。また、第7の事例では公害防止協定とは異なり、久留米市が進めようとする環境共生都市づくりについて、事業者の自主的な参加を促しているとみられ、第1次環境基本計画が長期的目標の一つに掲げた「参加」を反映している。

　第3の特徴は、協定等は多額の予算措置や職員の配置を要しないこと、首長・行政の決断と関係者の合意調整期間を経て手早く実現していること、また、首長が自らの環境配慮の施策を内外にアピールする手法としてとられているとみられることである。環境基本法等の環境法制および地方環境条例等によって構築されている環境政策の枠組において、行政・首長の知恵と工夫によって、協定等を取り入れることができる隙間となっている分野を見つけて協定等を施策として取り入れているとみられる。

　この一文で取り上げた第5～第7の事例の協定は、公害防止協定、環境保全協定が果たした役割を越えて、環境政策の枠組において協定等の新しい側面を切り開いている。それらはそれぞれの分野の施策の枠組みにおいて主柱となっているとはいえないが、さまざまな主体に参加と協働を促す政策手法とし

て有効に機能しているとみられ、首長・行政による創造的な取組み、地域のさまざまな主体による取組みに活用することが可能な政策手法である。

第4章

島根県と2つの民間会社の覚書

1 はじめに

　公害防止に関する協定等の事例として日本で最初のものとされるのは、1952年3月に島根県が山陽パルプ江津工場、大和紡績益田工場について提出を得た「覚書」であるとされている。(工業立地センター［1970］)

　覚書が提出される約1年前の1951年に、島根県西部の両工場はそれぞれに戦前からの工場用地に新たに工場を新設するとして建設に着手した。江津町（現在の江津市）の山陽パルプ江津工場はパルプ工場を、また、益田町（現在の益田市）の大和紡績益田工場はレーヨン工場を新設しようとした。これらに対して漁業関係者が水質汚濁を懸念して反対運動を行うようになった。一方、当時の社会経済の状況として、地方行政にとっては工業誘致により雇用の確保と経済の振興を図ることが求められていた。

　島根県は水産業の保全と工業の振興を確保する対応を模索して、専門家に技術的な対応の可能性を聞き、廃水浄化に一定の効果が見込まれるとする廃水処理施設設置の提言を得た。その提言を基本とし、島根県は2つの工場に対して、専門家の意見に基づく廃水処理施設の設置を受け入れるとともに、試験操業によるその性能の確認を本操業開始の条件とし、本操業後について実害等の発生時の対応を明確にするなどを約束する文書の提出を求め、工場側がそれに応じて、1952年3月に文書が提出された。この文書の提出に至る経緯、背景および内容等を検証した。

なお、この一文は2013年に講演会資料として発表した（井上［2013］）内容を補完したものである。

2　覚書提出に至る経緯等

2-1　山陽パルプ江津工場と大和紡績益田工場の沿革

　覚書は1952年3月18日に、山陽パルプ（株）江津工場および大和紡績（株）益田工場について、それぞれ企業から島根県知事に提出された。2つの工場の沿革は以下のとおりである。

山陽パルプ江津工場

　この工場の前身は、第二次世界大戦前の1936年に島根県江津町（現在の江津市）に立地決定後、レーヨン、紡績工場を操業した日本レーヨン（株）である。戦時中に化学工場に転換して島根化学（株）となり、戦後も操業していたが、1951年に山陽パルプ（株）と合併し、同年に新たにパルプ工場の建設に着手、1952年から山陽パルプ（株）江津工場の操業を開始した。このパルプ工場について企業側が島根県知事に公害対策等に関する文書を提出した。日本製紙江津工場を経て、現在は溶解パルプ等を生産する「日本製紙ケミカル（株）江津事業所」である。（江津市［1982］）（日本製紙［1998］）（日本製紙ケミカル［2012］）

大和紡績益田工場

　この工場の前身は、1936年に立地・操業した出雲製織（株）石見人絹工場である。1941年に3社合併により「大和紡績」となった後、戦時中に人絹工場の操業を中止、化学兵器工場として操業を行おうとしたものの水害により操業が不可能となった状態のまま終戦を迎えた。戦後、松根油などを生産する工場として操業を行うようになった後、人絹工場として復活させたいとの構想により、1948年に設立された島根レーヨン（株）に設備が譲渡され、1950年に大和紡績が引き継ぎ、1951年に設備の復元に着手、1952年からレーヨン工場

の操業を開始した。この工場について企業側が島根県知事に公害対策等に関する文書を提出した。現在はレーヨン生産を行う「ダイワボウレーヨン（株）益田工場」である。（益田市［1978］）（大和紡績［2001］）

2-2　漁業関係者による反対運動

　2つの工場の建設・復元工事が始まった1951年に、主に水質汚濁による水産業への影響を心配して漁業者らによる反対運動が繰り広げられるようになった。

　1951年5月30日の新聞記事に、小さな記事ながら島根県漁協組が県知事および水産部長に、魚の死滅、微生物の死滅による回遊魚の減少を心配して、山陽パルプ・江津工場の廃液処理の徹底を要望したことが報道されている。（朝日新聞［1951c］）

　同じ頃に、鳥取県側の米子市に日本パルプの工場建設が進められていたことについて、島根県八束漁業協同組合が水産業への影響を心配して「日本パルプ米子工場設置反対同盟」を結成し、反対運動を行っていた。1951年6月7日には、松江市内で約120名がデモ行進を行い、県庁で知事代理・漁政課長と会見し、工場の設置に反対することを表明した。これに対して島根県は、島根県の美保湾、島根半島、中海・宍道湖一帯の漁業に相当影響があるものと考え、また、島根県江津への工場立地にも関係して調査・研究中である、と話している。（島根新聞［1951b］）（中国新聞［1951a］）

　7月14日に県知事、県の関係部長、約150名の島根県・鳥取県の漁業関係者らが、島根県議会議事堂に集まり、「日本パルプ米子工場廃液対策協議会」が開かれている。この席で日本パルプ米子工場について、廃液処理が確実に行われることを両県知事が監督すること、廃液の100％処理を行うべきこと、廃液被害の少ない倉吉以東の海岸部に（工場を）移転すべきことなどの強硬な意見があったことが報じられている。また、この会に当時の政府の専門家である柴田三郎氏（以下「柴田氏」）（補注1）を招いており、同氏は日本パルプのみでなく、山陽パルプ江津工場などにも関連して調査を行い、魚族に影響を与えない程度に処理は可能であること、廃液にまったく有害物を含まないとの会社

側の言分は通らないことを説明している。(中国新聞［1951b］)

　7月18日に、県議会で議員(安倍伊勢太郎氏)が「パルプ工場……の廃水の問題……について……柴田博士を招聘……調査研究した筈で……報告願いたい……パルプ工場(は)……害悪の甚大なということは……過去の事実……危惧をもっておるため……報告願いたい」と質問した。これに対し知事は「柴田博士にこちらに来て頂き……説明を聞いてみますと、決して安心できないような事実を伺った……柴田博士に、並びに水産委員(筆者注：県議会水産委員会委員と考えられる)の方々に(山陽パルプと大和紡の工場建設の)現地に行って貰い……話し合いをして頂き……両会社とも柴田博士の指導によって、廃液を処理するということを約束された……(その)約束を、文書をもってする……話し合いがついておる」と答弁している。(島根県議会［1951a］)

　11月の時点で山陽パルプ江津工場について建設が進んでいると報道されており、12月には島根県水産部が江津工場の影響についてノリ、ワカメなどが死滅する、江の川の河口が汚染されるのでアユが全滅する、日本パルプの影響についてエビ、タイ漁がだめになる公算が強い、放漫なパルプ工場進出は山林の濫伐とともに被害が極めて大きいと言及したことを報道している(朝日新聞［1951d］［1951e］［1951f］)。島根県議会は5名の議員による調査団を宮崎県、熊本県、山口県の3つの製紙工場に派遣して調査し、議員らは工場廃液が原始産業(水産業)に与える影響は極めて大きい、浄化施設については特に慎重な検討が必要、浄化施設を完備しない工場は極力設置を阻止すべきであると報告した(島根新聞［1951c］)。

　12月16日に邇安地区漁民大会が開かれ、島根県側が浄化装置完全化により被害を食い止めるとの方針を説明し、これに対して漁業関係者が廃液処理に強い不信感を示し、工場設立絶対反対の主張を貫徹する旨の宣言決議を行い(島根新聞［1951d］)、30日には関係者26名が工場を訪ねて工場設置反対を訴え、工場建設部長は建設中止できないこと、廃液処理に注意し影響を及ぼさないようにすると答えている(島根新聞［1951e］)。同日、邇安地区漁業関係者は江津町長を訪ねて工場設置反対を陳情した(同)。12月24日、江東村(現在は江津市)議会は、山陽パルプ江津工場が廃液処理施設を備えるまで操業開始に

反対する、との趣旨の村議会決議を行っている（江津市［1982］）。

1952年1月～2月にかけて、島根県議会に5件の陳情が寄せられている。江川漁協理事長は工場設置に絶対反対、問題を惹起しないよう善処を求めるなどを陳情しているが、これは江の川河口の山陽パルプ江津工場によるアユ漁等の江の川内水面漁業への影響を懸念したものとみられる。那賀郡漁業協同組合連合会長、邇摩郡町村会長も山陽パルプ江津工場の廃液を懸念して陳情している。工場廃液被害対策美濃郡協議会委員長も廃液処理について陳情しているが、これは大和紡績益田工場の廃液を懸念したものとみられる。もう一つの陳情は、大社町内のパルプ工場の廃液が大社湾内に流入して漁業に甚大な被害を与えているので適切な方途を講じてほしいとするものである。（島根県議会［1952a］）

当時、山陽パルプ江津工場、大和紡益田工場、大社町のパルプ工場、および隣県の米子市立地の日本パルプ米子工場の廃液が心配されていたのであるが、朝日新聞の報道によれば、それらに加えて、内水面の斐伊川と支流の流域に立地するパルプ・製紙・砂鉄採取の4事業場の廃水による問題が顕在化していた（朝日新聞［1952b］）。

3月頃までの間に、県、漁業関係者、および工場の間で接触が続いたものと考えられる。1月15日の新聞報道は工場側が廃水処理を検討していることを報じ、また1月19日の報道は知事名で覚書を手交すると報じられている。1月29日には「第1回島根県水質汚濁防止対策協議会」が開かれ、県知事・県関係者と約40名の漁業関係者が出席した。この席で知事がパルプ工場による実害を認識しているものの2つの工場の稼働に当たっては廃液処理施設を完備する、最悪の場合には汚水の流入を中止させると説明し、一方、漁業関係者は廃液処理に懸念を示した。最終的に邇安地区の漁業関係者を除いて、工場設置に反対しないこと、完全な廃液処理を要望すること、知事の施策を信頼して汚水防止に万全を期すことを申し合せた。（島根新聞［1952a］）（朝日新聞［1952b］［1952d］）（中国新聞［1952a］）

3月16日、工場の操業開始の直前の段階で、最後までパルプ工場の操業に反対していた邇安の漁業関係者が知事と会ったと考えられる。3月17日、知

事が「昨日も邇安の漁民の代表者の方々が……来られまして……会社が誠意を以てこれが施設をなし、また廃水の処理を行うよう会社に強く知事が要望する……ことを考えて自分たちはこの問題をしばらく静観し知事に一任するというような申し出を頂いた」（島根県議会［1952b］）と答弁している。

2-3　覚書提出に至る経緯

1951年7月18日、県議会で議員が廃液問題を指摘・質問し、知事が、パルプ工場、人絹工場の廃液処理問題が大きな問題となっていること、廃液処理を行わねば漁業に悪影響を及ぼすこと、日本パルプの関係者と廃液処理について意見交換をしていること、パルプ工場・人絹工場の廃液について専門家である柴田氏の意見に沿って工場側と文書をもって約束を交わすことなどを答弁している。（島根県議会［1951a］）

11月21日には島根県議会が「工場廃液の汚濁防止の措置に関する勧告」を行っている（補注2）。それによれば、パルプ工業、人絹工業の2つの関係会社に、柴田氏の指導を全面的に受け入れて実害を完全に防止しようと努力していると聞いているが、漁民の深刻な不安を一時的ないいのがれで始末するのではなく、良心的に受け止め工場側・漁民側の共存共栄の実をあげ得るよう誠意を以て善処するよう求めている。なお、島根県議会は水質汚濁防止法の制定を求める請願（陳情）を同時に行うことを決議している（補注3）。（島根県議会［1951b］）

県議会の動きに呼応するように、12月6日、県知事が「大社町朝日パルプ、山陽パルプ江津工場、米子日パル、益田大和紡の4工場に浄化施設について勧告した」（島根新聞［1951c］）と報道されている。なお、この勧告については島根県に問い合わせたところ、文書の存在が確認できない（2012年11月14日島根県から筆者宛の通知による）とのことであった。

12月10日に、4名の県議会水産委員が宮崎県（日本パルプ日南工場）、熊本県（十条製紙坂本工場、球磨川上流）、山口県（山陽パルプ岩国工場）の工場を視察した結果を県議会議長に報告している。廃液による影響は極めて大きく浄化施設について慎重な検討が必要であり、浄化設備を完備しない工場

は極力設置を阻止すべきである、などとした（島根新聞［1951c］）（朝日新聞［1951g］）。

　12月下旬に、島根県が「汚水対策本部」（後の報道における「島根県水質汚濁防止対策本部」と解される）を設け、22日に第1回委員会が開催され、県として操業開始までに基本調査を進め、対策に万全を期するとした。副知事が「工場の設置は大いに歓迎したいところだが、廃液の問題で……漁業とカチ合うということであれば、工場側にも害毒を流さぬよう十分な設備を望まねばならぬ……影響が……はっきりしないので、調査のうえ設備、補償などの点で双方が納得出来、成立つような線を考えたい」（朝日新聞［1951h］）とした。一方、2工場（山陽パルプ江津工場と大和紡益田工場）はともに廃液問題で地元民の強い反対があるものの、工場建設を進めており、4月に操業を開始すると報道されており、1952年1月中旬に企業側関係者（取締役）が、専門家・柴田三郎氏の研究を取り入れて廃液処理を行う、漁業者に迷惑をかけない、万一実害があれば必ず補償を行うと語ったことが報じられている（朝日新聞［1952a］）（島根新聞［1952a］）。

　1月17日、島根県が水質汚濁防止対策本部において覚書を決定し、同日の県議会水産、経済両委員会の了承を得たので、近く知事名で正式に企業側に手交する（筆者注：企業側から提出を求める「覚書」の案を提示したものと考えられる）と報道された。7項目からなる覚書の内容が報じられており、後述するように後に最終的に覚書として提出される内容と比べて一部が異なるものであった。（朝日新聞［1952b］）

　江津町議会は、7名の議員を町助役とともに山陽パルプ岩国工場に派遣し、1月24日に訪問団による報告を発表した。海草、貝類への影響は判定できないが、魚類に及ぼす影響はさほど深刻とは思われない、（山陽パルプの）岩国工場の実態と江津工場を同一視して判断することを避けねばならない、会社の廃液処理を信頼してその結果による行動が望ましいなどを報告した。これは筆者の考えであるが、この訪問団報告は工場側に好意的であり、それは工場立地の地元であったことによるとみられる。（島根新聞［1952b］）

　前述のとおり1月29日に、県知事・県関係者と約40名の漁業関係者が出

席して「第1回島根県水質汚濁防止対策協議会」が開かれ、山陽パルプ江津工場の廃液への漁業関係者の懸念に対して、知事は「他のパルプ工場で実害があったということはもち論認める。ただ山パル江津工場の場合は柴田博士の設計どおり施設を完備するとの誠意ある回答を得ており、覚書にもその点をうたっている。山パルは全国のパルプ工場のサンプルとなると思っている」(島根新聞［1952c］) と説明し、また、万一最悪の場合には漁業調整規則により汚水の流入を中止させることができるので漁民保護対策に万全を期する、とも答えている。大和紡益田工場の廃液への漁業関係者の懸念に対して、知事は「(大和紡益田) 工場も廃液処理施設には如何なる犠牲でも拂うとの誠意をみせており、県でも山パル同様覚書を交換する」(島根新聞［1952c］) と説明している。この協議会において、邇安地区を除く漁業関係者は知事の施策を信頼するとした。(島根新聞［1952c］)(朝日新聞［1952d］)(中国新聞［1952a］)

2月3日に柴田氏による廃液処理に関する説明会が開催され、知事・県担当者、工場関係者および漁業関係者が出席した。柴田氏は廃液処理施設により被害をかなりの程度防げるとする趣旨の説明を行った。同様の説明は2月4日に江津町において、5日に益田町において行われた。新聞報道によればこの時点で柴田氏から「廃水処理工程図」が示されている。(島根新聞［1952d］［1952e］)(中国新聞［1952b］)

3月17日に、県議会で議員 (清水秋作氏) が「山陽パルプ工場廃液処理問題をめぐり……工場設置絶対反対の猛烈な運動が起こっている……(行政内部の) 水産部と経済部との意見の対立 (筆者注：水産被害を懸念する水産部と企業立地を推進する経済部の対立) が起こったことも報道され……漁民の納得するところとなっていない」(島根県議会［1952b］) と指摘・質問した。これに対し知事は「山陽パルプ廃液問題……益田の大和工場の廃液につき……漁民の方々のご心配…… (が) あります……只今全力を儘して会社に対して折衝をいたしている……一両日中に会社側からも覚書を入れて頂くような解決ができると私は期待をいたしている」(同) と答えている。覚書は1952年3月18日付けで提出された (工業立地センター［1970］)。

3　覚書の内容および廃水処理

　覚書について島根県に問い合わせたところ、文書の存在が確認できないとのことであった（2012年11月14日島根県から筆者宛通知）が、1970年に発刊された雑誌に、1952年3月18日付けで山陽パルプ（株）から島根県知事に提出された主文と7項目からなる「覚書」が掲載されており、大和紡績（株）から同文の「覚書」が提出されたとされている（工業立地センター［1970］）（「覚書」について補注4）。なお、覚書の内容について3月21日の島根新聞、23日の中国新聞に報道されており、両報道と雑誌に掲載された「覚書」はほぼ同じである（島根新聞［1952f］）（中国新聞［1952c］）。

　覚書は2つの工場に係る企業の社長名で島根県知事宛に提出された。主文は工場側が島根県および専門家（柴田三郎氏）の意見に基づいて漁業に影響を及ぼさないよう設備を完備し、損害賠償するとし、7項目を確約するとしている。

　廃水設備の設計・施工および本操業について、専門家（柴田三郎氏）、または県指定の技術者の意見・指導にしたがうこと（第1項目）、試験操業において廃水浄化で所期の水質を得ない場合には本操業をしないこと（第2項目）としている。本操業後に、浄化が不十分のままで廃水した場合には、所期の水質を得るようにすること（第3項目）、知事が廃水調査委員会の実害判定の結果に基づいて勧告した場合には実害がないようにすること（第5項目）、実害が生じた場合には補償委員会の結論に従って補償すること（第6項目）としている。

　3つの委員会について明記している。知事、県議会議長、漁民代表2名および会社側代表2名により構成し、廃水調査委員会を決定し（筆者注：この「決定」は「任命する」あるいは「指名する」などの意味と解される）、廃水調査委員会に意見を述べる廃水処理対策委員会（第4項目、第7項目）、廃水水質と実害の判定を行う学者・技術者からなる廃水調査委員会（第4項目、第5項目）、実害について結論する島根県および利害関係者からなる補償委員会（第6項目）である。

この覚書について、1月19日の朝日新聞の報道によれば、知事による操業停止の勧告とそれに従うとの項目があった（朝日新聞［1952b］［1952c］）。しかし、覚書を報道した3月21日の島根新聞は「当初案では『実害判定の結果、知事より操業停止勧告を受けたときはそれに従うこと』という1項目があったため工場側では強く反対してまとまらなかった」（島根新聞［1952f］）としている。最終的に実害発生時に操業停止するとの約束はなされなかった。

　廃水処理について、1952年2月3日に、柴田氏が島根県庁を訪れて廃液処理に関する研究結果を発表している。新聞報道には「廃水処理工程図」が図示されており、同氏が図を示して両工場で採用するべき廃液処理方法を説明したものと考えられる。推奨された廃液処理は、山陽パルプ江津工場に対しては、散水濾床による生物化学処理工程と石灰乳等を注入・中和した後に沈殿処理を行う工程を組み合わせ、小石を9尺程度重ねた濾過槽に廃水を散布・濾過して含まれる腐敗性物質を生物処理した後、石灰乳で中和・沈殿槽で沈殿物を除去、排水するものである。柴田氏はこれにより排水先の溶存酸素への影響を避け、廃水中の短繊維を沈殿除去できる、「科学者として被害を完全に除去するとは言い切れないが……生物化学処理と薬剤処理の二本建でゆけば被害は80～90％まで防止できる」（島根新聞［1952d］）、一方、大和紡益田工場については散水濾床による生物化学処理を行う廃水処理方法を示し、「被害は最少限度にくいとめられる」（島根新聞［1952d］）（中国新聞［1952b］）とした。

4　社会経済的な背景

　1951～1952年当時、日本経済は戦後復興の過程にあり、特に朝鮮戦争の最中にあり好景気下であった。山陽パルプ江津工場は「潤沢な工業用水と中国山地に生育した豊富な原木を原料にレーヨンやセロハンさらに合成糊料の溶解パルプを主力製品に……年産3万トンで生産を開始……」（日本製紙［1998］）した。なお、隣県の鳥取県米子市に立地し、島根県側の漁業関係者も反対運動を繰り広げた日本パルプ米子工場においても、1952年11月の操業開始時には人絹パルプ製造工場として稼働している（王子製紙［2001］）。大和紡益田工

場は1952年に、スフ（筆者注：ステープルファイバーの略。長繊維のレーヨンを切断して短繊維にしたもの）を日産10トンで生産開始したが、「1950年10月に、GHQ……によって化学繊維製造設備の制限が撤廃され……紡織の設備復元もほぼ目標を達成しており……化繊設備の復元をなしうる十分な体制ができていた……」（大和紡績［2001］）状況にあった。

1951年当時、島根県内では企業誘致を推進する機運にあった。島根新聞はその社説で「有力な工場を誘致するのは県および市町村にとってよろこぶべき……パルプ会社がこの地方に続々と工場を持つこと、もとの大和紡績石見工場が大和紡績益田工場として復活するのは期待すべき」（島根新聞［1951a］）と述べている。江津町は工場誘致のための町条例を制定しているが、この条例については「県の呼びかけに応えて……町条例をつくり……新工場に対しては向こう3カ月間固定資産税をとらない……パルプ工場（に）……新条例を適用……」（朝日新聞［1951a］）するとした。なお、少し後の1954年に、益田市も「益田市工場設置奨励条例」を制定している（益田市［1978］）。県においては「工業立県の推進策として松江、浜田、江津、出雲、安来、江津、益田……に工場誘致条例の設置を勧告……」（朝日新聞［1951b］）していた。1951年7月の県議会で知事が工場誘致に最大の努力を払い県民所得の増加と近代工業の振興を図ることを表明し、11月県議会において「島根県工場設置奨励条例」が可決・制定されている。（島根県［1951］）

当時、国の法令による公害規制はなされておらず、地方都府県において公害防止のための条例が制定され始めていた。1949年に東京都工場公害防止条例、1950年に大阪府事業場公害防止条例、1951年に神奈川県事業場公害防止条例が制定された。しかし、公害防止条例が多くの地方自治体に波及するのは、1950年代後半以降、島根県が公害防止条例を制定したのは1970年であった。（森［1970］）

1949年に、GHQの求めに応じて環境保全対策のために政府内で「水質汚濁防止法案勧告（案）」がまとめられたが産業界、関係官庁の反対によって実現しなかった。1951年に「水質汚濁防止に関する勧告（案）」が用意され、曲折を経て「水質汚濁防止法の制定を勧告する」とされたが、実現に至らなかっ

た (平野 [2005])。1955 年に、厚生省 (当時) が「生活環境汚染防止基準法案」を作成・公表したが関係省庁、産業界、一般世論は時期尚早として反対し、1957 年にも厚生省が手直ししたものを提示したが理解が得られることなく、法制定は実現しなかった (橋本・蔵田 [1967])。国における水質汚濁防止に関する公害規制法が制定されたのは、1958 年の水質保全法 (公共用水域の水質の保全に関する法律) と工場排水規制法 (工場排水等の規制に関する法律) であった。この2つの法律は、同年6月に本州製紙 (株) 江戸川工場に係る水質汚濁被害に抗議して、東京湾の江戸川河口周辺の漁業関係者が同工場に乱入する事件が発生したことを契機に制定されたものであった。また、大気汚染に関する公害規制法としては、1961 年の四日市喘息の発生を契機に、1962 年にばい煙規制法 (ばい煙の排出の規制等に関する法律) が制定された。これらの法律は実効性に乏しく後に廃止され、実効性のある公害規制が行われるようになったのは、1967 年の公害対策基本法制定後に、公害規制諸法が制定・拡充された後である。

5　公害防止の協定等と島根県に提出された覚書

5-1　日本における公害防止協定等

1970 年に発刊された「公害防止協定事例とその分析」(商事法務研究会 [1970]) は、1952 年3月〜1970 年6月までの間に締結等がなされた 88 事例 (一つの事例に複数の協定等を含むものが多いので、実際の協定等の数は 88 を大幅に超える) を取り上げている。同書は「公害防止協定とは、地域内に立地する、あるいは立地しようとする企業と、その企業の操業によって被害を受けている、あるいは受ける可能性のある住民 (その代表的権限と任務を有する地方公共団体の長) との間に、公害の防止を主目的として締結された協定」(同) としている。この中で最も早期のものとして収載されている事例が、1952 年3月の島根県と2つの工場 (山陽パルプ江津工場と大和紡績益田工場) に係る覚書で、「公害防止協定の範疇に属するもので、最も古いとみなされる事例……企業が地方公共団体に対して覚書の内容を遵守する旨誓約したもので、その第

一の柱として公害防止のための対策が掲げられている……（従前からの）補償協定書とは趣を異にしている」（同）とされている。

同書によれば、「（この島根県の事例の）後は、昭和39年12月に横浜市の1ケースがあるまで……締結されてはいない……（昭和）40年が6ケース……42年に……4ケース……43年になって16ケース、44年は28ケースと急激に締結件数がふえている」（同）。

「昭和47年版環境白書」は「公害防止協定は、昭和27年に島根県で初めて締結され、その後（昭和）39年12月横浜市と電源開発（株）との間で結ばれた協定が『横浜方式』として一つの典型となったが、これにならって……（協定締結が）全国的にポピュラーなものとなった」（筆者注：1964年12月に横浜市と電源開発（株）の間で交わされたのは往復文書である）とし、公害防止協定を締結している地方自治体は30都道府県、256市町村、相手方企業数は1,708企業としている（環境庁［1972］）。1970年代半ば以降においても協定数は急増し、1975年10月に協定の相手方が8,923事業所に（環境庁［1976］）、1990年9月末に有効協定数が35,256件（環境庁［1991］）になった。

環境保全に係る協定・覚書等は、公害対策だけでなく、自然環境保全、レジ袋削減、生物多様性保全、温室効果ガス削減などにおいても用いられる政策手法となっている（このことについては本書の「第3章」を参照されたい）のであるが、島根県に提出された2つの工場に係る覚書は、今日まで続く地方自治体、事業者、その他の関係者の合意による地域環境保全の重要な政策手法の最初の事例であった。

5-2　島根県の覚書の背景等

1952年に島根県に提出された民間企業2社の覚書については以下のようにみることができる。

第1に覚書の背景についてであるが、前述のように、漁業関係者は水質汚濁による漁業への影響を懸念してかなり強力な工場の操業反対運動を繰り広げた。当時すでに県内のいくつかの工場廃液をめぐる実害が知られていた（朝日新聞［1952b］）ので、漁業関係者は強く新工場の廃水を懸念した。一方、島根

県および江津町・益田町（当時）は企業立地を望んでいた。企業側は前面に出てくることは少なく、企業誘致を進めたい島根県が、主に漁業関係者と対峙して問題の収拾にあたっている。最後まで工場の操業開始に反対した一部の地域の漁業関係者が、1952年3月に最終的に覚書の提出を得ることを前提に、「知事に一任」（島根県議会［1952b］）し、工場の操業が地域に受け入れられた。これらのことから、覚書がかなり厳しい対立関係にあった利害関係者の間を取り持つ合意手段として有効に働いたことが知られる。

第2に覚書の内容についてであるが、島根県が、廃液処理の技術的な専門家である柴田氏の意見・推奨を得て、山陽パルプ江津工場に対しては、散水濾床による生物化学処理と中和・沈殿処理を組み合わせた処理を、また、大和紡益田工場に対しては散水濾床による生物化学処理を行う廃水処理方法を導入することを求めた。柴田氏が、完全とは言えないが被害を80〜90%防げる（島根新聞［1952d］）としたように、廃液処理を施さない場合に比べて効果があったものと考えられる。また、これは筆者の想像であるが、柴田氏が科学者として当時において導入・実用可能な技術として推奨したものと考えている。

第3に廃液処理の実効性の確保と被害補償について、本操業前の試験操業において所期の廃液の水質を達成できない場合には本操業をしないこと、操業後に所期の水質が確保できない場合には追加した処理方法をとること、実害に対して補償を行うことを明記している。また、覚書の運用に関する廃水処理対策委員会、廃液水質に関する廃水委員会、実害に関する補償委員会の3つの委員会を明記している。

これらのことから、覚書が環境保全のための廃水処理の実効性の確保、実害発生時における補償等の対応、覚書の運用のための3つの委員会の設置とそれぞれの役割等を含み、今日において一般的に公害防止協定等とされるものに相当するものであった。（財）日本工業立地センターは「公害防止のための対策、実害が発生した場合の原因排除のための対策、損害を与えた場合の損害の補償についての段取り、が三本柱となっている……公害対策、実害判定、補償額の算定をそれぞれ第三者主体の専門委員会に委ねて、企業はその指示に従うことを明記している点で、当事者間の力関係から脱却しており、以後の公害防止協

定の一つの範を示している」(工業立地センター [1970]) としている。

5-3　覚書と機能

取り上げた島根県に提出された2社の覚書は、「公害防止協定の範疇に属するもので最古の例」(工業立地センター [1970]) とみられるが全国に喧伝されることはなかった。12年後の1964年に横浜市と電源開発(株)が公害防止に関する往復文書を交わし、さらに横浜市はその他の立地企業と相次いで同様に約定してその取組みは「横浜方式」として広く知られるようになり、協定等が全国の地方自治体と事業者の間の環境保全上の取り決めとして活用されるようになった。島根県と横浜市の事例の相違について、原田氏は「(島根県の事例が)公害防止協定の先駆といえるが、廃水処理の完備と損害発生時の補償方法を定めるのみ……(横浜市の事例は)総合的な公害防止対策を取り決める……真の先駆をなすもの……」(原田 [1972]) としている。島根県の事例が、公害対策という概念が希薄であった1950年代初に、企業立地と水質汚濁対策の両立を模索して慌ただしく取り交わされたものであることを勘案すれば、1960年代半ばの横浜市の事例は公害対策における社会的な発展とみることができるものと筆者は考えている。

1952年の島根県の覚書の時期に、公害防止のための協定等は、社会的に、あるいは行政関係者に知られてはいなかったが、為政者が知恵を絞って思い至る政策手法であったと考えられ、後に1964年の横浜市と電源開発(株)との公害防止に関する往復文書が喧伝されて広まったのであるが、島根県の覚書が横浜市の往復文書に影響を与えるようなことはなかったとみられる。

島根県に提出された2件の覚書が、その後の公害を完全に防止した訳ではない。島根県の漁業関係資料は「沿岸海域汚染ついに被害発生……(1952年の工場の操業開始後に)邇安地方の沿岸では……山陽パルプ江津工場の廃液や松の繊維物とみられる汚物が網に付着……(一部の)定置網漁(の)……網が使えなくなり……魚類も漁場から逃げて3カ月間漁獲ゼロ……工場に徹底的に抗議した」(島根県漁連・島根県信用漁連 [2003]) とされている。

その後、1956年に益田市に立地を決定した中越パルプ益田工場の進出計

画については、激しい漁業関係者の反対運動が起こり、1957年4月1日の益田市議会全員協議会において、傍聴していた約300人の漁業関係者らのうち、数十人が市長・市議会議長を取り囲んで暴行を加える乱闘事件が発生した。工場の立地は最終的に1963年に中止された（益田市［1978］）。この過程で、山陽パルプ江津工場の廃液被害を調査することとなり、その結果から漁民側は「被害が予想外に大きい」としたとされる（島根県漁連・島根県信用漁連［2003］）。

なお、益田市議会全員協議会における乱闘事件の翌年の1958年6月に、東京都内の本州製紙江戸川工場の廃液に係る千葉県の漁業関係者らによる工場乱入事件が発生し、同月に「水質汚濁防止対策全国漁民大会」が開かれている（島根県漁連・島根県信用漁連［2003］）。その年末には水質保全法、工場排水規制法が制定されている。

大和紡益田工場における人絹・スフの生産については、その生産工程において、硫化水素等に伴う悪臭が問題とされるはずであるが、覚書の時期には問題とされていない。十数年後に「硫化水素その他の悪臭物質は、金属腐食、健康被害など……住民運動として盛り上がりを見せたのは昭和40年頃から……大和紡績では……（昭和）48年度硫化水素ガスの回収装置を完成させた……昭和46年度に施行された悪臭防止法に基づき当市は昭和48年……（法律に基づく規制地域の）指定を受けた……大和紡績の悪臭が顕在化し……指定された」（益田市［1978］）のである。

1950年～1960年代に、公害対策技術の開発・導入は生産技術と規模拡大に較べて遅れて推移し、公害の法令・条例規制、公害紛争の処理などの社会的な仕組みも未整備であった。1952年に操業を始めた島根県の2つの工場の公害対策が、覚書による対応にもかかわらず、今日の視点からみると完全なものでなかったことは、社会的、技術的な限界であったと考えられる。

しかし、2つの覚書の提出については関係者の努力を評価できるものと考える。漁業関係者が水質汚濁を懸念して行政および工場に対して、工場の操業を阻止しようとし、あるいは公害対策を求めた行動は必然性がある。島根県の求めに応じて廃水処理を提案した専門家（柴田三郎氏）の役割・存在は見落とす

ことができない点である。島根県知事と行政は、漁業関係者の懸念を勘案し、専門家の知恵を借りる途を拓き、また覚書によって利害関係者の合意を形成することに導いた。2件の覚書に環境の保全と地域の開発の均衡に腐心した関係者の努力の結集をみることができるものと考える。

【謝辞】 この一文をまとめるにあたり古い資料を、島根県議会図書室、島根県公文書センター、島根県立図書館、江津市立図書館、益田市立図書館において閲覧・複写をさせていただいた。また、島根県環境政策課のご担当、また、日本製紙（株）江津工場・吉岡和明様のご協力をいただいた。
　　ここに記してお礼申し上げます。

（補注1） 柴田三郎氏は 1899～1984 年。東京帝国大学卒業後、1944 年まで東京都に在職、その後、経済安定本部資源調査委員会委員など。「下水・廃水分析法や処理法を研究し、その礎を築いた」とされている。（http://sinyoken.sakura.ne.jp　2013 年 1 月参照）
（補注2） 島根県議会議事録（昭和 26 年 11 月 21 日）「議員提出議案第 10 号」工場廃液汚濁防止の措置に関する勧告

> 昭和 26 年 11 月 21 日
> 　工場廃液の汚濁防止の措置を速かに講ぜられるよう関係会社に勧告する。
> 　　　　　　　　　　　　　島根県議会議員　青山新藏ほか（県議会議員 7 名）
> 　勧告
> 　近代産業の脚光を浴びて本県産業界に浮かび上がったパルプ工業並びに人絹工業等は近代産業を本県に導入する先達をなすものとして本県が齊しく注目しているところである。
> 　しかしながら漁民側においては、これが操業によって排出せられる廃液は付近水域の水質を汚濁し、ために魚介海藻類に甚大なる悪影響を及ぼすであろうと予測し、こと全漁民の死活に関わる大問題として憂慮し、不安の眼をもってそのなり行きをみまもっているのである。
> 　幸貴会社においては、本県の委嘱している斯界の権威柴田三郎工学博士の指導を全面的にうけいれ、その害を完全に防止しようと鋭意努力中であるときいているが、漁民の深刻なる不安は本議会に対する数次の設置絶対反対の陳情がなされていることを以てその情勢を推知することができるのである。若し、この不安な気持ちを一時的ないいのがれで始末するようなことがあっては、将来不測の禍根を残すことなしとしない。

> 貴会社に於いては本問題をあくまで良心的に処理し工場側も漁民側もともども共存共栄の実をあげ得るよう誠意を以て善処せられたい。
> 本県議会の議決に基き右勧告する。
> 　昭和26年11月22日　島根県議会議長　中島龍一

（補注3）1951年11月21日に島根県議会が「水質汚濁防止法の制定について」国に請願（陳情）することを決議している。この決議における「水質汚濁防止法」は当時政府内で検討されていた法案（平野［2005］）である可能性が高い。

（補注4）2つの工場について企業側から島根県知事に提出された「覚書」

> 　今回弊社江津工場の建設に当っては、島根県並びに経本資源調査会水質汚濁防止委員会委員長柴田博士の意見に基づき漁業に悪影響を及ぼさない廃水処理の諸施設を完備すること並びに損害補償について次の各項を履行することを確約いたします。
> 1　廃水設備の設計工事施工及び操業後における浄化実行については、柴田博士又は貴県の指定される技術者の意見並びに指導にしたがうこと。
> 2　工場の操業開始前に試験操業をなし、所期の水質を得ない場合には所期の目的を達する迄本操業を開始しないこと。
> 3　操業後における廃水処理の成績は漁業区域に及ぼす実害の有無をもって測ることとするも原因の如何を問わず浄化不十分な廃水を出した際には、第一項に拘わらず所期の水質を得るための方法を実行すること。
> 4　第二項における判定には廃水処理対策委員会の協議により決定した廃水及び水産に関する学者と主として技術者よりなる廃水調査委員会が当たる。
> 5　廃水調査委員会の実害判定の結果に基き、知事より処理施設及びその運用に関し、諸般の勧告ありたるときは、水産物の実害なき状態においてそれに従うこと。
> 6　廃水その他による実害に対しては、県並びに利害関係者によって構成する補償委員会による結論によって補償すること。
> 7　廃水処理対策委員会は、島根県知事、県議会議長及び漁民代表二名並びに当社代表二名をもって構成し、廃水処理対策委員会は廃水調査委員会に対して意見を申述べることができる。
> 　右のとおり念のため誓約いたします。
> 　昭和27年3月18日
> 　　　　　　　　　　　　　　　山陽パルプ株式会社取締役社長　難波　経一
> 　島根県知事　恒松安夫　殿

> 注1：「別冊商事法務研究10　公害防止協定事例とその分析」を基に一部を新聞報道により補完している。

2：大和紡績株式会社・益田工場について「同様である」とされている。
3：「経本」は政府の経済安定本部（当時）の略と考えられる。

【引用文献・参考図書】

(環境白書等)

環境庁［1972］：環境庁『昭和47年版環境白書』1972

環境庁［1976］：環境庁『昭和51年版環境白書』1976

環境庁［1991］：環境庁『平成3年版環境白書』1991

(地方資料等)

島根県［1951］：島根県「島根県工場設置奨励条例 1951年11月26日」

島根県議会［1951a］：島根県議会「島根県議会議事録 1951年7月18日」

島根県議会［1951b］：島根県議会「島根県議会議事録 1951年11月21日」

島根県議会［1952a］：島根県議会「島根県議会資料誓願陳情付託表 1952年2月」

島根県議会［1952b］：島根県議会「島根県議会議事録 1951年3月17日」

益田市［1978］：益田市『益田市誌下巻（昭和53年6月30日）』1978

江津市［1982］：江津市『江津市誌下巻（昭和57年6月30日）』1982

島根県漁連・島根県信用漁連［2003］：島根県漁連・島根県信用漁連『JFグループ島根五十年の軌跡』2003

(報文等)

橋本・蔵田［1967］：橋本道夫・蔵田直躬『公害対策基本法の解説』新日本法規出版 1967

商事法務研究会［1970］：商事法務研究会『別冊商事法務研究10 公害防止協定事例とその分析』（社）商事法務研究会 1970

工業立地センター［1970］：（財）工業立地センター「地方公共団体・企業間の公害防止協定に関する研究」『商事法務研究10 公害防止協定事例とその分析』商事法務研究会 1970

森［1970］：森清「公害防止条例の沿革と現状」『ジュリスト No.466（1970年11月）』1970

原田［1972］：原田尚彦『公害と行政法』弘文堂 1972

平野［2005］：平野孝「現代日本の環境法・環境政策と環境紛争の出発点」『中国の環境と環境紛争』日本評論社 2005

井上［2013］：井上堅太郎「日本で最初の公害防止に関する覚書について」『大気環境学会中国四国支部公開講演会資料集（2013年2月2日）』

(島根新聞)

島根新聞［1951a］：島根新聞 1951年2月17日

島根新聞［1951b］：島根新聞 1951年6月8日

島根新聞［1951c］：島根新聞 1951年12月11日

島根新聞［1951d］：島根新聞 1951年12月17日

島根新聞［1951e］：島根新聞 1951 年 12 月 31 日
島根新聞［1952a］：島根新聞 1952 年 1 月 15 日
島根新聞［1952b］：島根新聞 1952 年 1 月 26 日
島根新聞［1952c］：島根新聞 1952 年 1 月 31 日
島根新聞［1952d］：島根新聞 1952 年 2 月 4 日
島根新聞［1952e］：島根新聞 1952 年 2 月 5 日
島根新聞［1952f］：島根新聞 1952 年 3 月 21 日

（中国新聞地域版）
中国新聞［1951a］：中国新聞地域版 1951 年 6 月 8 日
中国新聞［1951b］：中国新聞地域版 1951 年 7 月 17 日
中国新聞［1952a］：中国新聞地域版 1952 年 2 月 1 日
中国新聞［1952b］：中国新聞地域版 1952 年 2 月 5 日
中国新聞［1952c］：中国新聞地域版 1952 年 3 月 23 日

（朝日新聞島根版）
朝日新聞［1951a］：朝日新聞島根版 1951 年 1 月 24 日
朝日新聞［1951b］：朝日新聞島根版 1951 年 2 月 13 日
朝日新聞［1951c］：朝日新聞島根版 1951 年 5 月 30 日
朝日新聞［1951d］：朝日新聞島根版 1951 年 11 月 13 日
朝日新聞［1951e］：朝日新聞島根版 1951 年 11 月 20 日
朝日新聞［1951f］：朝日新聞島根版 1951 年 12 月 4 日
朝日新聞［1951g］：朝日新聞島根版 1951 年 12 月 12 日
朝日新聞［1951h］：朝日新聞島根版 1951 年 12 月 25 日
朝日新聞［1952a］：朝日新聞島根版 1952 年 1 月 9 日
朝日新聞［1952b］：朝日新聞島根版 1952 年 1 月 19 日
朝日新聞［1952c］：朝日新聞島根版 1952 年 1 月 23 日
朝日新聞［1952d］：朝日新聞島根版 1952 年 1 月 31 日

（企業資料）
日本製紙［1998］：「日本製紙（株）江津工場」『紙・パ技協誌』第 52 巻第 6 号 1998 年
日本製紙ケミカル［2012］：日本製紙ケミカル HP〈http://npchem.co.jp〉（2012 年 12 月 30 日参照）
大和紡績［2001］：大和紡績『ダイワボウ 60 年史』2001
王子製紙［2001］：「王子製紙（株）米子工場」『紙・パ技協誌』第 55 巻 7 号 2001

第5章
北海道、香川県、長野県および鹿児島県の自然保護条例制定と自然環境保全法

1 はじめに

　1970年代に都道府県が相次いで自然環境保全に関する条例を制定した。1970年に北海道が先行し、1971年に香川県、長野県、鹿児島県が続いた。当時の自然保護法制は自然公園・保安林・風致林等の限定された地域・地区等の保護・規制に止まっており、また、自然と人間の不可分性に関する視点に言及していなかった。4道県は当時の法制の空隙を埋めるものとしてそれぞれの地域の事情のもとで条例制定に至った。

　4道県の条例制定は国政に影響を与え、1972年の自然環境保全法の制定を促した。同法の基本理念および同法に基づく自然環境保全基本方針において、自然と人間の不可分性の認識が示された。また、同法は新たに自然環境保全地域などを保護規制して、既存の保護規制から外れていた地区等の保護・規制措置を補完した。4道県における条例制定に始まる自然保護条例の制定および自然環境保全法の制定は、日本の自然保護政策の転換を意味し、全国的にまた各地域において自然保護への関心が高まったことを背景としていた。しかし、法制度としての自然環境保全法は"基本法的"な性格を志しつつも、政府内の関係省庁の反対等のために、不完全さを温存した。

　4道県において条例制定を促した自然保護をめぐる問題等の経緯・背景、自然保護運動、条例制定を促した主体等を調査した。また、4道県の条例制定と自然環境保全法の制定の関係および当時の自然保護の動向を調査した。

2　北海道、香川県、長野県および鹿児島県の自然保護条例の制定

2-1　北海道自然保護条例の制定と背景

1950年頃から1970年代前半頃における北海道の自然保護問題

　1950年頃から1970年代前半頃に北海道において、雌阿寒岳の硫黄採掘に対する反対運動、阿寒湖の水利用とマリモの保護をめぐる対応措置に関する経緯、大雪山観光道路開発に対する反対運動、恵庭岳におけるオリンピックスキー競技の滑降コースの設置・復元の経緯などの自然保護をめぐる問題があり、1970年代に士幌高原道路建設に対する反対運動、「道道忠別清水線（大雪縦貫道路）」をめぐる自然保護論争などがあった。

　雌阿寒岳の硫黄採掘に関しては、第二次世界大戦前に条件付きで民間会社に許可されたが、当時の軍の命令により着手されていなかった。戦後、1950年に事業者が事業着手に動いた。これに対して、1951年に自然保護団体等が反対し、国立公園審議会において委員発議による反対意見書を作成するなどの動きがあったが、同年12月には、当時国立公園の管理を所管していた厚生省が条件付きで採掘許可した。1955年頃に、雌阿寒岳の他にも、川湯硫黄山、十勝岳、登別、恵山などで硫黄採掘がなされ、自然景観に影響が避けられなかったとされている。なお、1957年には大雪山中央部の硫黄採掘が申請されたが、自然保護団体の反対、およびこの件に関する厚生省の強い自然保護姿勢により、採掘には至らなかった。（俵［1979］［2008］）（北海道山林史編集会議［1983］）（日本自然保護協会［1985］）

　阿寒湖の水利用について、大正12年（1923年）には発電用に一定の取水（冬期の渇水補給のための湖面低下「4尺2寸」）が許可されていた。第二次世界大戦後、事業者が1949年に冬期の取水の上乗せを求め、湖面低下2尺を上乗せして6尺2寸とすることが認められた。しかし、1950年に、マリモが岸辺に打ち上げられて枯死する事態となり、同年10月には阿寒湖畔の住民により「マリモ愛護会」（現在は「マリモ保護会」）が結成され、同会により全国

に持ち出されたマリモの返還活動が行われるなどの活動が行われた。1955年に全国から約3,500個のマリモが返還されたとの記録がある（北海道山林史編集会議［1983］）。阿寒町史は1951年2月に国の文化財保護委員会が電力会社に水利用の実施計画変更指令を行ったことを記述しているが、道教育委員会が「綿密な調査」を行った結果から、「水位低下によりマリモは死滅せず」との結論がなされた（阿寒町［1966］）。なお、俵氏は1952年に利水水深が「4尺2寸」に戻されたとしている（俵［1979］）。1952年2月に、自然保護協会はマリモの保護についての陳情書を関係方面に提出した。マリモの保護・調査活動は現在も行われている。（俵［1979］）（日本自然保護協会［1985］）（松岡［2012］）

　大雪山観光道路開発については、以下のような経緯があった。1952年に、石狩川・層雲峡上流付近で取水し発電利用したことについて、渓谷美に配慮して導水トンネルによること、一定の流水量を確保することを条件に計画が容認された。しかし、取水地点下流で見込みよりも渓谷の流水量が低下し、地元はこの代償措置として層雲峡付近から大雪山系の赤岳（2,078m）に至る「赤岳観光道路」の建設を求め、道路は1959年に「銀泉台」（赤岳中腹）まで開通した。さらに道路を延伸して赤岳、旭岳を経由して湯駒別に至る「大雪山観光道路」とする開発の動きが存在したが、これに対して自然保護団体が1966〜1967年に強く反対して陳情を行い、また、知事に直接に面会して反対を訴え、知事の判断により計画中止に至った経緯があった。（俵［1979］［2008］）

　札幌冬期オリンピック開催（1972年2月）に関連するスキー競技の滑降コースを恵庭岳に設置することについて、1965年に北海道自然保護協会がコース設置および関連道路開発について自然保護の視点から問題提起を行った。同協会はオリンピック終了後に撤去すること、植林等によって原状に復することを要望し、厚生省がこの条件のもとに開発を容認した。なお、オリンピック終了後に、競技団体からコースの存続を求める運動があったが、環境庁（1971年7月に環境庁設置により厚生省から自然保護行政を移管）は「撤去復元」を貫いてコースは撤去された。（井手［1966］）（俵［1979］）（北海道山林史編集会議［1983］）

1970年に北海道自然保護条例が制定された後に、士幌町から然別湖に至る「士幌高原道路」、および帯広から大雪山山頂付近を通過して旭川に至る道路開発「道道忠別清水線」（大雪縦貫道路）の2件の自然保護をめぐる大きな紛争があった。

　北海道士幌町から然別湖に至る道路（士幌〜東ヌクカウヌプリ〜然別湖の道路。「士幌高原道路」）については、1962年に一部が完成した。1965年には国立公園事業の認可道路になった。この道路について、1970年頃に専門家が計画ルートにナキウサギ生息地、高山植物群落地帯があることを指摘し、これを契機に建設反対運動が起こった。1972年に事業者である北海道は一部（2.6km）を残して工事を中断したが、その後、北海道は建設を推進しようとし、自然保護団体は工事再開に反対して係争状態が続いた。最終的に1999年に知事が建設中止を発表し、この道路の然別湖への延伸は実現しなかった。（俵［2008］）

　1971年に大雪山山頂付近が「特別保護地区」に指定されたが、これに先立つ協議において、厚生省と北海道開発庁（いずれも当時）の間で、大雪山山頂付近を「特別保護地区」に指定すること、および「道道忠別清水線」（大雪縦貫道路）を建設すること、その際に山稜部については長大トンネルとすることについて互いに容認するに至っていた。これにより1971年には道路建設が始められる状態となったが、同年8月に市民、学生等が札幌で「大雪の自然をまもる会準備会」を発足、道路建設反対のビラまき、署名運動、街頭デモを行うようになった。建設反対運動は加速し、1972年1月に「大雪の自然をまもる会」が発足した。道路の南北端に位置する地方自治体の旭川市、帯広市の両市長が、この道路の促進期成会から脱会し、多くの自然保護団体や自然に関係する学会関係者等が反対意見書を提出した。北海道内だけでなく全国的に反対の声が高まり、また、マスメディアによる報道もなされ大きな注目を集めるようになった。1973年に入ると環境庁の自然環境保全審議会において議論がなされるようになった。同年10月に北海道開発庁が計画をとりさげて決着した。（俵［1979］）

第5章　北海道、香川県、長野県および鹿児島県の自然保護条例制定と自然環境保全法　165

北海道における自然保護をめぐる経緯と条例の制定

　前述した雌阿寒岳における硫黄採掘、阿寒湖の利水とマリモへの影響、冬季オリンピック開催（1972年2月）に関係する恵庭岳のスキーコース設置開発、大雪山観光道路開発の4つの事案は、条例制定以前に自然保護の観点から関心が寄せられていた事案である。これらの他にも、昭和30年代末〜昭和40年代前半に、豊平峡ダム開発、その他の自然保護をめぐり関心が寄せられる事案があった（井手［1966］）。これらの事案は北海道民や関係者を自然保護について敏感にさせていた可能性が高い。

　日本自然保護協会（1951年設立）、および北海道自然保護協会（1964年設立。それ以前は1959年設立の「自然保護協会北海道支部」）は北海道の自然保護問題に関心を寄せて、さまざまな形で自然保護活動を行うようになっていた。俵氏によれば、「大雪山観光道路」の延長工事について、1960年代の後半（1966〜1967年頃）に北海道自然保護協会の代表者が当時の町村知事に面会して中止を訴え、知事が中止を即断して事務当局に指示を与えたできごとがあった（俵［2008］）。

　この頃に知事（町村金五氏）は3選を得た（1967年4月）。この直後の6月議会で知事は基本方針演説を行っており、道民生活の安定向上などの10数項目を掲げたが、自然保護に言及しなかった。しかし、翌年、1968年2月議会において、新年度に向けた基本方針の中で、主要な4項目の一つとして、「自然保護と産業開発の調和に留意する」旨を発言し、以降、1969年2月、1970年2月の道議会における新年度基本方針において、自然の保護と国土の保全について言及した。（北海道議会［1968］［1969a］［1970a］）

　1969年7月の北海道議会において、議員（大方春一議員）と知事との間で自然保護に関する質疑が交わされている。議員が自然保護と観光について質問し、これに対して知事が、北海道の自然の中で保護を要するものを保護しなければならない、道路開発について自然保護協会等から批判がある、自然公園内の道路は景観を損なわない考え方であるべきである、こうした点を留意する旨を答えている。（北海道議会［1969b］）

　1970年9月開催の北海道議会に「北海道自然保護条例案」が提案された。

この議会において議員と知事との間で質疑が交わされている。自然保護の必要性についての質問（水沼徳一郎議員）に対して、知事は北海道の雄大な自然を保存することが道民全体の大きな責任であると答えている。また、別の議員（影山豊議員）は条例が観念論にとどまっていること、法的規制力の弱い届出制度にとどまっていることについて質問し、これに対して知事は、自然公園法・森林法・都市計画法などの現行法令による規制を行うほかに必要な自然保護措置を行う条例であること、道条例による規制には限界がある（筆者注：自然公園法に地方条例による「許可制」の導入を規定していなかったことなどを意味するものと考えられる）けれども、道民の良識と理解のもとに自然保護の機運を強めることに意義があると答えている。（北海道議会［1970b］）

条例案は、委員会（文教林務委員会）において審査され、議員から条例案による規制が弱いので、自然破壊が起こらないように条例運営に当たって特に管理・指導に万全を期すべきとの意見が示され、この意見を付して原案のとおりに可決することを委員会として報告することとされた。その後本会議に報告され、委員会報告のとおりに条例案が可決された。（北海道議会［1970c］）

条例案は知事提案されており、知事（町村金五氏）および道行政内部において作成されたものとみられる。専門家、自然保護団体等から条例制定を促した事実を確認することはできなかった。知事は、この条例案を提案する以前に、1966～1967年頃に自然保護団体の関係者と直接に面会して、「大雪山観光道路」の延長工事の中止を即断するよう事務当局に指示したとされている。また、1968年2月、1969年2月および1970年2月に、繰り返して道議会において新年度に向けた基本方針として自然保護を挙げ（各年月の北海道議会会議録による）、1969年7月の道議会答弁においては、道路開発に対する自然保護団体等から批判があるとの認識を答えている（北海道議会［1969b］）。

また、知事は1964～1968年に旧北海道庁舎の保存の決定と復元を実施し、1966年に現在の「野幌森林公園」の整備を決定してその後の同公園の整備を推進している。北海道自然保護条例案が用意されたことについて、当時の知事・行政に伏線をみることができるのではないかと考える。（町村金吾伝刊行会［1982］）（高橋［1985］）

第5章　北海道、香川県、長野県および鹿児島県の自然保護条例制定と自然環境保全法　167

北海道自然保護条例の規定等

　北海道自然保護条例は1970年10月に公布・施行（一部条項の施行は1971年4月）された。条例は高邁ともいうべき「前文」（補注1）が記述されていることに特徴がある。また、少なくとも3点の実効性を指摘することができる。第1に自然保護地区等の指定、自然保護基本方針の策定、学術自然保護地区における行為の禁止、第2にそれぞれの指定地区における行為の届出および知事による助言・勧告、第3に必要な財政措置等である。なお、指定地域内における行為の届出制と知事による助言・勧告は、今日からみると緩やかな規制措置であった。

　条例案の審議過程において知事は、規制措置が弱いとの指摘について、法令（自然公園法、森林法、都市計画法など）による規制を活用すること、それらの対象とならない保護保存が必要な地区を指定することを説明したうえで、法律に根拠のない条例規制ができないこと、地方公共団体として法的な規制の限度に基づくもの（筆者注：学術自然保護地区における行為の禁止、その他指定地区内行為の届出・助言・勧告を指すものと解される）であるとの認識を示している。また、そのことに関連して、届出制度のもとで行為者と話し合いを進めること、道民の良識・理解に基づく自然保護の機運を強めることに条例制定の意義があることを答えている（北海道議会［1970a］）。なお、これに関連して林野庁関係者の報文は、北海道は条例として届出制が限界であるとしてより厳しい規制を行うことは見送ったとしている（芝田［1971］）。

　前文について、道議会本会議で質問した一人の議員はその前文の一部を読み上げたうえで、基本姿勢について何一つ異論をはさむものではないと発言している（影山豊議員。北海道議会［1970b］）ように、この前文は議論の余地のない高邁ともいうべきものである。これが記述されることになった経緯について把握することができなかったが、道議会への条例提案と同じ月の1970年9月に、自然保護協会が中心となって検討を進めていた自然保護憲章の当初の案（日本自然保護協会［1970］）と比較すると、文言は異なるが共通点を認めることができる。人類（人間）は自然を基盤としていること、自然との調和を損ねているとの認識を示していること、自然の恵みを将来世代に引き継ぐ必要

があるとしていることなどである。こうした認識を広く道民、国民が共有するべきとの考え方が道行政、自然保護専門家に存在したとみられる。

条例が規定した「財政上の措置」(第11条。道が必要な財政上の措置その他の措置を講ずることを規定)について、道議会質疑によれば、保護地区等の買い取りを行うこと、その際に市町村による買い取りをしてもらうこと、道が財政的な支援を行うこと、市町村の財政状況により道が特別に配慮することが想定されている。(北海道議会［1970a］)

この条例を可決した道議会は、国会、関係大臣宛の要望意見書を採択している。それによれば、北海道は自然保護条例を制定するなどの努力を行っていること、国の制度的、財政的措置が不可欠であることを述べ、国が早急に自然保護基本法を制定することを要望するとしている（北海道議会［1970b］)。「北海道山林史戦後編」(1983年発刊)は、この条例について全国に先がけるものであること、その後全国的な注目を集めて香川県、長野県などの各府県の条例制定、自然環境保全法を導いたことを記述しており、このことは関係者が全国を俯瞰して条例制定の意義を認識していたことを意味すると考えられる。(北海道山林史編集会議［1983］)

自然保護に対する関心と自然保護条例

1950年頃から1970年代当初における北海道の自然保護をめぐる案件において、住民、専門家、および自然保護団体が自然保護を主唱した重要な主体であったとみられる。阿寒湖のマリモをめぐる保護運動については、1950年に地元住民が強く保護を求めて活動を行うようになり、追って国の文化財保護委員会、自然保護団体がその保護に動いている。この事例においてマリモ保護を促したのは、地元住民らのマリモと阿寒湖に対する自然発生的な保全意識、およびかけがえのない自然に対する保護意識であったと考えられる。釧路市H.P.（阿寒町史）は「一時期激減したマリモ……飛来数が減ったタンチョウ……阿寒の宝である自然には幾度もの危機が訪れています。しかし、その度に町民は力を合わせて保護してきました。それは町民一人ひとりの阿寒の自然を愛する心が形となって表に現れたものです」(釧路市［2017］)と記述している。

士幌高原道路について、大部分の工事が進んだ後に、1970年代に専門家、自然保護団体が建設反対を主張し、一部の未開通部分の工事を残して中断され、その後1980年代〜1990年代に全線開通が模索されたが市民運動的な反対運動が繰り広げられ、1999年に事業主体である北海道が建設中止を発表して然別湖への延伸は行われなかった。また、1971〜1973年の間の大雪縦貫道路開発反対運動については、学生、一般市民を含む幅広い反対運動が繰り広げられ、建設計画の取り下げに至った。

　北海道自然保護条例の制定以前における自然保護運動において、市民、自然保護団体が直接に道行政に自然保護条例制定を求めた事実を確認することはできなかったのであるが、道内の自然保護団体、旧阿寒町住民等の主体の活動は、北海道内外に知られていたとみられ、そうした状況を背景に、知事の主導により、もしくは知事の意を酌んだ道行政内部において、条例案作成が行われたものとみられる。

【引用文献・参考図書：北海道自然保護条例】

阿寒町［1966］：阿寒町『阿寒町史』1966

井手［1966］：井手貢夫「発足以来の北海道自然保護協会の歩みとその反省」『北海道自然保護協会会誌第2号・昭和41年度』1966

北海道議会［1968］：北海道議会「昭和43年第1回（2〜3月）北海道議会定例会会議録」1968

北海道議会［1969a］：北海道議会「昭和44年第1回（2〜3月）北海道議会定例会会議録」1969

北海道議会［1969b］：北海道議会「昭和44年第2回（6〜7月）北海道議会定例会会議録」1969

北海道議会［1970a］：北海道議会「昭和45年第3回（3〜3月）北海道議会定例会会議録」1970

北海道議会［1970b］：北海道議会「昭和45年第3回（9〜10月）北海道議会定例会会議録」1970

北海道議会［1970c］：北海道議会「北海道議会時報第22巻第11号・昭和45年11月」1970

日本自然保護協会［1970］：日本自然保護協会「自然保護憲章（案）」『自然保護No.100.』1970

芝田［1971］：芝田博「長野県自然保護条例と林野庁の立場」『會報第181・182合併号』森林

計画研究会 1971
日本自然保護協会［1985］：日本自然保護協会 30 年史編集委員会『自然保護のあゆみ』1985
俵［1979］：俵浩三『北海道の自然保護・その歴史と思想』北海道大学図書刊行会 1979
町村金吾伝刊行会［1982］：町村金吾伝刊行会『町村金吾伝』北海タイムス社 1982
北海道山林史編集会議［1983］：北海道山林史戦後編編集会議『北海道山林史戦後編』1983
高橋［1985］：高橋昭夫『証言・町村道政とその時代』北海道新聞社 1985
俵［2008］：俵浩三『北海道・緑の環境史』北海道大学図書刊行会 2008
松岡［2012］：松岡尚幸「大切なのは自然と向き合うこと」『（釧路市）広報くしろ』2012 年 8 月号
釧路市［2017］：釧路市 H.P.「旧阿寒町史」〈www.city.kushiro.lg.jp〉（2017 年 6 月 17 日参照）

2-2　香川県自然保護条例の制定と背景

香川県自然保護条例の制定と経緯

　1971 年 3 月に香川県は「香川県自然保護条例」を制定した。これは、1970 年 10 月制定の北海道自然保護条例に次ぐ都道府県の中で 2 番目に早い制定であった。1970 ～ 1971 年にかけて、同条例を制定するに至る経緯は以下のようであった。

　1970 年 1 月～ 12 月に、四国新聞の記事に自然保護をめぐる紛争の報道は皆無であったが、公害問題に関しては報道がなされている事例があった。四国新聞が読者の投票によりこの年の「県下十大ニュース」として選定された項目の第 3 位に「ヘドロ公害」が取り上げられているが、これは香川県に隣接する愛媛県の伊予三島市、川之江市の製紙工場排水による水質・底質汚染である。この他に強盗犯脱走事件（第 1 位）、交通事故最悪（第 2 位）など、20 位までが報道されているが、自然保護に関係するニュースはなかった。（四国新聞［1970c］）

　この年に自然保護に関係する新聞記事として挙げられるのは「知事選挙」である。同年 8 月に、6 選を目ざした現職の金子正則氏と平田清臣氏による知事選が争われ、金子氏が 6 選を果たした。この選挙に立候補した金子知事は選挙公報に「都市と農村のよさをかね備えた真に住みよい暮らしよい明るい田園都市的香川の建設を目ざして」を見出しとして、「広域、総合的な経済、社会、

人間開発、公害、自然保護などの諸問題に取組み、住みよく、暮らしよい田園都市づくりに励む」（四国新聞［1970a］）とした。この「田園都市的香川」について、四国新聞報道の立候補者のプロフィルにおいて、金子候補者は「"何となく感じのよい香川"と表現する理想郷とは"都市と農村のよさを兼ね備えた真に住みよい暮らしよい田園都市的な香川"であり"創造力と活力にあふれる人間性豊かな明るい香川"のことだ」（四国新聞［1970b］）と述べている。選挙公報において金子候補者は基本的施策として「自然の保護、環境の美化、公害防止のための緑化活動の強力な展開」「交通安全対策、公害対策の強力な推進」「自然に親しむ教育」のように、2,000字ほどのみずからの公報の中に、「自然」「公害」を各2か所にわたって使った。なお、もう1人の立候補者である平田氏は、公報において「公害防止条例をつくる」など、「公害」を3カ所にわたって使ったが、「自然」は使わなかった。（香川県選管［1970］）

　この知事選挙の後、1971年1月6日の四国新聞は香川県による新年度（1971年度）予算編成における主要政策の検討会議（知事および県行政幹部による会議と推定される）において、金子知事が自然保護条例の制定に言及したとして「金子知事は道路整備、公害防止、緑化推進、阿讃山ろくの開発などに積極的に取り組みたい意向を示した。緑化推進は、木を植えて緑をふやし、人の手によって自然をつくっていこう、というものだが、これに関連して、今ある自然をこれ以上破壊しないよう守っていく必要があるところから『自然保護条例（仮称）』を制定してはどうかという前向きの姿勢も打ち出された」と報道した（四国新聞［1971a］）。2月20日に香川県議会が開催されて、自然保護条例案、公害防止条例案が上程された。なお、公害防止条例案については、その大綱が2月5日に、自然保護条例案については2月20日にそれぞれ案文の全体が報道された。（四国新聞［1971b］［1971c］）

　1971年2月県議会で金子知事は「昨年8月私が立候補に際しまして、今後香川の進むべき方向を具体的に明示する必要を痛感……『都市と農村のよさをかね備えた真に魅力のある田園都市的香川』『創造力と活力に満ちた人間性豊かな明るい香川』の建設を大きく掲げ……その基本的な施策をも示した……昭和46年度の県予算の編成にあたり……その具体化に考慮を払った……昭和

46年度の県政上の重点施策……第六は、自然の保護、環境の美化、公害防止等のための緑化活動の強力な展開であります……すぐれた自然と景観に恵まれて（いる）……香川県も……無秩序な開発等により……緑豊かな風景が徐々に消え去っていく……自然を県民が総力をあげて保護し、一そう木を植えることによって環境の美化、県土の修景をはかり……公害をも防止することは……重要な問題であると思います……すでに明治百年記念事業の一環として県民いこいの森の整備、大規模育苗施設の設置等諸般の施策を実施してきた……さらに一そう強力に緑化活動を展開いたしたい……従来から（の）……各事業を一そう積極的に推進するとともに……新たに保安林の整備、公害緩衝緑地の造成等の諸事業を計画的に行ない……新しい時代に適応した緑化活動を大々的に展開（する）……」（香川県議会［1971］）とした。この県議会に「香川県自然保護条例案」が提案され、同時に提案された「香川県公害防止条例案」とともに可決成立した。

「田園都市的香川」と自然保護および自然保護条例

　この経緯から、香川県自然保護条例の制定について当時の県知事であった金子正則氏の「田園都市的香川」という考え方が背景にあるとみられる。

　「田園都市的香川」について、金子氏は1970年8月の県知事選挙立候補に当たり選挙公報に掲げたが、それ以前の1966年の五選時、1962年の四選時の選挙公報には掲げてはいない。金子氏の「田園都市的香川」は、六選時の知事選公約として掲げられて広く香川県民に知られるようになったのであるが、金子氏はこの考え方を1956年1月のNHK高松放送局のラジオ番組において、「田園都市的理想郷香川の建設」と題して県民に語ったとされ、さかのぼって1950年の知事就任当時から持っていた構想とされる。（金子正則先生出版記念会［1996］）

　さらに金子氏が1926年（大正15年）〜1929年（昭和4年）の間、東京大学に学び、大都市・東京から故郷の自然・田舎・郷土を思い「郷土のために大きく夢見た田園都市香川の構想」であったとされる（木村［1982］）。

　6選後の1971年11月に策定された「香川県長期振興計画」は、「県政振興

の基本的目標」として「1　都市と農村のよさをかねそなえた住みよい、暮らしよい、働きやすい、魅力ある田園都市香川の建設」「2　活力と創造力に満ちた人間性豊かな明るい人材の育成」を掲げ、「こうした本県の望ましい将来像を要約して『田園都市香川』と呼びたい」としている（香川県［1972］）。

　これは筆者の想像であるが、金子氏は「香川県長期振興計画」（1972年11月）において、長年培っていた「田園都市的香川」という言葉で括っていた自然の保護を含む郷土への思いを、県政の望ましいあり方の総合施策として、また、金子氏の政治理念として、熟成させたと考える。

　金子氏はその著書において自然保護について「人間それ自身が自然そのものであり、他の自然物とともに生存し、その恩恵を受けて今日の繁栄をきたしたものであるとの認識に徹するとともに、自然の恵みを永遠に享受できるよう最善の努力を払うべきであると決意することが肝要であり、そのために国民の意識を高めるよう啓蒙する必要がある」（金子［1971］）とした。この著書は1971年8月に発刊されている。つまり同年3月に香川県自然保護条例が制定された後であるが、著書の記述と香川県自然保護条例の前文は、趣旨および語彙において似通っており、また、先行の北海道自然保護条例の前文にも似通っている。（補注2）

　香川県は瀬戸内海国立公園に指定されている多くの地域を有しており、その保護・保全に加えて県条例を制定したことについて、自然保護理念を明確にすること、また金子知事による「田園都市的な香川」がその背景にあったものとみられるのであるが、具体的施策については知事の提案理由の説明（香川県議会［1971］）によれば、植樹等の緑化活動を推進しようとする考えが示されており、環境の修景・緑化を視野に入れていたのではないかと考えられる。

　制定された条例は、前文を記述していること、自然保護地区の指定、指定地区内における行為の届出、届出行為者への必要な助言と勧告、指定地区の修景緑化に必要な助言・勧告を骨子としている。前文について、北海道自然保護条例とかなり似通っており、また、自然保護地区指定と地区内における行為の届出・助言・勧告についても同様である。

【引用文献・参考図書：香川県自然保護条例】
香川県選管［1970］：香川県選挙管理委員会「昭和45年8月30日執行香川県知事選挙候補者選挙公報」1970
香川県議会［1971］：香川県議会「昭和46年2月香川県議会定例会会議録（2月20日）」1971
四国新聞［1970a］：四国新聞 1970年8月6日
四国新聞［1970b］：四国新聞 1970年8月8日
四国新聞［1970c］：四国新聞 1970年12月17日
四国新聞［1971a］：四国新聞 1971年1月6日
四国新聞［1971b］：四国新聞 1971年2月5日
四国新聞［1971c］：四国新聞 1971年2月20日
金子［1971］：金子正則『英知 創造 愛 時にふれ人にふれ』1971
香川県［1972］香川県「香川県長期振興計画」1972年11月
木村［1982］：木村倭士「橋と水と道と 香川の県政に残る金子正則の足跡」金子正則先生出版記念会（原典は「よき正夢を求めて」四国通新聞1982年1月）
金子正則先生出版記念会［1996］：金子正則先生出版記念会『政治とはデザインなり ― 金子正則独白録』丸山学芸図書 1996

2-3　長野県自然保護条例の制定と背景

1950～1970年の長野県の自然保護をめぐる諸問題

　長野県において1950年代から、自然保護条例制定（1971年）の頃までの間に、上高地ダムの建設、第二の上高地線道路建設、上高地・西穂高ロープウェイ架設、八ヶ岳西麓のロープウェイ建設（日本ピラタス・ロープウェイ）、縞枯れ山スキー場開発などをめぐって自然保護論争・紛争の事例があった。

　1951年頃、南安曇三郷村（当時。現在は安曇野市）が森林開発のために林道建設を始めたが、1959年頃に長野県が村とともに松本市―三郷村―上高地を結ぶ道路建設に構想を拡大し、建設省・日本道路公団（当時）に実現を陳情していたとされる。1961年に公団が調査費を組み、9月8日の信濃毎日新聞は「スカイライン　第二の上高地線」（上高地スカイライン）という見出しで報じた。記事によれば、同年7月に県と日本道路公団の職員が現地調査を行ったこと、また、県職員の記録として、増加する登山者に対して既存の道路（松本―奈川渡―上高地）の輸送力に難があること、既存道路が降雨に弱いこ

と、新しい道路は大幅に時間短縮（既存道路3時間に対して約1時間）ができること、などの利点があるとし、これに対して厚生省が自然保護の観点から難色を示していると報じている。1963年の信濃毎日新聞は、建設省、日本道路公団が産業道路を優先して観光道路に消極的であること、厚生省は自然保護とともに上高地の登山・観光客の受け入れ限界などを考慮すべきとしていることなどを報じている。この計画は1960年代の半ば頃には立ち消えとなった。（信濃毎日新聞［1961a］［1961b］［1963］［1964］）

1956年10月12日に、長野県総合開発局（当時）が「中信地区総合開発計画」を長野県総合開発審議会の審議に付し、審議会が了承したが、この計画には現在の上高地付近を含む地域を水没させてダムを建設すること（上高地ダム）を含んでいた。計画を推進しようとしたのは長野県総合開発局であったが、県の観光課は反対した。県行政内部の相克が厚生省に持ち込まれ、厚生省は上高地が水没し、あるいは景観を損ねるような開発は適当ではないと意見を表明した（信濃毎日新聞［1956a］）。また、厚生省を通じて開発計画を知った国立公園協会、自然保護協会、日本山岳会などの関係諸団体が「上高地保存期成連盟」の名により計画に強く反対する声明を発表（11月22日）するなど、反対行動を行った（信濃毎日新聞［1957b］）。長野県総合開発局は、電源開発に必要・有効であること、黒部川の開発は認可されたこと、新しい人工美を出現させるなどを挙げ、これに対して厚生省は、上高地が他に比類のない日本の自然の宝であること、黒部渓谷の利用者は上高地の数百分の1という少数なので電力開発上やむを得ず建設を認めたこと、黒部開発は白竜峡・十字峡など（「下の廊下」部分）に影響を与えないこと、などのように主張した（信濃毎日新聞［1956b］［1957a］［1957b］［1957c］）。長野県総合開発局は、通産省（当時）に依頼して地質調査を行った結果をもとに地質からみて上高地ダムが不適であったとして、1957年7月に計画を撤回し下流（梓川中流）の奈川渡ダムを建設するなどとした（信濃毎日新聞［1957c］［1957d］）。

1960〜1961年に、岐阜県新穂高温泉の鍋平を起点とし、西穂高岳稜線を越えて上高地に至る、全長約5,000mのロープウェイ建設（上高地・西穂高ロープウェイ）が構想されるようになった（信濃毎日新聞［1968d］）。1964年に

岐阜県側の事業者（3民間企業と5市町村によって設立された奥飛騨観光会社）が、ロープウェイの建設認可を厚生省に求めた。これに対して長野県、文化人、岳人等が強く反対し、立ち消え状態となっていた。1967年末に事業者が計画を縮小して、鍋平から西穂高岳稜線までの2区間（鍋平～千石尾根および千石尾根～西穂高岳稜線）とするとの変更計画（西穂高ロープウェイ）を示した。1968年1月21日に長野県と岐阜県は両県に関わる共通の問題を協議したが、ロープウェイ計画については結論を得るに至らなかった（信濃毎日新聞［1968b］）。長野県は厚生省に慎重な取扱いを求め、また、学識経験者、国立公園協会、山岳関係者などは反対の立場から高い関心を示した。厚生省は西穂高ロープウェイ計画を慎重に検討するとしたが明解に可否を示さなかった。それは、当時の岐阜県側から西穂高岳稜線にいたる地域は国立公園の普通地域であって、施設の建設に強い規制が適用されない地域であったからである。厚生省は政府内、および長野県、岐阜県、事業者と協議を続け、1968年11月頃までに、西穂高ロープウェイの1区間（鍋平―千石尾根間）のみ容認する、西穂高岳稜線から100～200mを自然公園法に基づく強い規制を適用する「特別地域」に指定するとの結論に至った。西穂高ロープウェイ（現在の呼称は「新穂高ロープウェイ」）は1970年7月に完成した。（信濃毎日新聞［1968a］［1968b］［1968c］［1968d］［1968e］［1968f］［1968i］［1968j］［1968k］［1968l］)

　1967年に縞枯山の山腹に、日本ピラタスロープウェイが完成・供用された（当時の呼称は「日本ピラタスロープウェイ」。現在は「北八ヶ岳ロープウェイ」）が、このロープウェイの建設中に自然保護をめぐる議論が起こっていた。計画段階の1966年3月に、登山者が増えればロープウェイ山頂駅に近接することとなる「坪庭」（筆者注：自然に庭園風に形成された景勝地）が荒らされるとして、近隣の山岳愛好家により組織された「諏訪地方山岳団体協議会」が、県知事、県企業局、長野営林局、自然環境審議会、厚生省、全国の山岳団体などに250通の公開質問状を送付した。しかし、建設は予定どおりに進められ、翌年の8月にロープウェイは完成・供用開始された経緯があった。（信濃毎日新聞［1967］)

　1968年に長野県企業局が年度中に完成させるとして、八ヶ岳山系北部の北

横岳・縞枯山の西側斜面の上部に、ロープウェイ（日本ピラタスロープウェイ）の終点駅舎から山頂近くに至るスキーリフトを架設し、スキーリフト計画地に沿う国有地にスキー場を開発する計画（縞枯山リフト・スキー場計画）を予算化した。県企業局は、地元の茅野市観光協会などの要望により予算化し、同年4月に国（長野営林局）など関係機関と協議を始めた。実現すれば「国設スキー場」となる計画に長野営林局は慎重な姿勢を示し、当時の観光行政と自然保護を考慮する立場の県観光課も取扱いに腐心することとなった。地元の山岳会が反対を表明し、日本自然保護協会や一部の学識経験者も計画に疑問を呈した。また、西穂高ロープウェイ計画の是非をめぐって論争の最中でもあった。この縞枯山リフト・スキー場計画について新聞報道された時点で、長野県企業局は、反対を押し切ってまで建設を進めることはないとの見解を示していた。その後6月29日に、県企業局は国がスキー場として解放することは考えられないとして、既存のロープウェイに併行してリフトを建設する、その範囲にスキー場（ツアーコース）を設けるとして、山腹上部の開発を断念して決着した。（信濃毎日新聞［1968g］［1968h］）

ビーナスラインをめぐる自然保護紛争

　茅野市～美ヶ原に至る道路・ビーナスライン（蓼科湖～美ヶ原間の有料山岳道路75.2km、現在は無料化されている）は、1961年に当初の工事に着手された後、約20年を経て1981年に全線が開通・供用開始されたが、工期の半ばにかなり白熱した自然保護論争が交わされることとなり、ルートの一部変更などが行われた後に完工した。この道路は、1961年に当初工事に着手され、1964年に蓼科―白樺湖間（蓼科有料道路）が完成したが、これは長野県による第1号の有料道路であった。次いで1968年に白樺湖―強清水間（霧ヶ峰有料道路）が開通し、この頃に県民からの公募によって「ビーナスライン」という呼び方が決定された（市川［1989］）。1970年に強清水―和田峠間（八島線）、1976年に和田峠―扇峠間が順次に開通し、1981年に扇峠―美ヶ原間（美ヶ原線）が、それぞれ完工して全線の開通に至った。

　1968年に強清水―和田峠の八島線の建設が始められようとしていた時に、

「諏訪の自然と文化を守る会」が、元御射山(もとおさやま)遺跡を貫くこと、八島ヶ原湿原の脇を通ることを問題視して、知事、関係市町村に陳情書を提出し、県は計画していたルートを南回りに変更して建設した。しかし、この頃にはルートの変更を求めるだけではなく、ビーナスラインそのものに反対して、1970年までに完工していた和田峠を終点とし、以遠の建設中止が唱えられるようになった。1970年7月に「長野県自然保護の会」が発足し、1971年2月に「中央高原スカイライン美ヶ原線計画の中止を求める陳情書」を県に提出した（市川[1989]）。1971年8月には全県的な「ビーナスライン美ヶ原線に反対する会」（自然保護関係18団体）が結成されて建設反対運動が拡がり、県内外で広く注目されるようになった（長野県[2019]）。作家の新田次郎氏は保護運動を題材にして、「文芸春秋」の1970年4～10月号に「霧の子孫たち」を連載した。一方、地元選出の県会議員のほとんどが着工賛成派であったし、「建設促進期成同盟」（会長・松本市長）が組織され建設促進を求めていた。1971年9月に、信濃毎日新聞は「どちらを選ぶ 美ヶ原線論争」を見出しとして、促進派の松本市長・深沢松美氏と反対派の新田次郎氏の主張を掲載した。（新田[1970]）（信濃毎日新聞[1971h]［1971i]）

　1971年10月に、環境庁長官と知事が和田峠―扇峠間の一部変更、扇峠―美ヶ原間の計画再検討で合意し、1972年に和田峠―扇峠間について着工、1976年に開通した。残りの区間について、1972年に長野県が美ヶ原の台上を通るルートを変更・迂回する「和田回りルート」を環境庁に示した。1976年に環境庁は、美ヶ原台上の裸地修復、車の乗り入れ制限などの条件を付し、自然環境保全審議会に諮問・答申を得た。その後、1977年に「和田回りルート」により着工、1981年に完工した。1976年に長野県は美ヶ原台上の車道計画を廃止し、1977年に長野県自然環境審議会の答申を経て「美ヶ原台上保護利用計画」を策定し、その中で台上の区間（天狗の路地から高原ホテルに至る間）について原則として牧場および公園管理用車両等を除いて一般車両の通行を禁止するとし、その措置を現在も維持している。（長野県自然環境審議会[1977]）（長野県[2019]）

1971 年 4 月の知事選挙と自然保護

　1971 年 7 月 13 日に長野県自然保護条例が制定・公布されたが、これは長野県において「ビーナスライン」の建設について、自然保護運動が繰り広げられている最中であった。前述のように、それ以前に「第二の上高地線」の建設が取りざたされたが立ち消えとなったことなど、いくつかの自然保護と開発をめぐって注目される事案があった。そうした経緯の中で、長野県内で自然保護運動が芽生え拡大したのは、1960 年代末〜 1970 年代当初であるとみられる。1967 年に、縞枯山の下方山腹に建設中の日本ピラタスロープウェイに対して、「諏訪地方山岳団体協議会」が、県知事、厚生省、全国の山岳団体などに公開質問状を送付したが、これは長野県内の市民等が開発にかかる自然保護問題を提起するようになる早期のできごとであったとみられる。

　その後、1968 年にビーナスラインの強清水—和田峠間の建設について「諏訪自然と文化を守る会」が、計画ルートの遺跡と湿原を問題視して、知事・関係市町村に陳情書を提出し、ルートを南回りに変更して建設することとなった。この頃にはビーナスラインそのものの建設に反対する運動が拡大し、1970 年 7 月には「長野県自然保護の会」が発足し、この会は 1971 年 2 月に「中央高原スカイライン美ヶ原線計画の中止を求める陳情書」を県に提出している。

　1971 年 1 月 3 日の信濃毎日新聞は「自然保護 四つの提案」を見出しに特別記事を掲載した。提案の一つは「県条例の制定を急げ」とするもので、「長野県は北海道と並んで日本の自然の宝庫……規制力を持つ県自然保護条例を制定する必要がある。北海道はすでに道条例を可決、ことし 4 月から発効するが、（自然保護条例が制定されれば）県公害防止条例とともに、信州の環境保全をになう双璧になるべきものである」（信濃毎日新聞［1971a］）と主張した。地元紙は自然保護を県政の一つの課題と位置づけていたと考えられる。

　このように自然保護運動への関心が高まっていた頃に、西澤権一郎氏が 3 期目の知事を務めており、1971 年 4 月に 4 選を目指して立候補し当選を果たした。長野県自然保護条例が制定されたのはその直後の 6 月県議会であった。このことについてはおおむね以下のような経緯があった。知事選挙には 3 人が名のりをあげ、信濃毎日新聞は立候補予定者にインタビューを行っており、西

澤氏は自然保護条例を作るとの考え方を表明している。また、他の候補者も開発の規制条例が必要である（相沢武雄氏）、自然を守る規制が必要である（藤沢隆治郎氏）と表明している（信濃毎日新聞［1971b］［1971c］［1971d］）。選挙戦の最中に、長野県山岳会は3人の立候補者に自然保護に関する質問状を手渡して回答を得ており、3月30日の新聞は「実効性ある条例が必要」（藤沢候補）、「自然保護条例を制定」（西澤候補）、「県条例で開発と保護を規制し……秩序ある開発」（相沢候補）と報じている（信濃毎日新聞［1971e］）。西澤氏が当選（4期目）を果たしたが、西澤氏は当選直後の新聞社のインタビューに「（自然保護条例について）なるべく早く県会に提案したい」と答えている（信濃毎日新聞［1971f］）。

自然保護条例の制定

　新聞報道によれば、1971年5月17日に、長野県は専門家による「自然保護問題懇談会」を開き、知事、副知事などが出席し、県が作成した条例の原案を示して意見を聞くなど、条例案の準備を進めたものとみられる。（信濃毎日新聞［1971g］）

　条例案は6月県議会に提案された。

　条例は前文（補注3）、27箇条、附則からなり主要規定は以下のとおりであった。知事に自然保護施策のための総合的な計画の策定を求めている（第3条）。知事が「自然保護地区」（「厳正保護地区」「景観保護地区」「郷土景観保護地区」「開発調整地区」）を指定するとした（第8条、第9条）。「厳正保護地区」内における行為について許可を要する、許可にあたって条件を付すことができる、また、植物の採取、動物の捕獲等を禁止すると規定した（第12条、第14条）。「景観保護地区」「郷土景観保護地区」内における行為について届出を要するとした（第15条第1項、第16条第1項）。景観保護地区、郷土景観保護地区、および開発調整地区の中で行う行為について、届出義務を定め（第16条）、また、届出行為の禁止・制限・措置を命ずることができるとした（第18条）。なお、許可を要する行為に該当する国の機関が行う行為については、あらかじめ知事に協議すること（第12条第3項）、届出を要する行為に該当

する国の機関が行う行為については、あらかじめ知事に通知すること（第15条第2項、第16条第2項）、届出があった場合に自然保護のために必要があれば国の機関に協議を求めること（第15条第3項、第16条第2項）とした。そして、厳正自然保護地区内の自然保護のための木竹の買取り、自然保護地区等における条例施行に係る損失の補償について規定した（第24条）。命令違反に対する1年以下の懲役、10万円以下の罰金を最大として、罰則が規定された。

この条例案および自然保護について県議会における議論の主要な点は以下のとおりであった。

第1に条例が指定する一部の地区に対して許可制・届出制をとるとしていること、届出にかかる行為の禁止・制限命令を定めていること、および財産権の制限をともなうことなどについて、法規制を上回る規定の違法性についてである。長野県は県議会提案前の法案を国（林野庁：本庁および長野営林局）に説明しており、これに対して国は、「林野庁としては……政府としての見解を確立するまで問題条項の県議会提案を見合わせてもらいたい旨を県当局に申し入れたのであったが、容れられないままに終わっている……林野庁の見解において……条例の内容の一部が……条例として定めることのできる範囲をこえるものである疑いがきわめて強い」（芝田［1971］）という立場であったと考えられる。県知事は県議会議員の質問に答えて「憲法94条・地方自治法14条によって条例制定は可能……と解釈している」「国の行為といえども公権力の発動なくして私的な行為である場合には県の条例においてこれを規制することができる」（長野県議会［1971］）と答えている。

第2に自然保護と開発の関係について知事は「条例の……厳正保護地域……景観保護地域……は開発の対象にならない……開発調整地区のなかにおける開発すべき地点は……開発する」（長野県議会［1971］）と答えている。この答弁は「本条例からは、開発ザ・ストップの印象を感ぜられますが、この点自然保護にとらわれて他県の開発に遅れを取らないような……配慮をお願いしたい」（宮坂正直議員）との質問に答えたもので、質問は条例制定による県内の開発の停滞を懸念する向きがあったことを示すものであるが、知事は条例制定

によって自然保護と開発推進の調和を明確化しようとしたと考えられる。

第3に、条例案に対する県議会の受け止め方は以下のように好意的であった。「自然保護条例について提案を決意された知事に敬意を表したい」(溝上正男議員)、「……格調高い宣言から始まる条例案は、その概ねが失いつつある人間性を回復し、激動の70年代に挑戦しようとする……あらわれとして高く評価される……」(小田切行雄議員)、「提案された……条例案の策定にあたった知事並びに関係各位……に敬意を表する」(宮坂正直議員)、「県は……有料道路、別荘団地造成などによって自然破壊を進めた……反省をも含めて……条例が必要になった……」(山崎久雄議員) などのようであった。(長野県議会 [1971])

条例案を付託された県議会商工委員会は条例案を可決すべきものとした。法律的に自然保護条例は憲法第94条に基づく地方公共団体の条例制定権および地方自治法第24条の第2項に照らして是認する、また、この条例の性格、基本理念である乱開発の防止と自然保護、特に前文における宣言の意義などの理由を挙げて、可決するべきものと本会議に報告し、本会議は商工委員会の報告をもとに全会一致で条例案を可決した。また、長野県議会議長から内閣総理大臣・環境庁長官宛に「自然保護基本法(仮称)制定に関する意見書」を提出することを決定した。(長野県議会 [1971])

条例制定と美ヶ原線

制定された自然保護条例は、知事が自然保護に係る総合的な計画を策定すること、策定にあたって「自然保護審議会」に意見を聞くことを規定(第3条第1項および第2項)したが、これに関連して、「県の行なう開発行為につき……第三者により審議機関の議を経る等厳重な規制が必要……」(増田正敬議員) と指摘があったことに答えて、公営企業管理者(吉村午良氏) は「自然保護審議会等ができますし……ご意見等も聞く必要があるのではないか……十分慎重に対処してまいりたい……」とした(長野県議会 [1971])。

しかし、「県民の中にはビーナスラインから美ヶ原の自然を守ろうと運動が高まっている……美ヶ原線の延長は……再検討する必要があると思う……」

(山崎久雄議員)(長野県議会［1971］)との質問があり、これに対して県公営企業管理者は「(学者等からの)注文に応ずるような対策を現在検討しておる……万全な対策をとりつつその方向に向かって進みたい……」(同)と答え、あくまで美ヶ原線の完工を目指す姿勢をとっていた。

　長野県は条例制定後の9月14日に自然保護審議会を開催してビーナスラインの延伸について意見を求めた。審議会ではルートを再検討するべきなどの条件を付す意見が多かったが、30日に長野県企業局は、扇峠までのルートは予定どおりに建設する、王ヶ頭付近のルート変更は電波障害調査結果により決める、などとして県議会委員会に報告し発表した。これに対して学識経験者などから強い反発があることが報道された。(信濃毎日新聞［1971j］)

　その後10月14日に環境庁長官と知事が会談し、和田峠—扇峠間について一部ルート変更、扇峠—王ヶ頭は計画再検討で合意し、1972年に和田峠—扇峠間について着工、1976年に開通した。なお、残り区間について、1976年に環境庁が条件を付して「和田回りルート」を容認し、1977年に着工、1981年に完工した。

　条例制定とその後の経緯から知られるように、ビーナスラインの延伸問題と条例制定は関連づけられていたものではなく、長野県行政にとってはビーナスラインの完工の方針は貫かれねばならないものであったと考えられる。長野県自然保護条例制定は自然保護と開発推進の調和のあり方を明確にし、その後の県政のあり方としての自然保護に関する基本的な理念および施策を規定したものであったと考えられる。

【引用文献・参考図書：長野県自然保護条例】
(信濃毎日新聞)
信濃毎日新聞［1956a］：信濃毎日新聞（1956年10月20日）
　〃　　　　［1956b］：　〃　　　　（1956年10月23日）
　〃　　　　［1957a］：　〃　　　　（1957年3月1日）
　〃　　　　［1957b］：　〃　　　　（1957年3月5日）
　〃　　　　［1957c］：　〃　　　　（1957年3月6日）
　〃　　　　［1957d］：　〃　　　　（1957年7月3日）

〃　　［1961a］：　〃　　（1961年9月8日）
〃　　［1961b］：　〃　　（1961年10月11日）
〃　　［1963］：　〃　　（1963年7月3日）
〃　　［1964］：　〃　　（1964年4月1日）
〃　　［1967］：　〃　　（1967年6月15日）
〃　　［1968a］：　〃　　（1968年1月20日）
〃　　［1968b］：　〃　　（1968年1月27日）
〃　　［1968c］：　〃　　（1968年1月30日）
〃　　［1968d］：　〃　　（1968年2月2日）
〃　　［1968e］：　〃　　（1968年2月7日）
〃　　［1968f］：　〃　　（1968年2月9日）
〃　　［1968g］：　〃　　（1968年4月12日）
〃　　［1968h］：　〃　　（1968年6月30日）
〃　　［1968i］：　〃　　（1968年11月2日）
〃　　［1968j］：　〃　　（1968年11月15日）
〃　　［1968k］：　〃　　（1968年11月20日）
〃　　［1968l］：　〃　　（1968年11月23日）
〃　　［1971a］：　〃　　（1971年1月3日）
〃　　［1971b］：　〃　　（1971年3月8日）
〃　　［1971c］：　〃　　（1971年3月10日）
〃　　［1971d］：　〃　　（1971年3月12日）
〃　　［1971e］：　〃　　（1971年3月30日）
〃　　［1971f］：　〃　　（1971年4月12日）
〃　　［1971g］：　〃　　（1971年5月18日）
〃　　［1971h］：　〃　　（1971年9月1日）
〃　　［1971i］：　〃　　（1971年9月13日）
〃　　［1971j］：　〃　　（1971年9月30日）

（その他）

新田［1970］：新田次郎『霧の子孫たち』文春文庫 1970

長野県議会［1971］：長野県議会「第194回長野県議会（定例会）会議録（昭和46年6月〜7月）」1971

芝田［1971］：芝田博「長野県自然保護条例と林野庁の立場」『會報181-182合併号』森林計画研究会 1971

長野県自然環境審議会［1977］：長野県自然環境保全審議会答申「美ヶ原台上保護利用計画（昭和52年6月）」1977

市川［1989］：市川一雄「ビーナスラインのもたらしたもの」『自然保護事典①山と森林』緑風出版 1989

長野県［2019］：長野県 HP「ビーナスライン沿線の保護と利用の歴史」
〈www.pref.nagano/lg.jpshizennhogo/kurashi/…/teigenn3./pdf〉（2017 年 6 月 18 日参照）

2-4 鹿児島県自然保護条例の制定と背景

志布志湾開発と反対運動

　1971 年 7 月 19 日に「鹿児島県の自然保護に関する基本条例」（以下「鹿児島県自然保護条例」）が公布・施行された。

　この条例制定の頃に鹿児島県において自然保護に関係する 2 つの社会的な動きがあった。志布志湾開発に対する環境保全をめぐる反対運動、および屋久島におけるヤクスギの保護運動であった。このうちヤクスギ保護運動は、1972 年に「屋久島を守る会」が結成され、ヤクスギおよび森林の保護運動が行われ、1993 年に世界自然遺産に登録されるに至るのであるが、鹿児島県自然保護条例の制定は、ヤクスギ保護運動の萌芽前であった。条例制定に関係があったのは志布志湾開発反対運動の最中であった。

　1968 年 12 月に鹿児島県は「20 年後のかごしま」を策定した。この資料の「まえがき」に知事（金丸三郎氏）は「10 年、20 年先の長期展望に立って本県発展の方向を見極めることが緊要……知事就任（筆者注：1967 年 4 月就任第 1 期）にさいして……ビジョン策定を決意し、昨年 9 月県開発計画会議に原案の作成を依頼し……成案を得るにいたりました」（鹿児島県［1968］）としている。このビジョンの中で「鹿児島湾および志布志湾に、県経済発展の機動力となる近代的臨海工業地帯を造成する」とし、「志布志湾臨海重化学工業地帯の形成」は、3,600ha（工業用地 2,250ha）、石油精製・石油化学・軽金属（アルミ）・製鉄・飼料食品等の立地を将来像として描いている。ビジョンは冒頭の「豊かで意義ある生活をめざして」において、「本県の恵まれた自然と歴史的、文化的遺産は、産業の開発や都市化の進展によって破壊されることのないよう保全される」との考え方をとっている。ところが、鹿児島湾工業開発につ

いて1項を設けて「自然と調和した工業配置」を記述しているにもかかわらず、志布志湾開発に関連して自然環境を保全するような記述をしていない。(鹿児島県［1968］)

1969年5月に政府は「新全国総合開発計画」(新全総)を閣議決定した。新全総は工業について「基幹産業を核とする大規模な工業生産活動の場にふさわしい地区について、巨大工業基地の建設を推進する」とし、また、九州地方開発の基本構想において「志布志湾地区を外洋性工業基地として形成し、基礎資源型工業の導入を図る」とした(閣議決定［1969］)。金丸知事は講演において「鹿児島県の臨海工業地帯の造成事業でございますが……志布志でございますけれども、これは経済企画庁の了解もえまして、新しい全国総合開発計画に大型プロジェクトの一つとして入った……」(金丸［1970］)としており、新全総に志布志湾開発を組み入れることについて、県から国へ働きかけたものと考えられる。

1969年6月に鹿児島県が「第1次県政発展計画」を策定し、「20年後のかごしま」に沿うとみられる志布志湾臨海重化学工業地帯開発を盛り込んだ(鹿児島県［1969］)。1971年3月13日に志布志町長が、志布志町沖に製油所などを誘致したい旨の発言をし、27日に志布志町は製油所、造船所などを誘致することを主とする町振興計画を可決した(志布志湾公害反対連絡協議会［1982］)。

同年3月13日には工業開発に反対する「志布志町公害防止町民会議」の発起人会が開かれ、同年4月10日には「志布志湾公害を防ぐ会」の総会が開かれ、反対運動が繰り広げられるようになった。反対運動は、開発に伴う国定公園の一部指定解除に反対する主張が含まれた。地元住民、漁業関係者らが反対運動の中心となり、志布志湾に面する鹿児島県の6町、宮崎県の1市、大隅半島一円、鹿児島市などにおいて、開発反対の署名活動が進められ、約34,000人の署名が集まり、同年11月に環境庁(当時)に署名簿とともに陳情された。この間、10月に環境庁が国定公園指定解除に反対するとの発表を行い、一方、通産省(当時)は9月〜10月に、大気と水質に係る産業公害総合事前調査を実施した。(志布志湾公害反対連絡協議会［1982］)

条例制定

1971年6月に知事が鹿児島県議会に「鹿児島県の自然保護に関する基本条例案」を提案した。金丸知事は条例の提案理由を「すぐれた自然を持つ本県といたしましては、自然保護を県政の基調としつつ、県民一体となって自然保護に積極的に取り組み、よりよい生活環境をつくりあげることが必要かと存じ、自然保護の基本的事項について、県民全体の決意を示すこととし提案いたしたのであります」（鹿児島県議会［1971］）、また質問に答えて「自然公園法の自然公園、森林法の保安林、都市計画法の風致地区、文化財保護法の記念物、このような諸制度がございますけれども、このような法律だけでは鹿児島県の自然を十分に保護しにくいと考え……自然保護条例を制定することといたした」（鹿児島県議会［1971］）と説明している。制定された条例、および県議会における質疑から、知事が志布志湾開発を含むさまざまな開発、その他の県政の推進において、自然保護を基調とすることを県民に訴える政策手段であったとみられる。知事は「志布志につきましても……慎重に検討……開発を進めながら、地域の自然はできるだけ残すようにしてまいりたい……」（鹿児島県議会［1971］）との考え方であった。条例案に一部の会派が反対したが本会議において起立多数で可決された。

制定された鹿児島県自然保護条例は、前文と10か条の本文からなる。

前文は、北海道、香川県、長野県の各条例の前文に比べると、簡素に鹿児島の美しい自然を後代に伝えること、その保護を県政の基調とすることを記述している（補注4）。実質的な施策として、県が自然の保護に関する基本方針を策定すること、必要な財政措置を講ずるよう努めることの2点である。北海道、香川県、長野県の例のような地域指定、指定地域内の行為の届出を規定していない。知事は議会質疑において条例制定の主意を、県・市町村・県民の責務を明らかにすること、県による基本方針の策定、自然保護思想の普及高揚、自然保護審議会の設置としている（鹿児島県議会［1971］）。

なお、この条例の制定後、志布志湾開発推進と自然保護をめぐる相剋が続いたが、1970年代後半に志布志港の開発が決定・着工されて現在の志布志港に、また、1980年代後半に石油備蓄基地が設けられることになり、1993年に

約500万kℓの容量を持つ施設が完成した。

鹿児島県自然保護条例の背景等

　開発反対運動が始まった1971年3月～4月初旬にかけて、鹿児島県知事選挙の最中にあり、2期目の当選を目指す現職知事（金丸三郎氏）が4月11日に再選された。この選挙戦（金丸氏のほかに1名の立候補者があった）において、金丸氏は志布志湾開発については自然保護と調和させる、公害のない工業地域にすると公約し、また、当選後知事は自然保護条例を用意し、1971年6月県議会に提案した。この県議会において、「わが党がさきに申し入れました自然保護条例をすみやかに制定されたいという要望を早速取り上げ……（知事が条例を）提案された……」（和泉照雄議員・公明党）（鹿児島県議会［1971］）との発言がなされており、条例制定を働きかける動きがあったことが知られる。金丸知事は条例制定の要望を承知していたとみられ、また、北海道、香川県が先行した条例制定の事実・内容等を承知していたと考えられる。なお、志布志湾開発反対運動が条例制定を求めたことは確認されなかった。

　金丸知事は2期目に就任後の5月に、「このたび……再度鹿児島県知事に就任し……県民が必要としているものは何か、と考え抜いた結果第一に鹿児島の自然を保護すること、第二に人間尊重の政治、行政を行うことであろうとの結論を抱きました」（金丸三郎［1974］）と述べている。1期目の知事の任期を終える1971年1月の「御用始めあいさつ」において、「私（の）四年間の任期は、間もなく終わろうとしています……鹿児島県は……その自然を守り、人間生活を守りながら……開発を進めていく……事が大事です」（金丸「1974」）と述べ、その前年（1970年）の「御用始めあいさつ」（金丸「1974」）においても「自然環境」という言葉を使っている。

　1969年5月に政府が策定した「新全国総合開発計画」（新全総）は、計画の基本的目標として、「人間と自然との調和を図り……自然を恒久的に保護保存すること」（閣議決定［1969］）を含む「4つの課題と調和せしめつつ、高福祉社会をめざして、人間のための豊かな環境を創造する」とした。金丸知事は1969年5月の講演でこの新全総に触れて、「新しい計画の……第四は、人間尊

重、自然尊重ということ……」（金丸「1974」）としており、新全総に触発を得て、あるいは共感して、自然、あるいは自然保護を重要な用語として認識していたと考えられる。

　こうしたことから、1971年3月〜6月にかけて、当時の知事を含む行政内部において条例制定が発案されたものと推測される。官僚出身で自治省事務次官を務め、地方自治法等の著書がある金丸知事にとって、提案した内容の条例案を用意することは容易だったであろう。また、志布志湾の自然保護を訴える開発反対運動の動向、および先行する2道県の自然保護条例制定（1970年北海道、1971年3月香川県）は、金丸知事に条例制定を促した可能性がある。

　しかし、志布志湾開発反対運動の主張を具体的に条例案に反映することはなかった。例えば、条例制定後の1972年の御用始めあいさつでは、「県民の間には『志布志湾は現状のままでよろしい、あの白砂青松は保存しておいたほうがいい』という意見と『開発と自然の保護とを調和させながら、県全体の発展を図るべきではないか』という意見が、現在対立しているわけであります。私どもが大隅半島を開発した方がよろしいと考えるゆえんは……あの地域に住んでいる人が、自ら自分の地域を開発し、そこに安住し、総合的に幸福になることが何よりも本筋だと私は思います」（金丸「1974」）と述べており、志布志湾開発は行うとの姿勢であった。

【引用文献・参考図書：鹿児島県自然保護条例】
鹿児島県［1968］：鹿児島県「20年後のかごしま 昭和43年12月7日」1968
閣議決定［1969］：閣議決定「新全国総合開発計画 昭和44年5月30日」1969
鹿児島県［1969］：鹿児島県「第1次県政発展計画 昭和44年6月20日」1969
金丸［1970］：金丸三郎「70年代の県政の方向 昭和45年4月24日」1970
鹿児島県議会［1971］：鹿児島県議会「昭和46年鹿児島県議会第2回定例会議事録」1971
金丸［1974］：金丸三郎『美意延年』南日本新聞出版 1974
志布志湾公害反対連絡協議会［1982］：志布志湾公害反対連絡協議会『ある開発反対運動』学陽書房 1982

3 自然環境保全法の制定

日本学術会議の法制定勧告および自然保護憲章の制定

　日本学術会議は、1965年および1971年の2度にわたって自然保護法の制定を内閣総理大臣に勧告した。1965年11月に日本学術会議は「自然保護について（勧告）」を総理大臣（佐藤榮作氏）に勧告した。この勧告は国民の福祉の立場、学術研究の面から、自然破壊がとりかえしのつかない事態になっている、既存の保護林制度、文化財保護法、自然公園法等では不満足な状態であると指摘して、自然保護法のような法律を制定することを勧告した。1971年11月にも「自然保護法の制定について（勧告）」を総理大臣宛に勧告した。この勧告では、「自然保護憲章」の検討が進められていること、北海道などにおいて自然保護条例の制定が進んでいることを指摘し、自然保護法の早急な制定を勧告するとした。そのうえで自然保護法の内容について、自然と人間の不可分性に対する基本認識を貫くこと、自然を保護するにあたって区域区分に応じた体系を樹立すること、自然保護教育の推進・充実を要すること、その他を勧告した。（日本学術会議［1965］［1971］）

　日本学術会議が言及した「自然保護憲章」についておおむね以下のような経緯があった。1964年末に日本自然保護協会に西ドイツ（当時）の「マイナウの緑の憲章」の情報がもたらされ、その触発を得て協会内で日本における憲章制定運動が着手された。1965年11月に厚生省が自然公園審議会に諮問（「今後予想されるべき社会経済の変動に応じて国立公園制度はいかにあるべきか」）し、これに対して、1966年8月の中間答申、1968年4月の最終答申において、国民運動を起こして「自然保護憲章」と称すべきものの制定を図ることが効果的である旨を答申した。1970年に自然保護協会内に自然保護憲章研究部会（部会長・林修三氏）を設け、1970年2月から検討し、同年9月22日に草案を「自然保護憲章（案）」（第一次案）としてまとめた。その後「第二次案」（1971年12月）、「第三次案」（1972年4月）を経て、1974年6月5日に「自然保護憲章」を制定した。制定にあたって141の参加団体および学識経験者等の三百数

十人の参加者からなる「自然保護憲章制定国民会議」を開催して採択した。第一次案〜成案のいずれにおいても人間と自然の不可分性を基調とし、採択された成案においては自然を尊ぶこと、自然から学び自然の調和を損なわないこと、自然を子孫に永く伝えることの3点を主唱した。第一次案が発表された直後に公害国会（1970年11月〜12月）が開催され、公害対策基本法が改正されて、政府が公害防止に資する緑地の保全・自然保護に努めるべきとの規定を追加したが、第一次案が影響したとの見方がある。（林［1971］）（石神［1974］）（環境庁［1982］）

自然環境保全と国内動向との関係

国会議事録によれば、1969〜1972年の間に国政と国内の自然環境保全動向は以下のように関わりがあった。

1971年5月21日の参議院内閣委員会・公害対策特別委員会連合審査会において、1970年〜1971年に北海道と香川県が自然保護条例を制定し、長野県が制定予定であることが指摘され、政府委員（当時の公害対策本部・城戸謙次氏）はこのことに関連して国の状況として広い意味の自然保護立法がなされていないとの認識を示した。（参議院［1970b］）

1971年7月23日の衆議院地方行政委員会において、長野県自然保護条例の制定に関連する質疑が交わされている。それは、同条例により規定された「厳正保護地区」について、その規制適用がなされた場合に林野庁所管の国有林を伐採するについて長野県に許可を得ることが必要との指摘に対して、自治大臣（当時）が長野県条例についてそのような議論のあることを承知している、自治省としては地方の取組みとして評価するべきであるとし、環境庁が自然保護のための法案を提案する用意があると聞いていると答えている（衆議院［1971a］）。なお、この委員会の直前の7月1日に環境庁が発足している。

1971年8月26日の参議院公害対策特別委員会において、美ヶ原・ビーナスラインについて質疑が交わされ、環境庁長官（大石武一氏。1971年7月5日〜1972年7月7日まで在任）は長野県自然保護条例が制定されたことから、同県の自然保護への理解を評価するとの認識を示したが、長野県がビーナスラ

インの建設を中止する意志がないこと、国定公園内の行為であるので国の権限が及ばないことを指摘している。(衆議院［1971b］)

　1971年9月の参議院公害対策特別委員会においては、委員長(加藤シズエ氏)が長野県美ヶ原を視察し、建設反対の意見を含む県民の意向を取り入れて納得を得る努力を県当局に要望したとの視察結果を報告している。これに関連して環境庁長官は、その時点で美ヶ原に行ったことがないけれども、日本の貴重な2千メートル級の高原である、道路建設の許可はなされているけれども自然の姿で残したいとの意見を述べている。(参議院［1971b］)

　1972年に、環境庁長官は再三にわたって、都道府県の自然保護条例が法的根拠を持たないことを指摘し、それを補う立法措置の必要性を指摘している。後に自然環境保全法案の提案理由として、自然保護条例の法的根拠を明確にすることを挙げている。(衆議院［1972e］［1972f］)(参議院［1972a］［1972d］［1972f］)

　1971～1972年に国会に自然保護基本法制定等に関する4件の陳情書(10都道府県議会議長会議・1971年2月20日など)、14件の請願が提出されている。また、1972年5月に石鎚山系の自然保全に関する11件の請願、山梨県山岳地帯の自然保護に関する2件の請願、6月に名古屋港西五区の渡り鳥渡来地保存に関する6件の請願がなされている。(1971～1972年の国会議事録による)

　環境庁長官は、道県における自然保護条例について法的な根拠を明確にする法制化の必要性に強い認識を示していたが、自然保護に係る国内動向について、「自然保護運動が燎原の火のように広がっております」(衆議院［1972c］)、「今日ほど日本の自然を守らなければならないという国民の意識の高まっているときはございません」(衆議院［1972d］)と発言している。また、4月26日の参議院特別委員会において、自然保護憲章案(筆者注：自然保護憲章第三次案と考えられる)について、環境庁長官はその内容を賞賛し、国民への周知を願っていると発言している。(参議院［1972e］)

　北海道、長野県、鹿児島県の自然保護の動向等について、国会においては以下のように取り上げられ、議論がなされている。

第5章　北海道、香川県、長野県および鹿児島県の自然保護条例制定と自然環境保全法　193

　北海道恵庭岳の札幌冬期オリンピック時の恵庭岳のスキー滑降コース利用について、1972年6月に環境庁は自然破壊を伴ったことは残念なことと発言している（衆議院［1972e］）。それ以前に、1969年、1971年にも恵庭岳のオリンピック利用について国会で取り上げられている。大雪山の道路開発については、1970～1972年の間に、少なくとも5回にわたって、自然破壊を伴うとの観点から、衆議院の各種委員会において取り上げられている（衆議院［1970d］［1972e］など）。

　長野県美ヶ原・ビーナスラインの建設問題について、1971年開催の衆参の公害対策特別委員会において、少なくとも3回にわたって取り上げられている。1971年8月の衆議院公害対策特別委員会においては、加藤進委員が問題を取り上げて質問し、環境庁長官が長野県と連絡をとっているものの県側に翻意を得られないこと、国定公園であるので国（環境庁）としては建設を止める権限がないことを説明している（参議院［1971b］）。また、9月初旬に参議院公害対策等特別委員会の委員が現地視察をし、9月17日に同特別委員会を開いて議論が交わされ、環境庁長官は日本に2つとない2千メートル級の大きな高原を残したいとの所見を述べている（参議院［1971c］）。

　鹿児島県志布志湾開発については、1970～1972年に、開発、開発に伴う公害問題・自然保護問題、地元における反対運動などの観点から、筆者が確認したところ少なくとも30回にわたって衆参両院で質疑が交わされた。中でも1972年3月11日の衆議院公害対策特別委員会、4月25日の衆議院大蔵委員会、4月26日の参議院公害対策・環境保全特別委員会においては、志布志湾開発に伴う環境問題・自然保護問題が集中的に議論され、また、5月16日の衆議院本会議においても質疑が交わされた。6月13日の衆議院公害対策・環境保全特別委員会においては、志布志湾開発と国定公園の指定解除の問題が議論され、環境庁長官が指定解除に慎重な考え方を示している。（衆参両院議事録による。）

　地方における自然保護条例の制定、自然保護憲章（案）の検討の進展、また、北海道の恵庭岳と大雪山、長野県美ヶ原・ビーナスライン、鹿児島県志布志湾、その他の地域の開発と自然保護をめぐる地方からの問題提起等は、政府、国会

における自然環境保全法制定に少なからぬ影響を与えていたと考えられる。

国政における自然保護法制の検討

1972年6月に自然環境保全法が制定されたが、制定に至る国政における自然環境保全の議論について、おおむね以下のような経緯があった。

1969年5月30日に閣議決定された「新全国総合開発計画」は計画課題の一つとして「環境保全のための計画」を掲げ、自然の保護保全の重要性に言及していた（閣議決定［1969］）。同年6月の衆議院本会議において、「自然保護対策は緊急を要する課題」（渡部芳男氏）との指摘に対して、総理大臣（佐藤榮作氏）が「自然保護法」制定の議論があること、自然保護の重要性に対する認識を示し、また、厚生大臣（斎藤昇氏）も、自然公園法による他に自然保護の立法を慎重に検討すると答弁した（衆議院［1969］）。

1970年2月14日に、佐藤総理大臣は施政方針演説の中で、「……社会資本の整備が相対的に立ちおくれ、自然が無秩序に破壊され…（た）…今後、自然の保全に配慮する……」（衆議員［1970a］）と言及した。1970年11月〜12月に、後に「公害国会」と通称されるようになる第64回国会（臨時会）が開催され、公害対策基本法（1967年）の改正案、水質汚濁防止法案などの14の法律の制定・改正案が提案され可決成立した。このうち公害対策基本法の改正により、政府に公害防止に資する緑地の保全その他の自然環境の保護に務める責務を規定した。この国会に、公害対策と自然保護の考え方を包括して「環境保全基本法案」が野党3党（日本社会党・公明党・民社党）から提案された。この法案は成立をみなかったが、衆議院は「環境保全宣言に関する件」（自由民主党・日本社会党・公明党・民社党の4党提案）を採択し、「環境保全基本法案は、自然環境の保全を含め、人間の良好な環境を確保するための施策を定めたもので、ビジョンを示したものとして評価される……」（衆議院［1970e］）として、自然環境の保全を含む法案を用意した野党3党の見識を評価した。

この公害国会の衆議院公害対策特別委員会に参考人として意見を述べた和達清夫氏（当時の中央公害対策審議会会長）は、政府が国会に提出した十余の法案について、政府による公害防止の積極的な姿勢を示して、広範な分野の制

度の改正・整備を図ろうとしていることに賛意を示し、審議会としておおむね了承したとした。そして、自然環境保全に関係して、人間と自然との不可分性に言及し、公害対策基本法の一部改正による緑地の保全・自然環境の保護に関する条項の追加に賛意を表し、自然循環を阻害する大量の廃棄物・不要物に対処した人工循環の必要性を述べている。（衆議院［1970c］）

1971年5月に、前述のように参議院内閣委員会・公害対策特別委員会連合審査会において、1970年～1971年における地方の自然保護条例制定の動向の指摘に対して、政府委員が国の状況として広い意味の自然保護立法がなされていないとの認識を示した。（参議院［1971a］）

1971年7月に環境庁が発足した。同年12月15日に、環境庁政務次官が、衆議院公害対策特別委員会において、公有水面埋立と環境配慮に関する質問に関連して自然環境保護法を検討していると答え、同17日にも公共事業と自然環境保全に関する質問に対して同様に答えた。（衆議院［1971c］［1971d］）

1972年1月30日の毎日新聞は「自然保護法要綱まとまる」との記事を掲載した（毎日新聞［1971］）（補注5）。このことについて、当時の環境庁長官の大石武一氏は、著書の中で「（無過失損害賠償責任の立法化とともに）もう一つ……成立させたいと願っていたのは自然環境保全法だった……私の指示を受け……要綱案は……素晴らしいもの……（環境庁の）信頼していた役人……（が）まとめてくれた……私が考えていた自然保護の理念が、整理されて……列記されている」（大石［1982］）と述べ、その要綱案を概説している。それによれば、①基本法的に自然環境保全の理念、各主体の責務等を規定し、実施法的な自然環境保全地域の指定、行為規制等を規定すること、②保全するべき地域は4種類とすること、③「原生自然環境保全地域」は厳重に保存すること、④「自然環境保全地域」は第一種、第二種、第三種の3段階に分けて指定保全すること、⑤「緑地保全地区」は市街地・周辺樹林地・水辺地などで都道府県が指定保全すること、⑥自然公園法を統合し新法に1章を設けること、⑦関係職員に司法警察権を付与することであった（大石［1982］）（補注6）。毎日新聞記事はこの概説の内容とほぼ一致し、同紙は環境庁が作成していた要綱案を入手し報道したものと考えられる。この頃には、環境庁は要綱案に基づいて政府

内部で他の省庁との調整を進め始めていたものと考えられる。

1972年3月9日の衆議院予算委員会において環境庁長官は自然環境保全法案を提案すると発言している（衆議院［1972a］）。次いで4月18日の国会議事録によれば、環境庁（自然保護局長）は「わが国の国土の美しい自然というもの、自然環境というものを全体としてこれを残し、保存をしていく……単なる景観的にすぐれた地域だけではなく……広い角度から自然環境の保全というようなことも考えたい……自然の復元といったようなことも考えていかなければならない……」（参議院［1972b］）との意図を説明している。

自然環境保全法

1972年6月に自然環境保全法案が内閣から国会に提案された。環境庁長官は衆参両院の特別委員会において自然環境保全法の提案理由として4点を説明している。第1に基本理念を定めることおよび国・地方・事業者等の責務を明確にすること、第2に原生自然環境保全地域を定めその保全については建築物・工作物の設置から落枝・落葉の採取に至るまで、行為を原則として禁止すること、第3に自然環境保全地域・動植物保護地区を指定して行為を規制すること、第4に都道府県による国の指定地域に準ずる地域の指定・保全措置を規定し多くの道県で制定が進んでいた自然保護条例の法的根拠を明確にすることである。（衆議院［1972e］）（参議院［1972h］）

法案は6月16日に衆議院、参議院の本会議で可決成立した。

自然環境保全法は自然環境保全の基本理念について人間と自然環境との不可分性および将来世代への継承を明記した。自然環境保全法について、「環境庁十年史」は「自然環境の保全の基本的方向」を明らかにしたもの、また、同法に基づいて定められた自然環境保全基本方針は、自然が人間生活の不可欠な構成要素をなすもの、人間活動は自然の系を乱さないことを基本要件として営まれるべきものとし、それまでの経済社会活動と自然環境との係わり合いに転換を求める基本理念を確立したものとした（環境庁［1982］）（総務省［1973］）。こうした基本理念は北海道自然保護条例等の4道県条例の前文、また、当時検討が進んでいた自然保護憲章（案）と軌を一にするものであった。

しかし、環境庁が1972年初に描いていた全国の林野および都市緑地等を包括的に捉えようとした新しい法制は実現しなかった。農林省（林野庁）は所管林野について、造林・資源培養を行っていること、自然保護は農林業従事者の協力が必要であること、森林伐採規制は経済的活用を損ねるなどを主張して、環境庁が企図した枠組に反対した（衆議院［1972b］）。また、建設省は所管分野および関連する都市緑地等について、既存の都市計画法の市街化区域内における計画策定に当たって環境庁と調整を行う（参議院［1972b］）、都市計画区域外の自然林等の乱開発の防止について環境庁と連携する、および都市計画区域内の農用地を含む民有緑地の取扱いを検討していく（参議院［1972c］［1972g］）などとして、新法の枠組への組み入れを避けた。こうした経過から、自然環境保全法は既存の自然、林地等の規制が及んでいない新たな原生自然環境保全地域の指定・保全を行うこととし、「原生自然環境保全地域」について森林法の保安林を除く（法第14条第1項ただし書き）、良好な都市環境の確保のために必要な自然環境の保全制度を整備する（法附則第2条）と規定して、既存の保安林、都市緑地等を包括しなかった。

また、環境庁が1973年初の要綱案に盛り込んでいた関係職員に司法警察権を付与しようとの考え方も実現しなかった。このことについて警察庁と環境庁の間で法案の検討・調整を行った結果、少人数の環境庁の職員によって対処することは困難であり、警察庁の応援・協力を得ることが適切とされた（衆議院［1972e］）。なお、国会における法案の修正によって、環境庁長官、都道府県知事が自然保護取締官等を命じ、違反行為者等に中止命令等の権限を付与するとの規定が設けられた

国会特別委員会議事録によれば、環境庁長官（大石武一氏）は「われわれが当初に理想としてやりたいと思っていた事柄、考え方からしますと、はるかに後退しています」（衆議院［1972e］）、「構想とはだいぶ後退したもの」（参議院［1972h］）としている。後に大石氏は著書に「環境庁原案は……各省との折衝を始めると、特に農林省と建設省から強い抵抗を受けた……林野庁の抵抗はものすごかった……建設省は、都市とその周辺の緑の保存対策は自分の省の管轄だと強く主張し、都市緑地保全法をつくることになった……林野庁や建設

省などの抵抗を受け、涙をのんで（要綱案の農林省・建設省の既所管分野を）削除しなければならなかった」（大石［1982］）と述懐している。

【引用文献・参考図書：自然環境保全法制定】
（衆議院議事録）
衆議院［1969］：衆議院「衆議院本会議議事録（1969年6月13日）」
　〃　　［1970a］：　〃　「衆議院本会議議事録（1970年2月14日）」
　〃　　［1970b］：　〃　「衆議院本会議議事録（1970年5月16日）」
　〃　　［1970c］：　〃　「衆議院産業公害対策特別委員会議事録（1970年12月9日）」
　〃　　［1970d］：　〃　「衆議院社会労働委員会議事録（1970年12月9日）」
　〃　　［1970e］：　〃　「衆議院産業公害対策特別委員会議事録（1970年12月10日）」
　〃　　［1971a］：　〃　「衆議院地方行政委員会議事録（1971年7月23日）」
　〃　　［1971b］：　〃　「衆議院地方行政委員会議事録（1971年8月26日）」
　〃　　［1971c］：　〃　「衆議院公害対策特別委員会議事録（1971年12月15日）」
　〃　　［1971d］：　〃　「衆議院地方行政委員会議事録（1971年12月17日）」
　〃　　［1972a］：　〃　「衆議院予算委員会議事録（1972年3月9日）」
　〃　　［1972b］：　〃　「衆議院予算委員会第四分科会議事録（1972年3月22日）」（福田林野庁長官答弁）
　〃　　［1972c］：　〃　「衆議院公害対策並びに環境保全特別委員会議事録（1972年4月21日）」
　〃　　［1972d］：　〃　「衆議院本会議議事録（1972年5月6日）」
　〃　　［1972e］：　〃　「衆議院公害対策並びに環境保全特別委員会議事録（1972年6月13日）」
　〃　　［1972f］：　〃　「衆議院公害対策並びに環境保全特別委員会議事録（1972年6月16日）」
（参議院議事録）
参議院［1971a］：参議院「参議院内閣委員会・公害対策特別委員会連合審査会議事録（1971年5月21日）」
　〃　　［1971b］：　〃　「参議院公害対策特別委員会議事録（1971年8月26日）」
　〃　　［1971c］：　〃　「参議院公害対策特別委員会議事録（1971年9月17日）」
　〃　　［1972a］：　〃　「参議院予算委員会議事録（1972年4月7日）」
　〃　　［1972b］：　〃　「参議院建設委員会議事録（1972年4月18日）」（政府委員・環境庁自然保護局長答弁）
　〃　　［1972c］：　〃　「参議院建設委員会議事録（1972年4月20日）」（建設省都市計画局長答弁）
　〃　　［1972d］：　〃　「参議院公害対策等特別委員会議事録（1972年4月21日）」
　〃　　［1972e］：　〃　「参議院公害対策等特別委員会議事録（1972年4月26日）」

〃　［1972f］：　〃　「参議院公害対策等特別委員会議事録（1972年5月24日）」

〃　［1972g］：　〃　「参議院建設委員会議事録（1972年6月7日）」（建設省都市計画局長答弁）

〃　［1972h］：　〃　「参議院公害対策並びに環境保全特別委員会議事録（1972年6月16日）」

(その他)

日本学術会議［1965］：日本学術会議会長「自然保護について（勧告）」（1965年11月15日、内閣総理大臣宛、その他関係大臣宛写送付）

閣議決定［1969］：閣議決定「新全国総合開発計画 昭和44年5月30日」1969

毎日新聞［1971］：毎日新聞1971年1月30日

日本学術会議［1971］：日本学術会議会長「自然保護法の制定について（勧告）」（1971年11月9日、内閣総理大臣宛、その他関係大臣宛写送付）

林［1971］：林修三「自然保護憲章草案について」『地域開発'71.4』1971

総務省［1973］：総務省告示「自然環境保全基本方針（昭和48年11月6日）」1973

石神［1974］：石神甲子郎「待望の自然保護憲章できる」『自然保護 No.146（昭和49年7月15日）』1974

環境庁［1982］：環境庁『環境庁十年史』1982

大石［1982］：大石武一『尾瀬までの道』サンケイ出版 1982

4　自然保護と市民運動

　自然保護協会による「自然保護のあゆみ」は、協会などが取り組んだ第二次世界大戦以降の自然保護活動を詳しく記述している。1959年頃から「尾瀬保存期成同盟」により尾瀬の保存活動を行い、1961年にこの同盟を改組して「日本自然保護協会」が創立され、北海道雌阿寒岳の硫黄採掘を阻止する活動を行い、雌阿寒岳以外の硫黄採掘、小倉市（現在の北九州市）の平尾台における石灰岩採掘、熊野川、黒部渓谷等の電源開発などに対して、自然保護活動を行った。「自然保護のあゆみ」はこれらの自然保護活動について「もっぱら国立公園の核心地域の自然の保護に没頭しており、高度経済成長の国策と歩調を合わせた山岳観光道路や海岸線の埋め立てをともなうコンビナート造成などが自然環境に与える悪影響を指摘し、反対の行動をとることはなかった」としている（自然保護協会［1985］）。

　その後、「昭和39年（1964年）ごろから、（自然保護）協会の内部で各地の

自然破壊をもたらしている開発阻止の運動を展開する……国民の認識を高め、自然を大切にする心がまえを国民ひとりひとりの間に築く運動が緊要の課題として話合われていた」（自然保護協会［1985］）ように、自然保護が専門家だけの関心事からより広い国民に広まることが望まれるとするようになっていた。自然保護について幅広い階層の市民が参加して声をあげるようになったのは1970年頃であったとみられる。

　1970年5月17日に東京で「自然保護デモ」が行われたことが新聞報道されている。この日、「日本自然保護協会」「多摩川の自然を守る会」「日本野鳥の会」が、「自然環境をとり戻す都民集会」を呼びかけ、子ども連れの婦人、学生、サラリーマン、年配者など約250名が、また、都民の一人として都知事（当時は美濃部亮吉氏）も参加して自然保護を訴えた。この集会について、朝日新聞は「わが国で、環境保護を訴えて市民が街頭に出たのはこれが初めて」と報道している。（朝日新聞［1970a］）（自然保護協会［1985］）

　その後、7月11日にも東京都で自然保護を訴える集会・デモが行われ、7月18日には東京都を含む全国13カ所で自然保護を訴える街頭デモが行われたことが報道されている。7月18日には「北は青森から南は宮崎まで十三カ所でいっせいに自然保護の集会、デモ、講演会などのキャンペーンがくりひろげられた」ことが報道されている。（朝日新聞［1970c］［1970d］）

　木原啓吉氏は「今までのところ自然環境を守るわが国の市民組織は微弱だった……自然愛好家と動植物の研究者、それに一部の学生の集まりにとどまっている……（5月17日の）都民集会が参加者の幅をひろげ、多様にした……しかし……都民集会にかけつけた人たちの輪がひろがって、アメリカの（市民運動の）ように政府、自治体を動かすような広範な市民運動になるまでにはこれからもかなりの山を越えていかなければならないだろう」（朝日新聞［1970b］）と述べている。1970年5月、7月の自然保護に関する幅広い市民によるデモ行進は、自然保護に対する国民的な関心の始まりを示すできごとであったと考えられる。

　自然保護条例制定を先行した道県において、一般市民および一般市民を含む団体による自然保護運動が行なわれるようになったのは、1968年に長野県

において「諏訪の自然と文化を守る会」がビーナスラインの延伸（高清水―和田峠）に反対して知事、関係市町村に陳情書を提出したことが早期の事例であった。次いで1971年3月に、鹿児島県において「志布志町公害防止町民会議」「志布志町公害を防ぐ会」が志布志湾の開発にともなう国定公園の一部指定解除に反対する運動を始めた事例、また、1971年8月に北海道において市民、学生等が大雪山縦貫道路に反対して署名活動、街頭デモなどの行動を起こした事例などがあった。1970年に全国的な広がりをみせるようになる自然保護運動の時期にほぼ符合していることが認められる。しかし、自然保護条例の制定を先行した4道県において、それぞれの条例の制定前に、市民や自然保護団体等が条例制定を促した事実を確認できなかった。

　市民が自然保護条例の制定を求めるようになったことについて、東京都が「東京都における自然の保護と回復に関する条例」（1972年10月）を制定したことに関連して、その1年前の1971年に東京都が「東京の環境を守ろう」というテーマにより提案募集した際に応募した307名、649件の中に、「条例制定を含む東京都の自然保護行政の強化を望む」とする意見が第1位であった（自然保護協会［1985］）。

　川崎市においては、1971年に市民が自然環境保全条例制定の直接請求を行い、法定数の約10倍、市民の約10分の1の署名を得て請求が成立したものの川崎市議会（臨時会。10月27日）はこれを否決した経緯があった。しかし、この経緯は川崎市議会に影響し、市議会が「環境保全審議会」設置を議決し、同審議会の答申を得て1973年9月に「川崎市自然環境保全条例」が制定された。（川崎市議会［1985］）

　この頃に市民が自然環境保全とともにそのための条例制定を求める事例がみられるようになった。

【引用文献・参考図書：自然保護と市民運動】
自然保護協会［1985］：自然保護協会三十年史編集委員会『自然保護のあゆみ』1985
朝日新聞［1970a］：朝日新聞（1970年5月18日）
朝日新聞［1970b］：朝日新聞（1970年5月24日）

朝日新聞［1970c］：朝日新聞（1970年7月11日）
朝日新聞［1970d］：朝日新聞（1970年7月19日）
川崎市議会［1985］：川崎市議会『川崎市議会史第3巻』1985

5 考　　察

4道県の自然保護条例等の制定の背景と主体

　1970～1971年における北海道など4道県の自然保護条例の制定について、背景と制定を促した主体を以下のように整理できる。

　北海道自然保護条例の制定（1970年）の頃に士幌高原道路（士幌―然別湖）をめぐって建設反対運動が起こっていた。また、長野県および鹿児島県の条例制定時（1971年）に、それぞれビーナスラインの延伸および志布志湾開発をめぐって、かなり激しい自然保護論争が起こっていた。しかしそれらの開発反対を訴えた側から道・県に条例制定を促すことはなかったとみられる。香川県において条例制定前後に自然保護をめぐる論争・紛争等はなかった。

　4道県の自然保護条例の制定について、それぞれの背景のもとに知事あるいはその指示、もしくは意を酌んだ行政担当部局が条例案を用意したものと考えられる。

　1968年2月の北海道議会において知事（町村金五氏）が新年度に向けた基本方針に自然保護と産業の調和に留意する旨を発言し、1969年2月、1970年2月にも同趣旨を発言した。知事は、1966～1967年に「大雪山観光道路」について延長（銀泉台から赤岳・旭岳・湯駒別）に反対する運動団体に面会して、延長の中止を即断し、1969年7月の道議会の質疑においては道路開発について自然保護団体等から批判があるとの認識を示している。北海道における条例案の作成と議会提案（1970年9月）を促した直接の動機・要因を特定することはできなかったが、自然保護をめぐる紛争を経験していたことを背景として、知事あるいは知事の意を酌んだ道行政内部が条例制定に動いたと推定される。

　1971年1月の四国新聞は、新年度（1971年度）の主要施策を検討する会議

（行政内部の会議と推定される）において知事（金子三郎氏）が、公害防止条例とともに、自然保護条例の制定に言及したと報じた。この後、2月議会に自然保護条例案が提案され可決・成立した。1970年末までに、香川県内において自然保護を県政課題とするような案件はなかったが、1971年初に知事が条例制定に言及したことについては、知事が長年にわたってあたためていた「田園都市的香川」が関係していたとみられる。1970年8月の知事選挙において当選（5選）を果たした金子氏は「田園都市的香川」を公約に掲げていたが、それは県民、社会・経済および自然・修景・緑地について望ましい県の将来像を思い描いたキャッチコピーであったとみられる。回顧資料などによれば、「田園都市的香川」は学生時代にまでさかのぼる知事の思いであったとされ、香川県条例について知事主導によって制定に至ったとみられる。

　長野県条例については、条例案の議会提案の直前の知事選挙（1971年4月）において、ビーナスライン建設、その他の開発について自然保護をめぐる論争が存在したことを背景に、3人の知事選挙立候補者がそろって条例による自然保護規制を唱えていた。4選を果たした西澤知事にとっては自然保護条例の制定は選挙公約を果たすことであったが、1971年当時の長野県において開発と自然保護の調和を図ることが県政の緊要な課題となっており条例制定を促したとみられる。

　1971年4月の鹿児島県知事選挙において金丸知事は5選を目指して立候補し当選を果たしたが、選挙戦中の3月～4月にかけて、知事が重要施策としていた志布志湾の重化学工業開発について、志布志湾の国定公園の一部解除に反対することを含む開発反対運動が始められた。選挙戦（1名の対立候補者があった）の最中に、金丸氏は志布志湾開発について自然保護と調和させることを公約したとされ、また、選挙後に県議会の一部の会派が知事に対して自然保護条例の制定を促したとされ、1971年6月の県議会に条例案を提案するに至った。志布志湾開発を含むさまざまな開発を推進するにあたって、自然保護との調和を図る規範として、知事あるいは知事の意を酌んだ道行政内部が条例制定に動いたと推測される。

4 道県における条例に対する認識

制定された自然保護条例に関する4道県の認識は以下のようであったと考えられる。

第1に当時の法規制と条例制定の関係に関する3道県の認識についてである。北海道知事は「森林法……あるいは都市計画法など、現行法令をできるだけ活用する……法令の対象となり得ないもので……必要があるものについて……保護地区として……守る……」(北海道議会 [1970])、長野県知事は「自然公園法……森林法……狩猟法……そういった法律の規定がある……法律の網にかかっていないところ……を条例によって……補完する」(長野県議会 [1971])、鹿児島県知事は「(法律による) 自然公園……保安林……風致地区……記念物のような諸制度……だけでは……保護しにくいと考え……条例を制定する」(鹿児島県議会 [1971]) のようであった。なお、香川県知事がどのように認識していたのか確認することができなかった。3道県において、当時の自然保護関連法制度における欠落部分を補うために条例規制を行ったのであるが、自然公園法などの法制度を活用した措置をとることを唱えるよりも、内外により強く訴えることができる政策手法として条例制定が選択されたと考えられる。

第2に条例制定権についてである。自然保護に関係する法令の規制があるにもかかわらず条例を制定することについて、当時の国の考え方の典型例を芝田氏の報文で知ることができるが、長野県条例が一部の行為に対する許可制などをとったことについて、地方自治法に違反する疑いがあり、一方、国(林野庁)の考え方を踏まえて許可制などの規制を見送った北海道条例は妥当であるとするものであった (芝田 [1971])。北海道知事は道議会において「特定の行為については届出をとる……(ことは) 地方公共団体としてはなし得る限界……」(北海道議会 [1970]) という認識を示している。しかし、長野県知事は憲法および地方自治法に基づく地方自治体の条例制定権を根拠に違法性がないとし、長野県議会は条例案をその考え方に沿って可決した。(長野県議会 [1971])

第3に4道県における条例制定の意義についてである。これは筆者の解釈

であるが、4道県は地域レベルおよび全国的な自然保護への関心の高まりを背景として、自然に対する基本的な認識を確認するとともに、地域開発において規範となる自然保護のあり方を明確化したと考える。それは4道県の条例がそれぞれに前文を掲げたことから知られる（補注1〜4）。先行した北海道条例は約250字に及ぶ高邁ともいえる前文を掲げており、人類の基盤としての自然、人による自然の恩恵の乱用に対する認識、これからの人と自然の関係のあり方に対する決意などを詠い、他の3県もほぼ同趣旨の前文を付した。4都県がこうした前文を付したのは、当時の法令等にこのような基本認識が存在しなかったことによる。この北海道条例が道議会に提案されたのは1970年9月29日であるが、その少し前の9月22日に自然保護協会が「自然保護憲章（案）」（自然保護協会［1970］）を発表しており、その前文は道条例前文と同趣旨の文言を含んでいる。筆者は両者の接点の有無を確認できていないが、当時の日本において北海道条例および「自然保護憲章（案）」の前文が表明したような自然に対する認識の確立が要請されていたとみられる。

第4に4道県は条例制定を開発と自然保護を調和させる考え方を明確にする政策手段としたと考えられることである。自然保護と開発との関係について、長野県知事は開発が滞るおそれを指摘する質問に答えて、開発すべき地点は開発すると答えている（長野県議会［1971］）。鹿児島県知事は自然を守りながら開発を進めるとの考え方をとっていた（1971年1月新年あいさつ）（金丸［1974］）。北海道知事は条例案を提案する約1年前の1969年に、小部分を工業地帯として発展させるが残りの多くの自然の中で将来に保護せねばならないものを万難を排して守っていくとの考えを述べている（北海道議会［1969］）。香川県長期振興計画は、都市開発、産業開発と自然保護との図る施策を確立するとした（香川県［1972］）。

自然保護条例と自然環境保全法

1960年代後半〜1970年代前半の約10年間は、日本の自然保護政策の一つの転換期であった。この転換についていくつかの側面からみることができるものと考える。

第1にはこの転換を促した主体と時期についてである。年代順にみると1965年に日本学術会議が総理大臣宛に自然保護法の制定等を勧告した。次いで1960年代後半に自然保護への関心が国民に広がり、1970年頃には市民・学生などの参加による自然保護の集会・デモ行進が繰り広げられるようになったが、そのことについては、自然保護協会、その他の団体が関係していること、また、第2次世界大戦以降の長年にわたる諸団体・専門家・自然愛好家などの活動が積み重ねられていることを視野に入れなければならないと考えられるが、1964年頃に自然保護協会内部では自然を大切にすることについて国民に広めることの緊要性が話し合われていた。1969年の「新全国総合開発計画」は計画課題として自然の保護保全の重要性を記述していた。北海道、香川県、長野県、鹿児島県の自然保護条例は、そうした時代背景のもとで国に先行し、後の自然環境保全法の制定を促した。4道県はこの期の自然保護政策の転換を起動させる役割を果たしたとみられる。

　第2にこの時期の転換の重要な側面は、日本社会が自然と人間の不可分性の認識を確立したことである。1970年9月議会に提案された北海道自然保護条例は高邁ながらも読みやすい300字弱の前文を付し、香川県等の3県も前文を付した。1970年9月に日本自然保護協会内の研究部会が「自然保護憲章第一次案」をまとめており、この案と北海道条例前文はその文脈と趣旨がよく似ており、これは筆者の推定であるが両者には何らかの接点があったものと考えられる。北海道条例前文が冒頭に「人類は自然と共に生存し、そのはかり知れない恩恵のもとに、今日の繁栄を築いてきた」とし、また自然保護憲章第一次案が冒頭に「自然は人間生存の基盤である」としているが、香川県条例前文、長野県条例前文も「自然は人間生存の基盤である」との書き出しである。1971年11月に日本学術会議が「自然保護法の制定について（勧告）」を行ったが、その中で自然保護法の内容について「自然を人間に対立するものと考えることは誤りであって、人間は自然とは隔絶できないもの」（日本学術会議［1971］）と指摘した。1972年6月制定の自然環境保全法は基本理念として、自然環境が人間の健康で文化的な生活に欠くことができないものとし、後に同法に基づき政府により自然環境保全基本方針（1973年11月6日）が定められたのであ

第5章　北海道、香川県、長野県および鹿児島県の自然保護条例制定と自然環境保全法　207

るが、その冒頭において「自然は……生命をはぐくむ母胎であり限りない恩恵を与えるものである」とし、1974年に制定された自然保護憲章も「自然は、人間をはじめ生きとし生けるものの母胎であり……」（自然保護憲章制定国民会議［1974］）とした。この一文ではこうした認識を「自然と人間の不可分性の認識」と呼ぶこととするが、この認識はこの時期に確立された。

　第3には自然保護政策の対象を拡大したことである。自然保護条例および自然環境保全法は新たな自然保護地区等を指定・規制することにより、既存の自然公園法、森林法、文化財保護法、都市計画法などの法規制が及んでいない地区を新たに保護・規制の対象とした。したがって新たな指定地域等が条例・法律の守備範囲となる。ところが自然保護条例および自然環境保全法は「自然」を定義していないので、4道県の条例や法律の自然の守備範囲が既存の法規制地区と新たな自然保護地区等に限定されるのか、自然全般に及ぶのか不明確である。しかし、「自然と人間の不可分性の認識」が確認されたと前述したように、この認識の対象となるのは自然全般である。この時期に自然保護政策が対象とする自然が、自然全般に及ぶものとの転換を行ったと解される。

　第4にこの期の自然保護政策の転換が、既存の自然保護施策の枠組の抜本的な変革を逸したことである。長野県条例は地方自治体の条例制定権をもって、森林保全等に係る法令規制を横断する保護地域規制を行うとの考え方をとり、林野庁から条例規制の範囲を越えるとの指摘がなされていた。1972年初に環境庁が用意した「要綱案」は実現しなかったのであるが、大石氏の著書（大石［1982］）および毎日新聞報道（毎日新聞［1971］）から知られる要綱案の枠組は、既存の自然保護規制の枠組を包括した総合的・横断的なビジョンを描いていたとみられ、長野県条例の取組みに符合する側面があったのであるが、国政は長野県の取組みを支持・展開できなかった。環境庁長官は自然環境保全法案を審議した衆議院委員会において、法案が要綱案から後退したものとなったとした。また、同じ委員会の質疑において、「森林法や文化財法……都市計画法を整理して……基本的な法体系とする……抜本的な再編成の方針……は考えられないのか……」（島本虎三議員）という指摘があり、これに対して「今後……抜本的な検討をやってまいる必要があると考えております」（政府委員・

環境庁自然保護局長）と答弁されている。（衆議院［1972］）

　自然環境保全法の制定後に、自然環境保全に関係する政策の節目となるできごとがいくつかあった。1993年に環境基本法が公害対策、自然環境保全、地球環境保全、国際協力などを包括した環境政策体系を構築した。1994年には環境基本法に基づく環境基本計画（第一次）が閣議決定されて、4つの長期目標の一つを「共生」とし「自然と人間との共生を確保する」として、新しいビジョンを提示した。1992年に作成された生物多様性条約（1993年発効）に基づく日本の国家戦略について、1995年に第一次計画が策定された後、数次にわたって改訂されてきている。2002年に自然再生推進法が制定されて、それまでの保護・保全の法的な枠組に加えて、自然を再生するという法的な枠組が構築された。2008年には生物多様性基本法が制定された。自然環境保全にかかるこうした節目となるできごとがあったが、1972年の自然環境保全法の制定時に形成された自然保護政策の法体系である自然公園法等の複数の法制度が並立する仕組みは40数年にわたって変わらないままである。1972年当時に環境庁（当時）が描いた「自然環境保全法要綱案」は実現をみないままである。国政および地方に「自然環境保全法要綱案」の描いた枠組の構築が求められていると考える。

【引用文献・参考図書：考察】

北海道議会［1969］：北海道議会「昭和44年第2回北海道議会定例会会議録（7月10日）」1969

自然保護協会［1970］：自然保護協会「自然保護憲章（案）（1970年9月22日）」『自然保護100（1970年9月）』1970

北海道議会［1970］：北海道議会「昭和45年第3回北海道議会定例会会議録（10月13日）」1970

毎日新聞［1971］：毎日新聞1971年1月30日

長野県議会［1971］：長野県議会「第194回長野県議会（定例会）会議録 昭和46年6月29日」1970

鹿児島県議会［1971］：鹿児島県議会「昭和46年鹿児島県議会第2回定例会（7月5日）」1970

芝田［1971］：芝田博「長野県自然保護条例と林野庁の立場」『會報第181・182合併号』森林

第5章　北海道、香川県、長野県および鹿児島県の自然保護条例制定と自然環境保全法　209

計画研究会 1971
衆議院 ［1972］：衆議院「衆議院公害対策並びに環境保全特別委員会議事録 昭和47年6月13日」1972
日本学術会議 ［1971］：日本学術会議会長「自然保護法の制定について（勧告）」(1971年11月9日、内閣総理大臣宛、その他関係大臣宛写送付)
香川県 ［1972］：香川県「香川県長期振興計画（1972年11月）」
自然保護憲章制定国民会議 ［1974］：自然保護憲章制定国民会議「自然保護憲章（1974年6月5日）」
金丸 ［1974］：金丸三郎『美意延年』南日本新聞出版 1974
大石 ［1982］：大石武一『尾瀬までの道』サンケイ出版 1982

（補注1）北海道自然保護条例（1970年10月）前文

> 　人類は自然と共に生存し、そのはかり知れない恩恵のもとに、今日の繁栄を築いてきた。しかるに、近時、この恩恵になれて、自然を乱用し、貴重な緑地や自然景観を損壊するにとどまらず、自然界の調和をも乱し、人間の生活環境を著しく悪化させている。われらは、いまこそ、自然の精緻な秩序とその貴重な価値に思いをいたし、われらとわれらの子孫のために、自然のもたらす恵沢を永遠に享受できるよう、ここに最善の努力を尽くすことを決意した。われらは、かかる決意のもとに、北海道の優れた自然の保護を道政の基調として貫き、自然と生活との調和を図り、もって緑豊かな生活環境を創りあげるため、この条例を制定する。

（補注2）香川県自然保護条例（1971年3月）前文

> 　自然は、人間生存の基盤であり、人間は、限りなくその恵みを受けて今日の繁栄を築いた。しかるに、われわれは、ややもすれば自然の恩恵になれ、その価値を忘れ秩序なく自然を損傷し、自らの生活環境を著しく悪化させつつある。われわれは、いまこそ、自然の偉大さに目覚め、自然に親しみ、自然を愛し、自然の恵沢を永遠に享受し得るよう最善の努力を払うべきである。われわれは、かかる決意のもと、すぐれた香川の自然を保護し、緑あふれる環境を創り、自然と生活の調和を図ることを県政の基調とし、この条例を制定する。

(補注3) 長野県自然保護条例（1971年7月）前文

　自然は、人間生存の基盤である。澄みきった青空、緑の山並み、清らかな水 — 信州の自然は、われわれが祖先からうけついだ貴重な共通の遺産であるにとどまらず、すぐれた国民的資産であり、これを保存して後代に伝えることは、われわれに課せられた責務である。しかるに、われわれは、ややもすれば自然の偉大さを忘れ、その恵みをらん費し、自らの生活環境をすら悪化させようとしている。われわれは、いまこそ、自然の価値に思いをいたし、自然に親しみ自然を愛し、自然の保護とその賢明な利用を図りつつ、自然のもたらす恵沢を永遠に享受できるよう最善の努力を払わなければならない。長野県民は、信州のすぐれた自然を誇りとして、これを保護する権利を有し、義務を負う。ここに、自然と生活の調和を県勢の基調として確立することを宣言し、太陽と水と緑の豊かな郷土の実現を期するため、この条例を制定する。

(補注4) 鹿児島県自然保護条例（1971年7月）前文

　鹿児島の美しい自然は、祖先から受け継いだ遺産であり、われわれは、これを大切に保存し、後の世代に伝えなければならない。われわれは、鹿児島のこのすぐれた自然を県政の基調として貫き、清澄な空気と青い空と豊かな緑のもとで、自然と調和した生活環境をつくりあげるため、この条例を制定する。

(補注5) 毎日新聞記事（1971年1月31日）の骨子

　毎日新聞記事の骨子は、①すぐれた景観だけでなく、原生林や干潟、草原、雑木林など「良好な自然環境」を守る、②都市と近郊の緑を重視し、これ以降減らさぬよう"現状凍結"をはかる、③一切の現状変更を認めない「原生保護地域」と一種、二種、三種の「良好自然環境保全地域」、それに近郊緑地にあたる「緑地環境保全地域」の五段階の指定で規制する、④自然保護取締官を起き、司法職員としての権限を与えるという内容である。同紙はその「解説」において「……その意欲は……うかがえる……近郊緑地の保全を強くかかげたことは、画期的……問題は全国の自然の何％をカバーできるか……林野庁も……建設省も……環境庁の権限が強まることに激しく抵抗するだろう……」とした。

(補注 6) 大石武一氏（1971 年 7 月 5 日〜 1972 年 7 月 7 日環境庁長官）の著書『尾瀬までの道』に記述されている要綱案の概要

(1) 基本法的な部分と実施法的な部分との 2 つの部分で構成する。基本法では、自然環境保全の理念、国、地方自治体などの責務、審議会などについて規定する。実施法的部分では、自然環境を保全すべき地域を指定し、その地域の性格、指定目的によって段階を分けた行為規制を行えるようにする。
(2) 自然環境を保全すべき地域は、原生自然環境保全地域、自然環境保全地域、都道府県自然環境保全地域、緑地環境保全地域の 4 種類とする。それぞれ地域ごとに定められる保全計画に従って保全を図る。
(3) 原生自然環境保全地域は、特に原生の状態を厳重に保存するものとし、私権の設定を厳しく規制するとともに、地域内の自然を改変する行為は禁止し、必要があれば立ち入りを禁止することもできることとする。
(4) 自然環境保全地域については自然環境を厳格に保全する第一種保全地区、相当程度に保全する第二種保全地区、それ以外の第三種保全地区とする。
(5) 緑地保全地区については、市街地およびその周辺の樹林地、水辺地などで良好な生活環境を保全するため必要なものを都道府県が指定し、保全するものとする。
(6) 国立公園などの自然公園については、自然公園法にかえて新法に 1 章を設ける。つまり従来の自然公園法の新法への統合を図る。
(7) 自然保護行政関係の職員には司法警察権を付与し、取締に当たらせる。

第6章

環境課題と地域の取組み

1　はじめに

　第2次世界大戦以降の日本の環境課題の取組みにおいて地域は役割を果たしてきた。それぞれの環境課題と取り組んだ時期からみて3つのグループに分けて、筆者が典型的とみる19事例を選んだ。

　1950〜1970年代に公害対策、伝統的建造物群保存に取り組んだ6つの事例（第1グループ）、1960〜1990年代に多様な環境保全に取り組んだ7つの事例（第2グループ）、さらに1990年代以降に地球環境保全に関わる取組みを進めている6事例（第3グループ）である。なお、自然環境保全に取り組んだ北海道等4道県の取組みについて、時期および環境課題において、第1グループに匹敵するものと見做すことができるものであるが、本書の第5章に取り上げており、本章では取り上げていない。

　19事例について、それぞれの取組みに関わった主体、背景等に着目して、行政資料、関係図書、研究論文等を収集し、経緯・背景の把握を行った。その結果をもとに、日本の環境政策形成においてそれぞれの取組みが果たした役割について考察した。その際、それぞれの地域の取組みの経緯と成果を全体として「発展」とみなし、発意、始動、推進・拡充、遂行・確立の4つの段階により把握するよう努めた。また、この一文では「公害対策、自然保護・生物多様性保全、景観保全、資源循環、温室効果削減などの一つあるいは複数の環境目標を掲げて、先進的に環境にやさしい取組みを行い、および行おうとする都

市・地域」を「環境保全型地域づくり」とみなし、基礎自治体としての市町村やその一部の地域に着目した。各地域の環境問題・課題に直接に利害関係を有する人を「住民」、直接的な利害関係を持たない地域の一般人については「市民」としている。

本文は"Eco-city Development in Japan"(*LANDSCAPE CHANGE AND RESOURCE UTILIZATION IN EAST ASIA*, pp.111-140. *Academia Sinica on East Asia, Taiwan*, 2018)として発表したものを補完・整理したものである。

2　第1グループの環境保全型地域づくり

第1グループの環境保全型地域づくりとして、1950〜1970年代にみられ、公害対策に取り組んだ事例、伝統的な建造物と町並み保全に取り組んだ事例を取り上げた。公害対策に取り組んだ宇部市等の地域は直面する環境汚染問題にそれぞれに独自の手法・手段で対応を模索して対策を講じ、公害対策や公害被害者救済の仕組みの構築を促した。伝統的な家屋と町並み保全という課題に直面した金沢市、倉敷市は条例制定によって対応し、伝統的な景観の保全を先導して1975年に文化財保護法改正による「伝統的建造物群保存地区制度」(伝建地区)の導入を促し、さらにはその後の地域の景観保全の取組みの先駆事例となった。

2-1　公害対策に取り組んだ事例：宇部市・横浜市・北九州市・四日市市

宇部市のばいじん汚染対策の取組み

宇部市は、明治時代から盛んに石炭を産出し、セメント工場、窒素・肥料などの化学工場、発電所などが操業する工業地域を形成したが、各工場では市場価値の低い低品位炭を使うためにばいじん汚染が深刻であった。

1949年10月に市議会において議員の矢野善一氏が「市民保健の見地から灰をなんとかせよ」とする動議を提案し全会一致で可決され、市議会に「宇部市降灰対策委員会」(特別委員会)が設置され、委員会は山口県立医科大学(当

時）野瀬善勝教授に降下煤塵に関する科学的・技術的調査・資料収集を委嘱した（野瀬［1996］）（谷門［1960］）（宇部市［1991］［1993］）。

野瀬氏が1950〜1952年に、市内10か所（工場近接地域、市街地、住宅地および郊外を含む）において調査した降下煤塵量（固形物総量）は697.66t／km^2／年（58.14t／km^2／月）であった。（野瀬他［1953］）

1951年3月に市議会は降下煤塵対策が緊要であるとして、発生源における集じん対策、街路への散水、防じんのための植樹等を決議し、工場や行政に防塵対策を求めた。市議会議員改選後の1951年6月に市議会は「宇部市煤塵対策委員会条例」を制定し、この委員会は企業代表、行政関係者、研究者、市議会代表などにより構成して、ばいじん対策が話し合いで進められる試み（後に「宇部方式」と呼ばれるようになった）が行われるようになった。（谷門［1960］）（宇部市［1993］）

当時、健康影響が生じていたことが明らかにされている。1953〜1957年に、宇部市の住民の気管支炎死亡率が、0〜4歳の乳幼児について鉱工業地域10万人当たり22.2人、その他地域11.8人、60歳以上についてそれぞれ149.3人、73.0人であったなどのように、鉱工業地域において呼吸器系疾患、循環器系疾患の死亡率が高い傾向があった。（谷門［1960］）

企業は自ら公害対策を進めて1950年に14基の集じん機を設置、1955年までに19基、1963年までに38基の集じん機（電気集じん機26基、サイクロン集じん機12基）を設置した（浅川［1967］）。こうした対策の結果、宇部市の降下ばいじん量は、1961年に16t／月／km^2になり、1951年当時の約4分の1になった（宇部市［2016］）。

1960年代前半頃に宇部市を訪問した専門家（伊東彊自氏。気象研究所応用気象研究部）は「宇部興産を中心とした多くの事業体が……何十年も前から電気集塵機を持っているのに驚いた……宇部でばい煙を征服するのに『宇部方式』といわれて評価されているものがある……話し合いをし、まとまらなければ話し合いをする……時間がかかった（が）……清浄な空気を回復し、緑をあふれさせ、光を得た」（伊東［1964］）（筆者注：この一文は1964年8月の雑誌に掲載されており、伊東氏が宇部市を訪れたのは1960年代前半と考えられる）。

市議会主導で始められた「委員会」は、事業者自らの取組みを促し、学識経験者による汚染と健康影響の調査結果が取組みを督励した。市民は厳しく事業者に対策を求め、1953年8月28日の市民組織の陳情書、同日の市民大会の決議などの主張・要望は厳しく発生源事業者に対策を求めたが、操業の一時停止や中止を求めるのではなかった。一方、事業者側は市民と向き合い、「市民に向けて」としてみずからの対策をかなり詳しく説明を行う事例があった（補注2-1-1）。（谷門［1960］）

　企業による集塵機の設置等の対策は法規制等が存在しない状況の中で行われた。「地方自治体と事業体と民間および研究機関乃至関係技術者が一体となった自主的な組織活動……」（谷門［1960］）であった。宇部市は「話し合いによる発生源対策を第一主義に……地域社会の健康は自分たちで守ろうという自治意識のもと、ここに『産・官・学・民』による『宇部方式』の基礎……」（宇部市［2016］）ができたとしている。（補注2-1-2）

　「産・官・学・民」の協働により対策を推進する「宇部方式」の理念は、その後の宇部市のさまざまな環境保全施策に引き継いだとされ、1997年には国連環境計画により「グローバル500」を受賞した。

（補注2-1-1）例えば、1961年10月2日～9日に、宇部興産窒素工場、宇部興産宇部セメント工場、宇部曹達工業、中国電力の4社から、「市民の皆様へ」として対策の説明、1963年10月に宇部曹達から「市民の皆様へ」として対策の説明が行われている。

（補注2-1-2）当初の条例（宇部市煤塵対策委員会条例）では、第1条「この会は、事業場から生ずる煤塵による汚染並びに被害等を最少限度に防止するための諸対策を研究し、樹立し最も効率的に実行することを目的とする」とされていた。1953年4月に条例改正し（宇部市ばいじん対策委員会条例）、第1条「……煤塵による汚染および被害を可能な限り防止するための具体的対策を、市長の諮問に応じて研究調査し、およびその意見を答申することをもって目的とする」とされた。さらに1960年6月には「宇部市大気汚染対策委員会」に改正・改称されている。

【引用文献・参考図書：宇部市の取組み】

野瀬他［1953］：野瀬善勝・窪谷裕・杉村陽子「宇部市に於ける降下煤塵の特性と其の原因的考察 1.宇部市の降下煤塵と其の成分」『山口医大産業医学研究所年報 第1巻』1953

谷門［1960］：谷門信「宇部市に於ける大気汚染防止活動　特に煤塵対策委員会活動の在り方に就て」『山口医大産業医学研究所年報 第 8 巻』1960
伊東［1964］：伊東彊自「スモッグの話（五）光と緑とばい煙と」『自然保護 No.36（昭和 39 年 8 月 15 日）』1964
浅川［1967］：浅川照彦『大気汚染の実態と公害対策』昭晃堂 1967
宇部市［1991］：宇部市『宇部市史年表』1991
宇部市［1993］：宇部市『宇部市史通史編下巻』1993
野瀬［1996］：野瀬善勝『エコロジカルな地域づくり』近代文芸社 1996
環境庁［1997］：環境庁「UNEP グローバル 500 賞の受賞について」（1997 年 5 月 27 日）
宇部市［2016］：宇部市役所「宇部方式の歩み」（宇部市 HP）
〈www.city.ube.yamaguchi.jp/machizukuri……html〉（2019 年 3 月 28 日参照）

北九州市の大気汚染対策の取組み

　北九州地域に石炭を産出したことから、明治時代末の 1897 年に現在の北九州市に製鉄所の設置が決定され、1904 年頃には鉄鉱石をコークスにより還元して銑鉄を生産する「官営八幡製鉄所」が操業するようになった。その後、旧八幡市、旧戸畑市などの地域は製鉄所、関連する発電所、その他の施設が立地・操業する町として発展した。しかし、北九州市における降下ばいじんについて、1961 年に若松で最大 137t ／ km^2 ／月、八幡で最大 113t ／ km^2 ／月、1959 〜 1970 年頃に城山地区で 50 〜 80t ／ km^2 ／月などの記録があり、相当にひどいものであった。（藤倉［1997］）

　こうした状況に対して婦人会が声を上げたことが知られている。旧戸畑市の婦人会活動の一環である勉強会に、日本の民主化政策の推進に活用するとの考えから占領軍が担当者（米国人）を派遣し、婦人会の中に英語に堪能な会員がいて学習が円滑に進められた（藤倉［1997］）。婦人会は地元の市会議員にばいじん問題を訴え、1951 年に市会議員が議会でばいじん問題を取り上げ、市長が企業に働きかけて集塵装置の設置を実現させた（同）。今村氏は「戦後の民主主義教育（により）……きれいな空気を吸うことは、人間としての基本的権利という意識が芽生えてきました」（今村［1970］）としている。

　1963 年に 5 市合併により北九州市が誕生したが、その頃から降下ばいじん量は減少し、1970 年代の半ば頃には 10t ／ km^2 ／月程度になった。このこと

について藤倉氏は、以前から行われた八幡製鉄所における作業環境改善を主目的とした集塵装置の導入、および1960年代後半における法規制による集塵装置の設置などを指摘するとともに、「効果的であったのは石炭から石油へのエネルギー転換」（藤倉［1997］）としている。

1960年代にはばいじんに替わり二酸化硫黄大気汚染、洞海湾の水質汚濁、底質汚染、住工分離、住居移転・小学校の廃校（城山小学校）問題等の公害対策課題に対応することになるのであるが、「公害被害の深刻な……1955年から1975年にかけて……対策を行った谷市長の時代（1967～1987年）に……（公害対策が）基本的に完了した……住民が行政に働きかけ、行政と企業が協議と協調を行うことで……実を結んだ」（野村［2011］）とされている。

1950年代から約20年間の北九州市における大気汚染対策の経緯において特徴的であるのは、地域の婦人会の取組みが端緒となり、これに行政、事業者が呼応して対策が進められるようになったことである。また、この婦人会の取組みを促した背景として、戦後の民主主義の普及活動が影響を与えているとされていることは注目される事実である（今村［1970］）。北九州市は今日においても環境保全型地域づくりを推進しており（この章の後述「4-1　北九州市"世界の環境首都"」参照されたい）、その長い歴史は1950年代に始められたとみることができる。

【引用文献・参考図書：北九州市の取組み】
今村［1970］：今村千代子「青空がほしい──北九州の公害反対運動」『ジュリスト特集──公害実態・対策・法的課題』有斐閣 1970
藤倉［1997］：藤倉良「公害対策の社会経済的要因分析」『北九州市公害対策史解析編』北九州市 1997
野村［2011］：野村政修「北九州市が取り組んできた環境政策」『九州国際大学経営経済論集17巻3号』2011

横浜市の公害防止契約

横浜市の磯子・杉田町の地先海域埋立計画は、第2次世界大戦前の1941年に市議会の案として提案・決定されたが戦時下で中止された。戦後の1956

年に計画決定されて埋立が進められ、1959年に日本石油(当時)が立地し、1960年代半ば頃までにその他の多くの大企業等が進出した。開発は市によって進められたが、横浜市は重化学工業地域を開発して日本の経済復興の一翼を担うことを企図していた。(横浜市［2002］)

開発当初には市側にあまり公害対策への認識がなかったとされている。1960年頃に進出企業の公害を懸念する地元医師会の陳情に市長は県に指導強化を求めるなどとし、住民もあまり公害を懸念していなかった。(横浜市［2002］［2003］)

ところが、1950年代末に川崎市に近い鶴見区、神奈川区などにおいて、住民が公害に関心を高めるようになり、加えて1964年9月に日本石油が操業を始めると、風向きにより悪臭が漂い、住民が市長に要求書を提出し、さらには騒音苦情も寄せられるようになった。やがて「磯子区に環境衛生保全協議会という住民組織ができ……非常に強力な……いろいろな方が入った住民組織ができあがった」(猿田［1981］)など公害への懸念が強く寄せられるようになった。(鳴海［1970］)(猿田［1981］)(横浜市［2002］)

1963年の横浜市長選挙で当選した新市長(飛鳥田一雄氏)は公害対策を公約としていたが、市長としては市として進めてきた根岸地区の工業開発を進める立場でもあった。1964年に通産省(当時)から神奈川県、横浜市に、東京電力が取得していた土地を電源開発(株)に譲渡する、石炭火力発電所を立地・稼働させるとする計画について協議された。横浜市は法的に公害対策を求める権限がなかったが、東京電力と交わした契約に土地の譲渡に当たって市の了解を得るとの条項があり、これを根拠に譲渡後の電源開発による大気汚染防止対策を求めることとした。このことについて猿田氏は「苦肉の策として出てきたもの」(猿田［1981］)としているが、背景に強い市民運動が存在した(横浜市［2003］)。1964年10月に横浜市は通産大臣宛に、磯子火力発電所に対する公害防止の指導監督等を要請した。この市の要望に対して通産省から市長に要望の趣旨に沿うよう取り計らいたい、と回答された。12月1日に横浜市は電源開発に対して、集塵機の設置、煙突の高さ、二酸化硫黄排出濃度など、具体的な申入れをし、同日づけで電源開発から市長宛に申入れの趣旨に従って公

害対策を講じるとの回答がなされ、往復公文の形で大気汚染対策等の契約が交わされた。(鳴海［1970］)(猿田［1981］)(横浜市［2003］)

　この後、横浜市においては、企業が、住民の環境問題への関心の高まりを踏まえて、自らの活動を市の仲立ちを得て進めるあり方を採るようになり、1969年までに主要な38件の増設等について、電源開発と同様の往復文書を交わした。横浜市はこれらについて「公害防止契約」としている。なお、横浜市は、1件の銑鋼一貫製鉄所の川崎市への新規立地については、神奈川県、横浜市、川崎市と事業者による「協定」を交わした。(鳴海［1970］)(猿田［1981］)(横浜市［2002］［2003］)

　このような横浜市の手法は、一般的に「横浜方式（公害防止協定）」と呼ばれるようになり、法的な規制権限を持たない地方自治体が、立地企業等に対策を求める手段として喧伝され全国に波及した。現在における正確な数を知ることはできないが、1988年9月に有効な29,657件が締結されている（環境省［1989］）。横浜方式は公害対策だけでなく環境保全全般に拡大することとなる典型的な環境政策手法である「協定」を先導した。

【引用文献・参考図書：横浜市の公害防止契約】
鳴海［1970］：鳴海正恭「企業と公害防止協定 ── 横浜方式」『ジュリスト特集 公害 実態・対策・法的課題』有斐閣 1970
猿田［1981］：猿田勝実「公害防止協定の沿革と横浜方式について」『公害・環境に係る協定等の法学的研究』有斐閣 1981
環境庁［1989］：環境庁『平成元年版環境白書』1989
横浜市［2002］：横浜市『横浜市史Ⅱ第3巻上』2002
横浜市［2003］：横浜市『横浜市史Ⅱ第3巻下』2003

四日市市の公害被害救済

　四日市市に石油コンビナートが立地することとなったのは、1950年代後半に、石油産業の振興のために、国有地であった旧海軍燃料廠の跡地が民間に払い下げられたことによる。1960年頃には立地した工場の操業による騒音、悪臭等の苦情が寄せられるようになり、1961年夏にはコンビナートに近い地域

で呼吸器症状を訴える人が急増し、年を経るごとに増加した。硫黄酸化物汚染は1961～1966年の冬期平均値（11月～4月）、1.48～2.75mgSO$_3$／100cm^2／日（0.05～0.10ppmに相当）であった。喘息症状等の大気汚染健康被害は「四日市喘息」と呼ばれ、水俣病、イタイイタイ病と並ぶ日本の典型的な公害健康被害となった（近藤［1967］）（小野［1971］）（ICETT［1992］）。

　1963年夏に、四日市市塩浜地区連合自治会は喘息患者に医療費負担を行うとし、1964年夏には地元病院で認められた患者に自治会により医療費の支払いを行い始めたが、数か月で活動資金が底をついて中止された。（ICETT［1992］）

　その後、1964年7月に、四日市医師会が市長に公害による疾病と医師が認めた場合に市が医療費の自己負担分を負担する考えについて公開質問し、市は各機関と話し合って近く回答するとした。四日市市と三重県、厚生省（当時）との相談は不調に終わった。1964年10月に四日市市議会は、市として医療費の全額負担をすべきとの決議を行い、同年12月の市議会において、市長が公害患者の医療費負担を新年度から市で行うと表明した（小野［1971］）（ICETT［1992］）。

　四日市市は、1964年秋頃から健康被害の認定と医療費の支払いに関する制度の準備を行い、1965年2月に「四日市市公害関係医療審査会」を設立して、審査会により認定された市民に市費により医療費を支払う制度を1965年5月から施行した。その後、四日市市以外の全国各地においても公害被害の救済制度を導入するようになり、さらには法制度による公害健康被害の救済制度（1969年）、および補償制度（1973年）が整備されるのであるが、四日市市による制度は全国に先駆けるものであった。（ICETT［1992］）（環境庁［1972］）

　四日市市は三重県とともに、法規制を先導するように大気汚染総量規制を実施するなどの対策を推進して、地域の環境汚染を改善した。1990年に地域の経験を生かして「環境技術移転センター」を設立して国際協力、研究開発などを行うとしたが、設立当初から通産省（当時）の支援を得ており、1991年には通産省の所管する「国際環境技術移転センター」（International Center for Environmental Technology Transfer）とされ、現在も活動を行っている。

(ICETT［1992］）

　四日市市は 1995 年に国連環境計画により「グローバル 500 賞」を受賞したが、大気汚染による健康影響の解明、被害者の救済、大気汚染・水質汚濁対策の推進のための三重県条例による総量規制の実施、そうした努力の結果による環境汚染の改善、さらには「環境技術移転センター」の設立と国際協力の実施などであるとされる。(2016 年 2 月 22 日受信の四日市市環境保全課資料による）

【引用文献・参考図書：四日市市の公害被害救済】
近藤［1967］：近藤秋太郎『青空をかえせ』風媒社 1967
小野［1971］：小野英二『四日市公害 10 年の記録』勁草書房 1971
環境庁［1972］：環境庁『公害保健読本』中央法規 1972
ICETT［1992］：国際環境技術移転センター（ICETT）『四日市公害・環境改善の歩み』1992

公害に対する認識の高まりと施策体系の確立

　4 市は 1950 〜 1970 年代に大気汚染を改善し、公害健康被害を救済する実践を行って、1980 年代には確立をみることとなる公害対策の理念や政策を先導する役割を果たした。4 市の事例に共通してみられるのは住民・市民が大気汚染対策を求めて、発生源企業、議会、行政に働きかけたことである。四日市市の事例では、自治会が四日市喘息を患うことになった人に医療費負担を行い、すぐに資金不足により立ち行かなくなるのであるが、市議会・市長の対応を促した。宇部市、北九州市、横浜市の事例においては大気汚染発生源である事業者が汚染物質削減に協力した。今村氏が北九州市住民の当初の取組みについて指摘しているように、煙を我慢するのを止めて、きれいな空気を吸うことを権利と考えるような認識の転換があったと考えられる。(今村［1970］）

　国全体を俯瞰して、国民が公害に関心を高め、国政および事業者が対策に乗り出したのは 1960 年代の半ば以降である。1960 年代末〜 1970 年代初に公害苦情件数は急増し、1970 年頃に国民世論が公害対策、特に産業公害対策を強く求めるように転換した。1960 年代後半以降に政府、国会が動いて公害対策基本法制定（1967 年）、公害健康被害救済法制定（1969 年。1973 年に廃止さ

れて同年に公害健康被害補償法制定）、その他の公害規制諸法の制定等の法制整備が進められた。1970～1972年に経済成長よりも公害防止に努めるとの大企業経営者の意識の転換がみられた。（環境庁［1973］［1974］［1982］）

　1949年に東京都工場公害防止条例が制定されるなど、地方の公害防止条例制定が行われるようになっており、同年に宇部市のばいじん対策への取組みが始められている。こうした地方の取組みが、後に国策としての公害対策施策の一つの到達点に至ったのは、1973年の瀬戸内海環境保全臨時措置法制定（1978年に瀬戸内海環境保全特別措置法に改正）、および1974年の大気汚染防止法改正により、汚染物質（CODおよび硫黄酸化物）の総量規制制度が導入されたことであると筆者は考えている。1950年頃からの宇部市などの地方の公害対策の取組みは、国民、事業者、地方自治体、国が理念と施策体系を共有することとなり、20余年を経て公害対策の遂行・確立の域に至ったとみられる。

【引用文献・参考図書：公害に対する認識の高まりと施策体系の確立】
今村［1970］：今村千代子「青空がほしい — 北九州の公害反対運動」『ジュリスト特集 — 公害実態・対策・法的課題』有斐閣 1970
環境庁［1973］：環境庁『昭和48年版環境白書』1973
環境庁［1974］：環境庁『昭和49年版環境白書』1974
環境庁［1982］：環境庁『環境庁十年史』1982

2-2　伝統的建造物群の保存：金沢市・倉敷市

金沢市の事例

　金沢市は、江戸時代に城下町が形成され、第二次世界大戦中に戦火に遭うことがなく、古い町並みが残されたが、明治時代以降の日本の近代化の進展の中で景観保全の取組みはほとんど行われなかった。しかし、1963年に金沢市議会で市長が議員の質問に答えて武家屋敷区域の土塀等の保存対策を実施するとし、1964年に金沢市は「武家屋敷群地区の土塀・門等の修復制度」による補助制度を設け、市内の長町地区を対象に行われ、これが金沢市における歴史的な町並みの保存・修復の最初のものとされている。（川上［1999］）（伊藤

［2006］）（金沢市［2015］）

　1966年に古都保存法（古都における歴史的風土の保存に関する特別措置法）が制定されたが、京都市、奈良市、鎌倉市（いずれも一部地域）が対象とされて、金沢市はその対象とはならなかった。その後、1968年4月に金沢市は「金沢市伝統環境保存条例」（「1968年金沢市条例」）を制定した。この条例制定について、伊藤氏の著書、金沢市の資料から次のように経緯・背景が知られる。（伊藤［2005］［2006］）（金沢市［2015］）

　1966年3月に、当時の市長は市議会で古都保存法の地域指定の意思がないと答弁し、その際市長は都市開発と古都保存法指定の並立への懸念を指摘している。その後、同年秋には金沢経済同友会が「保存と開発委員会」を設けて保存地区の選定や旧市街の保存について提言した。このことについて、伊藤氏は当時の経済同友会の常務理事・本岡三郎氏の見識があったとしている。

　また、金沢出身で学識者（谷口吉郎氏。著名な建築家で当時東京工業大学名誉教授）が市長に働きかけて伝統環境を保存するよう促した。1967年5月から学識者による「保存と都市再生開発診断」が行われ、その提案を具体化するための条例案が市行政の担当者により起草された。条例案の作成について市長直属の企画課が担当し、古都保存法を参考にし、また、条例の基本方針は個々の建造物の保存ではなく環境の保全であったとされる。条例案について開発への影響を懸念して市議会において質疑が交わされ、報道機関においても賛否両論があった。市長は市民の理解を得ながら進めていくとした。条例案は可決・成立し、同年10月の条例施行時に4か所の保存地区を定めて施行された。（山崎他［2003］）（伊藤［2005］［2006］）（金沢市［2015］）

　「1968年金沢市条例」はその制定目的を「伝統環境の破壊を極力防止するとともに近代都市に調和した新たな伝統環境を形成……する」（第1条）とした。保存区域等を指定し、保存区域内の行為について届出を求め、必要な助言・指導・勧告を行う、予算の範囲内で補助・助成を行うなどとした。規制というよりも建築行為について届出を求めて内容に応じて必要な緩やかな景観形成誘導を企図したものとみられる。一般の民家、町並みを対象に景観の保全と形成を図ろうとした条例として先駆的であったとされる。（金沢市［1968］）（伊藤

[2006]）（山崎他［2003］）

1963年10月の条例の施行後、1982年までに7保存区域、5風致地区など指定区域・地域は422haになった。（1982年6月時点の「金沢市伝統環境保存条例施行規則」による）

1989年に「金沢市における伝統環境の保存および美しい景観の形成に関する条例」（この節において「1989年条例」）（補注2-2-1）を制定し、伝統景観だけでなく近代的な都市景観を条例の守備範囲とした。1994年には市内各所に残る伝統的・歴史的な小規模な区域の町並みを保存する「金沢市こまちなみ条例」を制定し、2003年に眺望景観の保全のために「1989年条例」を改正した。2004年の景観法の制定後も、景観形成に関係する多くの条例を制定して、地域の景観形成を促進してきた（補注2-2-2）。2009年3月に景観法を踏まえた「金沢市における美しい景観まちづくりに関する条例」を制定した。

【謝辞】　この項をまとめるにあたり古い金沢市条例等について、金沢市役所の中谷裕一郎氏からご提供をいただいた。ここに記してお礼申し上げます。

（補注2-2-1）この条例は2009年9月廃止されている。それに先立ち2009年3月「金沢市における美しい景観まちづくりに関する条例」が制定され、同年10月に施行された。
（補注2-2-2）「金沢市における美しい沿道景観の形成に関する条例」（2005年3月）、「金沢市における夜間景観の形成に関する条例」（2005年9月）、「金沢風致地区内における建築等の規制に関する条例」（2012年12月制定）、「金沢市道路標識の寸法を定める条例」（2012年12月制定）、「金澤町家の保全及び活用の推進に関する条例」（2013年3月制定）などがある。（「平成27年度版金沢の景観まちづくり」による）

【引用文献・参考図書：金沢市】
金沢市［1968］：金沢市「金沢市伝統環境保存条例」「（条例）施行規則」1968
川上［1999］：川上光彦「金沢市における歴史的町並み保存の特徴と課題」『市史かなざわ第5巻』1999
山崎他［2003］：山崎正史・坂本英之・鈴木伸治「総合的な風景計画の実践」『日本の風景計画』学芸出版社 2003
伊藤［2005］：伊藤修一郎「先行自治体の政策過程分析　金沢市と神戸市による景観条例制定を

事例として」『論叢現代文化・公共政策第 2 巻』2005
伊藤［2006］：伊藤修一郎『自治体発の政策革新 ― 景観条例から景観法へ』木鐸社 2006
金沢市［2015］：金沢市「平成 27 年版 金沢の景観まちづくり（2015.7）」2015

倉敷市の事例

　1968 年 9 月に倉敷市は「倉敷市伝統美観保存条例」を制定して歴史的な建造物と景観を保存するとした。倉敷市は金沢市とともに、伝統的な建造物とその街並の保全の先駆的な役割を果たした。

　倉敷市は、江戸時代に遡る物流・商業の町として発展し「伝統的」とされる街並が形成された。明治時代以降の近代化の過程で一部に西洋的な建築様式の建物が加わって、古い町家と西洋建築が混在する街並を形成し第二次世界大戦中の戦火に遭うことがなく残された。（倉敷都市美協会［1990］）

　戦後、全国的に洋風化がもてはやされる傾向にあり、「倉敷でも土地の人は、こんな古い姿は一日も速く亡くなってほしいと誰も願っていた」（倉敷都市美協会［1990］）状況下にあったが、一部の知識人等は、町並の価値を認めていた。そうした人びとの尽力により、江戸時代の米蔵で空き家状態の荒れ果てていた一つの古い建物が寄贈されて、1948 年に倉敷民藝館に再生された。また、考古学の愛好家、蒐集者らが尽力し、個人所有の邸宅の土蔵を借り受け、1950 年に倉敷考古館を開館した。（倉敷都市美協会［1990］）

　町並みの価値を認める関係者等による活動は「実録倉敷町並物語」（倉敷都市美協会［1990］）に記録されている。3 回の座談会（1949 年 1 月、1950 年 3 月、1955 年 6 月）が記録され、その第 2 回座談会において、「建築協定」（建築基準法）により町並保存を行う協定案を戸別に説明したものの、住民から賛同を得ることができず、実現しなかったことが記録されている。第 3 回座談会に、倉敷市（旧児島市、旧玉島市と合併する以前の旧倉敷市）の総務部長（田村隆雄氏）が参加し、参加者が総務部長に町並保存の重要性を訴え、部長は町並保存の困難性を説明するとともに、市の責務を重ねたい旨の発言をしている。（倉敷都市美協会［1990］）（補注 2-2-3）

　1940 年代後半〜 1960 年代前半に、倉敷の町並は、倉敷市の写真家の中村昭

夫氏の写真、国内の著名人、新聞・写真誌などを通じて徐々に全国的に高い価値が認められるようになり、エドマンド・ブランデン氏（イギリスの詩人）、海外雑誌記者など、また、日本建築学会の複数の専門家（1953年10月31日に来訪）にも価値が認められた。（朝日新聞社［1954］）（岩波書店［1957］）（倉敷都市美協会［1990］）（倉敷市［2005］）

1965年1月に「倉敷の将来像に関する懇話会」が設けられ、同年4月に報告書をまとめている。報告書は倉敷市の町並について「倉敷川周辺は、日本でも有数の歴史的景観を残しており……対象地域を明確に画定し、保存に必要な処置をとらねばならない……（この地区への）観光客数は年々増加の傾向にあり、観光面からもこの一帯の積極的な整備が必要である」とした。（倉敷将来像懇話会［1967］）

こうした経緯が倉敷市当局に町並保存を促したものとみられる。1968年6月に倉敷市は議会に「倉敷市都市美観保存条例」を提案した。市長は「都市美観条例を設け、文化と観光の発展に寄与いたしたい」（倉敷市議会［1968a］）とした。6月議会では継続審議とされ、同年9月議会において、名称を「倉敷市伝統美観保存条例」とするなどの修正を行って可決・成立した。（倉敷市議会［1968a］［1968b］）（倉敷市［1968］）

条例は伝統美観を保存し継承することを目的とし、指定された地区内で行為を行う場合に事前に市長に協議すること（現条例では協議のうえ同意を得ることとされている）、市長が必要と認める場合に助言・指導・勧告を行うこと、および助言・指導・勧告に従って生じた損失を市長が補償することなどとした。条例施行当初に20.7haを美観地区として指定した。

この条例の施行後、1975年に文化財保護法改正による「伝統的建造物群保存地区」の制度が定められた。倉敷市は条例の対象範囲を、法律に基づく対象地区とするする考えをとったが、一部の反対があった2つの商店街は対象地域から外してほしいと申入れ、法対象地区を条例美観地区のうちの13.5haに縮小し（現在は15ha）、1978年に「倉敷市伝統的建造物群保存地区保存条例」を制定して法適用のもとに対象地域を保存するとした。（山陽新聞［1977］［1878］）（倉敷市［1978］［2005］）

その後も倉敷市は、1990年に美観地区からの眺望を保全するための条例（倉敷市倉敷川畔伝統的建造物群保存地区背景保全条例）を制定し、眺望景観の保全について地方の取組みを先導した（三島他 [2003]）。2004年の景観法の制定後は、景観法のもとで以前からの条例との整合性が調整され、市域全体に係る「倉敷市都市景観条例」と、以前からの「倉敷市伝統美観保存条例」、および「倉敷市伝統的建造物群保存地区保存条例」がそれぞれに施行されている。なお、2012年11月に倉敷市は、「アジア都市景観賞・大賞」（国連ハビタット福岡本部等により2010年から実施）などの受賞を重ねてきている。

【謝辞】　この項をまとめるにあたり情報・資料等について、倉敷市の文化財保護課・藤原氏、都市景観室・河田氏からご提供をいただいた。ここに記してお礼申し上げます。

（補注2-2-3）「実録倉敷町並物語」の編者である「倉敷都市美協会」が「全国初の地域住民による町並み保存団体」とされている（中島・鈴木 [2003]）

【引用文献・参考図書：倉敷市】
朝日新聞社 [1954]：朝日新聞社『朝日写真ブック7 倉敷うちそと』1954
岩波書店 [1957]：岩波書店『岩波写真文庫240　倉敷 古い形の町・美術』1957
倉敷将来像懇話会 [1967]：倉敷の将来像に関する懇話会「倉敷の将来像に関する懇話会報告」1967
倉敷市 [1968]：倉敷市「倉敷市伝統美観保存条例」1968
倉敷市議会 [1968a]：倉敷市議会「昭和43年第2回定例会会議録（昭和43年6月10日）」1968
倉敷市議会 [1968b]：倉敷市議会「昭和43年第3回定例会会議録（昭和43年9月19日）」1968
山陽新聞 [1977]：山陽新聞（1977年12月11日）
山陽新聞 [1878]：山陽新聞（1978年7月27日）
倉敷市 [1978]：倉敷市「倉敷市伝統的建造物群保存地区保存条例（昭和53年9月20日）」1978
倉敷都市美協会 [1990]：倉敷都市美協会『実録倉敷町並物語』手帖社 1990
三島他 [2003]：三島伸雄他「歴史的都市の風景計画」『日本の風景計画』学芸出版社 2003

中島・鈴木［2003］：中島直人・鈴木伸治「日本における都市の風景計画の生成」『日本の風景計画』学芸出版社 2003
倉敷市［2005］：倉敷市『倉敷市史第 7 巻』2005

景観の保存を促したもの

　金沢市と倉敷市による取組みは、それぞれの歴史的町並みを保存してその価値を高めるとともに、他の地域における景観の価値への再認識と取組みを促したものと考えられる。両市による条例制定の後、1975 年に文化財保護法が改正されて「伝統的建造物群保存地区」（伝建地区）を指定・保護する制度が定められ、現在、全国の 115 の地区（2017 年 7 月）が伝建地区として指定・保存されており、金沢市・倉敷市についても一部の地区について文化財保護法に基づく保存措置がとられている。後述する京都市、神戸市による景観保全の取組みは、両市が有する伝統的建造物の保存とともに、都市景観のあり方を模索するものであったが、金沢市と倉敷市による条例制定は影響を与えたものと考えられる。これらの 4 市が先導した地域景観保全は多くの他の自治体に影響を与えて、2000 年代当初までに 500 弱の景観条例制定を促し、また、2004 年に「景観法」の制定に途を開いたものと考えられる。

　金沢市と倉敷市の当初の条例制定（1968 年）を促したのは、市民や保存地区に住む住民ではなく、内外の知識人・文化人の声に首長・行政が応じて条例制定がなされたとみられ、また、古都保存法の存在も影響があったものと考えられる。現在では両市ともに歴史的町並みは重要な観光資源となっているが、倉敷市の事例では、条例制定の時点においてそのことが制定目的とされていた。

　伝統的建造物群に住む住民の意識について、倉敷市の事例では、1970 年代初に文化財保護法による地域指定に先立って行われたアンケート調査の結果、地域指定に賛意を示す住民が多かったとされており、文化財保護法に基づく「倉敷市伝統的建造物群保存地区保存条例」の制定（1978 年）の頃には、大方の住民および一般市民が「保存」を支持するようになっていたものと考えられる。金沢市の事例では、前述のように 1977 年に文化財保護法に対応する「金

沢市伝統的建造物群保存地区保存条例」を制定したものの、伝建地区指定がなされたのは 2001 年 11 月であったので、住民合意に至る過程で多様な意見があったものと推定される。

3　第2グループの環境保全型地域づくり

　第2グループの環境保全型地域づくりについて、森林の保全に取り組んだ事例、光害のない星空の価値を切り開いた事例、地域の水資源・水環境の価値を高めた事例、都市景観の創出に取り組んだ事例などを取り上げている。各地域は、第1グループの取組みよりも広い環境の価値を切り開いたことに特徴がある。第2グループの取組みの時期は 1960 ～ 1990 年代で、第1グループの時期（1960 ～ 1970 年代）と一部重複している。

3-1　地域の森林資源の価値を再確認した事例：宮崎県綾町・鹿児島県屋久島

宮崎県綾町

　宮崎県綾町は町内の照葉樹林の価値を高めながら保護することに成功した。当初の取組みは 1960 年代半ば頃にさかのぼる。1966 年に国（林野庁）から町に国有林を伐採する通知がなされ、それは地域経済にメリットも考えられるものであったが、当時の町長は伐採に反対し、伐採に賛成する町民や関係者を説得し、事業者である国にも伐採の中止を訴えて、最終的に伐採計画を中止に導いた。

　1966 年 9 月に町長のもとへ綾営林署（林野庁九州営林局の下部機関）の所長が訪問し、町内の照葉樹を主体とする一帯（国有地・国有林）を伐採する、別の町内の私有林の土地（民間製紙会社により伐採済みで禿げ山の状態）と、伐採した後の国有地を交換する（国側は国有地の中に存在する民有地を国有地にすることができる）という計画であった（以下この節で「立ち木交換」）。町にこれを阻止する権限はないし、町議会議員の多くは伐採計画に賛成すると見

込まれるものであったが、郷田實町長（当時）はその席で「伐るのは困ります、と申し上げた」（郷田［1998］）。

その後、町議会は町長の独断を叱責したが「立ち木交換」反対の決議をした。町の伐採反対の陳情書は県（宮崎県）、九州営林局に受け入れられなかったため、町長は農林大臣（倉石忠雄氏。当時）に事情を訴え、「立ち木交換」計画は中止された。しかし、綾町内の国有林の伐採が行われなくなる訳ではなかった。このため町長は、伐採を抑制する効果があるとの考えから、1970年に国定公園指定の申請を行い、1982年に「九州山地国定公園」指定に至った。（郷田［1998］）（白垣［2000］）

国定公園指定は、伐採を容認しないものではなかったために、郷田氏の著書によれば「私が町長を辞める（1990年）まで毎年、営林署長は『山を伐らせてほしい』と言ってきとりました」（郷田［1998］）という。しかし、1998年に郷田氏に会った林野庁長官は「山を切るのに反対して残してもらってよかった……われわれも今……山を残そうとしております」（郷田［1998］）（白垣［2000］）と述べるに至った。

綾町は、1974年に「綾町の自然をまもる条例」制定、1985年に「照葉樹林都市宣言」、環境庁（当時）による「日本名水百選（綾川湧水群）」選出、1988年に全国初とされる「自然生態系農業の推進に関する条例」制定、森林文化協会による「21世紀に残したい日本の自然百選（綾渓谷の照葉樹林）」選出、1989年「有機農業開発センター」設立、2007年「綾町照葉の里景観条例」制定など、地域の価値を確立し高めるようにまちづくりを進めてきている。2012年に綾町、小林市等にまたがる約150km^{2}の地域が「綾ユネスコエコパーク」に登録されるに至った。1970年代以降の関係条例制定、その他の地域の取組みについて、町長と町行政の関係者が主導したとみられる。

1966年に「立ち木交換」に反対を示した町民、町議会であるが、伐採を受け入れるとする考えの人も多かったとみられる。郷田氏の著書によれば伐採を容認する住民によるかなりはげしい抗議行動があった。樹林を守ることを支持する町民が増えてくる時期を確認することはできなかったが、筆者の推定では、前述のように1980年代までに多くの条例が制定され、また、その他の綾

町の自然の価値を評価するできごとがみられることから、1980年代末には多くの町民が支持するに至ったであろうと考える。1998年には林野庁長官（当時）が綾町の樹林保護を評価する発言をしており、この時点では町民を含む関係者に支持が得られたのではないかと考えられる。

【引用文献・参考図書：宮崎県綾町】
郷田［1998］：郷田實『結いの心』ビジネス社 1998
白垣［2000］：白垣詔男『命を守り心を結ぶ 有機農業の町・宮崎県綾町物語』自治体研究社 2000

鹿児島県屋久島

鹿児島県屋久島においては、1970〜1990年代に森林保護活動が行われ、1993年に島の約5分の1が世界自然遺産に登録されるに至った。

屋久島の森林は法的に保護される禁伐林があるが、伐採が可能な森林も多く存在した。1950年代後半〜1960年代に屋久島の森林の大規模な伐採が進んだ。九州森林管理局による報告書によれば、森林伐採量は1950年度頃に40,000m^3／年程度であったが、1970年度には最大の155,000m^3／年に達した。その後漸減して1990年代に20,000m^3／年を割り込むようになった。屋久杉（自生で樹齢1,000年以上のもの）に関しては、1955年度に最も多く19,800m^3／年、その後漸減して1995年度に2,700m^3／年、1982年度以降は樹齢1,000年以上の杉を伐採していないとされている。（九州森林管理局［1999］）

1966年に、後に「縄文杉」と呼ばれるようになる古木が発見され、国内に広く知られて自然保護団体などが保護を訴えた。1969年に、柴氏、および後に柴氏とともに活動する兵頭氏らの3人（当時は東京在住で屋久島出身）が屋久島に一次帰郷し、屋久杉原生林の保護を島民に訴えたが、林業が重要な産業であった島では屋久杉保護への関心は低調であった。（自然保護協会［1969］）（柴［2007］）

柴氏は1970年に上屋久町に帰郷して町会議員になり、また、兵頭氏も1975年に上屋久町に帰郷して町会議員になった。二人は1972年には「屋久島を守

る会」を設立して、活動を行うようになった。この会の設立時点の趣意書では「屋久島の自然をまもろう」「子孫のために屋久杉原生林を残そう」などのように訴え、やがて1974年の趣意書では強い調子で「原生林即時全面伐採禁止」を唱えるようになった。(柴［2007］)

　当時の屋久島は上屋久町、屋久町の2つの町に分かれていた（2007年に合併して「屋久島町」）。上屋久町議会は1973年に「原生林禁伐決議」を行い、その後も同種の決議やそれに基づく陳情を行っているが、全面伐採禁止ということではなく、伐採を「可」とし、林地を限定して禁伐を求める内容であった。一方、屋久町側では林地の保護活動はほとんど行われていなかったようである。また、1974年に鹿児島県林務部は、地元に林業に関係する人が多い、全面伐採禁止の主張は過激すぎるとし、原生林を残して活用する方途があるのか疑問を投げかけている。(柴［2007］)

　「屋久島を守る会」の主張や活動は、自然公園法などの保護措置がとられていない林地が伐採されることを問題視するもので1969年の自然保護協会の意見書に符合し、ともに原生林が年々縮小していることを懸念するものであった。(自然保護協会［1969］)

　1970〜1980年代に禁伐する林地が拡大された。1966年の縄文杉の発見後の自然保護運動を背景に「屋久杉ランド」「白谷雲水峡」が保護されることになった。その後、「屋久島を守る会」の活動および上屋久町の禁伐決議などにより、1982年には瀬切川上流域右岸の国有林保護に至ったのであるが、伐採が進められようとしていた流域について学術的な生態系の価値を認めて保護に至った。(柴［2007］)(寺田［2010］)

　1974年に、鹿児島県林務部が、原生林の即時全面伐採禁止を訴える「屋久島を守る会」の関係者に原生林保護後の活用について質問し、これに対して関係者等は、原生林が貴重なものであるとの認識のもとに伐採を直ちに中止し、その後に屋久島の森に相応しい活用を考えればよいとの趣旨を答えている（柴［2007］）が、筆者はこのことは具体的な保護理由を明示できていなかったことを意味するものと考えている。

　1987年に上屋久町が森林活用について専門委員会を設置し、専門委員会が

1年にわたって現地調査・住民座談会・意見聴取などを行って報告書をまとめた。「森・水・人のふれあいを基調とした森林文化の創造」を理念とし、自然を屋久島の財産と位置づけて保存し地域振興を図るとした（補注3-1）。この理念と考え方に呼応して鹿児島県が1992年策定の鹿児島県総合計画における14戦略プロジェクトの一つとして「屋久島環境文化村構想」を取り上げた。この構想では、屋久島の自然を引き継ぐことおよび地域の人びとのくらしを豊かにすることを併せて実現することを目指す「環境文化」を手がかりとして地域づくりに取り組むとした（鹿児島県［2007］）。「環境文化」という概念を取り入れることにより、林地保護を推進する展望を開いたとみることができる。

「屋久島環境文化村構想」のとりまとめの最中に、検討に加わっていた委員の1人から世界遺産登録が提案され、それを鹿児島県、上屋久町、屋久町が取り上げて国に働きかけ、国が世界遺産条約に基づく手続を行い、世界自然保護連合による現地調査などを経て、1993年に屋久島の約5分の1にわたる地域が世界遺産に登録された（肥後［1995］）（注3-2）。屋久島の持つ環境上の価値は世界遺産に登録されることで確立されたとみられる。

【謝辞】　この項をまとめるにあたり九州森林管理局山崎泉氏から屋久島の森林および保護区域等について、施策と情報の提供をいただいた。ここに記してお礼申し上げます。

（補注3-1）肥後勝則氏は「上屋久町の……確かな視点、新たな展望にたった……（昭和63年）10月『森・水・人のふれあいを基調とした森林文化の創造』を理念とする報告書を完成させた……内容を要約すると、屋久島の自然は島民の大切な財産であると位置づけ、人の干渉による弱体化・劣化を防ぎ、その資産価値を保全しながら人の活動に役立てる利用法を考え、その豊かな恵みを所得に転換する産業へと展開し、地域を発展させて行くということになる……屋久島は一昨年（1993年）12月、世界遺産に登録された……当町（上屋久町）の（報告書の）構想が……世界遺産というみちのりまで達することができたのではないかと考えている」（肥後［1995］）としている。

（補注3-2）寺田喜朗氏によれば、「世界遺産登録の提案は、1991年4月29日の第1回環境文化懇談会（梅原猛、上山春平、兼高かおる、C・W・ニコル等が委員として参加、共生と循

環が環境文化構想の理念として持ち出された）の席上」（寺田［2010］）とされている。
〈www.mie-u.ac.jp/hakugaku/amaken/document/terada.pdf〉（2017 年 7 月 28 日参照）

【引用文献・参考図書：鹿児島県屋久島】
自然保護協会［1969］：日本自然保護協会「屋久島の自然保護に関する意見書 ― 特に屋久杉を含む原生林の保護について ―」『自然保護 No.88（昭和 44 年 9 月 15 日）』1969
肥後［1995］：肥後勝則「世界遺産登録までのみちのり 自然と人の共生を念頭に」『地域づくり 1995 年 12 月号』1995
九州森林管理局［1999］：九州森林管理局「平成 10 年度屋久島生態系モニタリング調査報告書」1999
柴［2007］：柴鐵生『あの十年を語る ― 屋久杉原生林の保護をめぐって』五曜書房 2007
鹿児島県［2007］：鹿児島県 HP「屋久島環境文化村構想」2007
〈www.pref.kagoshima.jp/ad04/kurashi-kankyo/…/yakushima/gaiyo/e1010205.html〉（2016 年 3 月 10 日参照）
寺田［2010］：寺田喜朗「屋久島における自然遺産の所有権と島民の位置について」『鈴鹿短期大学紀要（2010 年 1 月）』2010

綾町と屋久島の取組みと森林の価値

　綾町と屋久島の森林保護の取組みはそれぞれの森林の価値を切り開いた。当初の頃（綾町 1966 年、屋久島 1969 年）の段階において、両地域ともに森林保護の意義を明確に見通していなかったが、保護活動を行いつつ意義を模索したとみられる。綾町の模索は、1970〜1980 年代に"照葉樹林"、"名水"、"綾渓谷"など地域の森林・自然に関するキーワード、および"自然生態系農業"、"有機農業"などのキーワードを用いた町としての宣言および条例制定等を繰り返したことにみられる。屋久島の模索は、1982 年に瀬切川上流の保護を訴えるにあたって学術的な生態系の価値を主張して前進させたとみられるが、最も効果的であったのは、1987 年に上屋久町が設けた専門委員会が"環境文化の創造"を提唱し、地域の森林保護に新しい意義を付与したこととみられる。

　しかし、"環境文化"をもってすれば、屋久島の保護活動だけでなく、綾町の取り組みの経緯についても、また、個別の地域の事例を越えて、広く森林と経済・社会あるいは人類社会との関係について論じることができなくはない。森林や自然の保護・保全を語る場合に、視点が確かであることが求められるも

のと考えられる。綾町と屋久島の取組みは「世界遺産登録」(屋久島の約5分の一、1993年)および「綾ユネスコエコパーク登録」(綾町・小林市等の一部150km^2、2012年)によって、「登録」という評価を得ることになった。「登録」が希少性の側面からなされたという側面があるが、綾町と屋久島の取組みは、希少性を越えて森林と人との関係を問いかける取組みであったとみられる。

両地域の森林保護に発意したのはいずれも個人であった。綾町の場合は1960年代後半に町長職にあった郷田氏が、また、屋久島の場合は1960年代に東京在住で屋久島出身者の柴氏らが、それぞれの経緯の当初段階において森林伐採反対を唱え、その後の反対運動を主導した。しかし、両地域ともに、取組みの当初から約20年間、関係者に賛否両論が拮抗する状態が続いており、これは筆者の考え方であるが、町民・島民、行政、議会が挙げて森林保護に協働するようになったのは1990年代とみられる。

3-2 岡山県美星町「光害のない星空」

岡山県の旧・美星町(現在は井原市美星町)は、岡山県の西南部に瀬戸内海に近い町である。1954年に4つの村が合併し、町内に源流を持つ美山川、星田川に由来する美星町となった。1982年に町行政が町おこしを模索し、町の愛称を「星の郷」とし振興を図るようになった。瀬戸内海に面してはいないが瀬戸内海気候の範囲にあり年間を通じて晴れの日が多い。また、地形がなだらかで気流の乱れが少なく、市街地から離れていて空気が澄み天体観測に適していた。

1986年に環境庁(当時)が「あおぞら観察コンテスト」、1987年には「星空の街コンテスト」を行った。美星町は1987年コンテストに参加し、参加した267市町村の中から「星がきれいに見える」として、「星空の街」に選定された。このことを記念して美星町は1988年に「星の降る夜1988」を開催した。7つのアマチュア天文グループ(岡山県内6グループ、福山市1グループ)を招いて、音楽と星空観測のイベントを行った。この時に訪れた天文愛好家が「光害」(過剰な夜間照明により天体観察への支障、生態系への影響、エネルギー

の浪費などの害が生じること）について発言し、光害防止条例を制定するよう提案した。翌年8月の「星の降る夜1989」において、光害防止条例に関する講演とシンポジウムの会を開催し、町の考えとして、照明を適正にするとの趣旨の条例制定案を説明し、町民の理解、協力を求めた。同年9月に町は「光害防止条例審議会」を開催して審議を求めた。審議会では賛否両論があり、住民へのデメリットや照明規制を懸念する意見、国内初の条例制定が全国の範として波及することを期待する意見などがあった。審議会の審議を経て条例案は作成され、11月の町議会に提案された。町議会審議においても「住民が光害の規制を求めているのか」「暗くなると過疎化がさらに進行するのではないか」などの発言があったが、賛成13、反対1の賛成多数で「美しい星空を守る美星町光害防止条例」が可決・成立した。（美星町議会［1989］）（田村［2004］）

　条例は前文において、町の星空を誇りとし、それを守る権利・義務を負うとした。また、条例本文において、夜空の明るさが前年を下回ることを目標とすること、野外照明を原則として水平方向以下にすること、下向きと継続的でないもの以外の野外投光器を原則禁止すること、天体観測の妨げにならない野外照明を推奨すること、光害防止モデル地区を指定することなどとした。（美星町［1989］）

　条例制定後、町は取組みなどについて情報発信を図った。1991年には「光環境フォーラム」を開催し、環境庁担当者を含む全国から約300人が参加した。このフォーラムでは「星空に親しみ心やすらぐ景観を創出するためのアピール」が採択された（美星フォーラム［1991］）。1990年代にテレビ、新聞、週刊誌などのマスメディアが美星町の取組を繰り返して取り上げるようになった（田村［2004］）。また、美星町は1993年に象徴的な事業として町営の天文台を設けた。当時においては日本で国立天文台の口径188cmに次いで2番目に大きい口径101cmの天文台であった（田邉［2005］）。

　美星町条例の制定等は他の自治体に影響を与えた。1998年に群馬県高山村、2002年に熊本県清和村（現・山都町）が光害に関する条例を制定し、3県が条例に光害を規定した（2002年岡山県、佐賀県、2004年大分県）。（田村［2004］）

　美星町の取組みの後、環境庁（当時）は環境白書に繰り返して美星町の取

組を取り上げ（平成5年版〜平成9年版環境白書、平成15年版環境白書）、1998年には「光害対策ガイドライン — 良好な照明環境のために」を発表した。1998年に6市町村をモデルに「地域照明環境計画モデル事業」を実施し、その経験を踏まえて2000年に「地域照明環境計画策定マニュアル」を作成・公表した。（環境庁［1998］［2000］）（田村［2004］）

　環境庁は、1986年に「あおぞら観察コンテスト」、1987年に「星空の街コンテスト」、1988年度から「全国星空継続観察」、平成元年度から「星空の街・青空の街」全国大会を開催して大気環境の保全意識の高揚を図った（補注3-3）。この初期の段階の1987年のコンテストへの参加が、美星町の取組みを促し、「星の郷」を発意・始動させたものとみられる。地域住民はどちらかといえば受け身であったが、町の取組みや条例施行に協力的であったとみられる。町条例制定後、防蛾灯を防蛾ネットに替え、彗星・流星群の飛来時（1996年、1997年、1998年など）に野外照明を消灯した。田村氏は2004年に2回にわたり住民の聞き取りを行った結果から、条例制定後に住民から目立った条例批判はなかった、町の取組みをもっとアピールした方がよいとの声があったとしている（田村［2004］）。

　環境庁による「あおぞらコンテスト」（1986年）、「星空コンテスト」（1987年）は、美星町の星空という価値を発意させ、天文愛好家が条例制定に導き、町行政が夜空の星がよく見えるという価値を切り開いたとみられる。

【謝辞】この項をまとめるにあたり田邉健茲先生（岡山理科大学教授）に美星町が天文台を設置した経緯等についてお聞きすることができた。ここに記してお礼申し上げます。

（補注3-3）「全国星空継続観察」は2012年度まで行われその後「休止」されている。
　（環境省HP〈www.env.go.jp/kids/star/html〉2016年3月20日参照）

【引用文献・参考図書：旧美星町】
美星町議会［1989］：美星町議会「平成元年第7回美星町議会臨時会会議録」1989
美星町［1989］：美星町「美しい星空を守る美星町光害防止条例」1989
美星フォーラム1991：美星光環境フォーラム「星空に親しみ心やすらぐ景観を創出するためのアピール」1991
環境庁［1998］：環境庁「光害対策ガイドライン ― 良好な照明環境のために ― 」1998
環境庁［2000］：環境庁「地域照明環境計画策定マニュアル」2000
田村［2004］：田村亜希子「岡山県美星町の公害対策について」『岡山理科大学社会情報学科井上研究室卒業論文集 平成18年3月』2004
田邉［2005］：2005年12月27日に田邉健茲先生（岡山理科大学教授）にインタビューして聞き取り。田邉先生は美星町天文台の設置について、天文台計画策定委員として、他の2名の委員とともに、美星町長（当時）に進言を行った。

3-3　地域の水資源・水環境の価値を高めた事例：郡上市・三島市

郡上八幡の事例

　岐阜県中央部の旧・八幡町（郡上市）は「郡上八幡」と通称され、盆踊りの「郡上おどり」がよく知られている古い城下町である。江戸時代の1652年に大火で城下町が焼き尽され、その経験から豊かな湧水を利用した水路網を備えた町が再建されていた。ところが再び1919年に約600戸が消失する大火に見舞われ、防火用水路を張り巡らせて町が復興された。町には1471年の故事に由来する「宗祇水」（補注3-4）が守り継がれ、1917年に「宗祇水奉賛会」（現在は「宗祇水倶楽部」）が設立され活動を行っている。（環境省［2009］）（渡部［2010］）（郡上市［2014］）（岐阜県［2019］）

　町内では高度経済成長期に、交通の機能を重視して水路は脇に寄せられ、また、覆蓋、暗渠化による改修がなされ、一方、生活排水により水路の水質・環境が悪化していた。1963年には上水道が敷設されて利水のあり様が変化していた。

　1973年に、水路研究家・建築家で多摩美術大学教授であった渡部氏らは、昔からの水利用がなされている八幡町の情報を得て町を訪れ、改変が見られるものの伝統的な水利用形態が残されている状況に接し、5編の報文（1975年

に3編、1976年、1979年に各1編）を発表した。それらは張り巡らされた水路と水利用、形成された地域コミュニティ、水利用の形態等の八幡町の特徴を明らかにした。（渡部他［1975］［1976］［2010］）（郭他［1975］）（郭［1979］）（堀込他［1975］）

　渡部氏らは八幡町の水利・利水が優れたものであることを住民や町職員に説明したものの関心が示されなかったが、やがて市民グループの「さつきの会」（1976年から活動）と交流するに至り、一方、1977年にNHKが「水の町八幡」を全国放映した。（谷沢［2004］）（渡部［2010］）

　1980年代にまちづくりの機運が醸成され、町行政が専門家の協力を得て、水を活かしたまちづくりの構想の調査を行うようになった。また、町は街並み調査を行い、町内の柳町に大正・昭和初期の多くの建物が残されていることを確認した。1985年に、「宗祇水」が環境省による「名水百選」に選ばれ、これを機に八幡町で「第1回全国水環境保全市町村シンポジウム」が開催され、この報道において子どもが川で遊んでいる様子が放映され、八幡町を全国的に強く印象づけたとされる。この頃に住民、行政が地域の環境に関心を高めたとみられる。（環境省［2009］）（渡部［2010］）

　「さつきの会」（1976年）の活動に加えて、「柳町町並み保存会」（1986年）、「いがわと親しむ会」（1990年）、「職人町町並み保存会」（1991年）、「鍛治屋町町並保存会」（1993）などの市民グループにより、町並み保存計画書の作成、河川や用水の清掃・管理、魚の放流などの活動が行われた。これらの活動に町行政がさまざまな形で連携した。（谷沢［2004］）（高橋［2006］）

　1991年に「郡上八幡景観条例」が制定されて「郡上八幡景観賞」の選定が行われるようになり、1998年から「街並み環境整備事業」が行われるようになり、また、「まちなみルール」が設けられ、9つの自治会が協議して「まちなみづくり町民協定書」が結ばれた。1996～2005年を期間とする「八幡町総合計画」は「水とおどりと心のふるさと」を基本理念とした。1997年までに33か所のポケットパークが設けられた。（谷沢［2004］）（高橋［2006］）（環境省［2009］）

　環境省による「感覚環境のまちづくり事例集」（10事例）は、「水」に関

係する2つのまちづくりとして郡上八幡（郡上八幡・名水と暮らすまちづくり）、松江（松江・湖沼環境を「五感」で体感する）を挙げている（環境省[2009]）。また、国土技術政策総合研究所は、「地域活動と協働する水循環健全化に関する研究」報告において、全国の8つの参考事例の一つとして、「郡上八幡における用水保全活動」を、静岡県三島市の「グラウンドワーク三島による水環境保全活動」とともに取り上げている（国技総研[2010]）。2012年に「郡上八幡北町」が文化財保護法に基づく「伝統的建造物群保存地区」に指定された。

(補注3-4) 1471～1473年に連歌の宗匠・飯尾宗祇がこの泉の近くに寓居し、藤原定家を祖とし歌人として知られる当時の郡上城主の東常縁から、古今集の奥義を伝授してもらったとの故事があり、その泉が「宗祇水」と言い伝えられている。

【引用文献・参考図書：郡上八幡】

渡部他［1975］：渡部一二・堀込憲二・郭中端「水環境の調査研究 郡上八幡の場合：その1」『学術講演梗概集・計画系』1975

郭他［1975］：郭中端・渡部一二・堀込憲二「水環境の調査研究 郡上八幡の場合：その2」『(同)』1975

堀込他［1975］：堀込憲二・渡部一二・郭中端「水環境の調査研究 郡上八幡の場合：その3」『(同)』1975

渡部他［1976］：渡部一二・堀込憲二・郭中端「水環境の調査研究 郡上八幡の場合：その4」『(同)』1976

郭［1979］：郭中端「水環境の調査研究 郡上八幡の場合：その5」(同) 1979

高橋［1997］：高橋教雄「水と郡上八幡」『環境社会学会研究3』1997

谷沢［2004］：谷沢明「歴史・風土・文化を活かした地域づくりに関する研究（一）」『愛知淑徳大学現代社会学部論集第9号』2004

高橋［2006］：高橋敬宗「郡上八幡におけるまちづくりの展開プロセスに関する研究」『2005年度都市計画系修士論文発表会 2006年2月6日』早稲田大学

環境省［2009］：環境省「感覚環境のまちづくり事例集（平成21年3月）」2009

渡部［2010］：渡部一二『水の恵を受けるまちづくり』鹿島出版会 2010

国技総研［2010］：国土技術政策総合研究所「国土技術政策総合研究所プロジェクト研究報告 地域活動と協働する水循環健全化に関する研究 — 平成22年2月」2010

郡上市［2014］：郡上市「郡上市歴史的風致維持向上計画 平成26年1月」2014

岐阜県［2019］：岐阜県 HP「宗祇水」〈www.pref.gifu.lg.jp/kyoiku/bunka/…/sougisui.html〉（2019 年 5 月 8 日参照）

三島市の事例

　三島市の源兵衛川は湧水を水源とし、市内中心部を通って南の郊外に流れ、温水池を経て約 160ha の農用地に水を供給する全長 1.5km の農業用水路で、農業者による中郷用水土地改良区が管理する川である。川は 1960 年代頃から上流部に工業団地造成等が進んで地下水を汲み上げたため湧水が減少し、加えて市街地の雑排水、市民のゴミ捨てによって汚されていた。土地改良区側は、河川管理を損なう市民側を加害者と見立て、感情的な対立が生じるようになり、暗渠化やコンクリート製の水路への改修などが検討された。（渡辺［2005］）

　1980 年代末の頃に、後に非営利団体として「三島ゆうすい会」を設立することとなる有志者により、川の汚れを清掃する活動が行われるようになり、改善が進んだ。1990 年に「源兵衛川親水公園化事業」の実施に先立って源兵衛川の自然環境調査が行われ、事業実施にあたって配慮されるべき「源兵衛川エコロジカル・デザインの五原則」（岸辺の自然状態の復元、生き物の聖域部分の確保など）が提言された。（渡辺［2005］）

　1991 年 9 月に約 70 人の市民が発起人となって水辺の回復を目指して「三島ゆうすい会」が設立された。また、当時既に「三島ホタルの会」「源兵衛川を愛する会・桜川を愛する会」「三島青年会議所・豊かな水ビジョン委員会」などの市民グループが設立されていた。「三島ゆうすい会」の渡辺氏の尽力により、1992 年 9 月に「グラウンドワーク三島実行委員会」が結成された。この実行委員会について、後に整えられた NPO 法人組織図によれば、「三島ゆうすい会」「中郷用水土地改良区」の他に、市民団体、事業者団体、知識人、大学の研究室などが参加している。最近の 2015 年に、20 の市民団体（構成約 5,000 人）、100 名以上の個人会員、企業 200 社が参加し活動を行っている。この委員会は、行政と市民団体が連携する環境保全推進のための中核的な役割を担った。（環境省［2002］）（渡辺［2005］［2014］）

行政による源兵衛川の親水公園事業は、市民組織が寄り添うように進められ、上流に立地する企業の冷却水の供給協力を得て水量を確保し、清流の回復を進めた。また、ミニ公園、遊水池整備、ビオトープづくりなど、水性花（梅花藻）の再生、関連敷地の買収による古井戸（雷井戸）の保護・復活、さらには環境教育、市民交流の場の確保などを進めてきた。こうした事業等は、行政、住民、企業、専門家がそれぞれに役割を果たして行われたとみられる。源兵衛川の清流は復活し、加えて親水性、清流・岸辺およびそのまわりの環境の快適性が創出され、市民と訪れる者をなごませる空間となった。（渡辺［2005］［2014］）

2005年に土木学会による「景観・デザイン委員会デザイン賞・最優秀賞」を受賞するなど、いくつもの賞を受賞している。また、国土技術政策総合研究所（国土交通省）による「地域活動と協働する水環境健全化に関する研究」（2010年2月）に、郡上八幡における取組みとともに8事例の一つとして取り上げられるなど、水辺に係る環境保全型地域づくりの代表的な事例となっている。（国技総合［2010］）

【引用文献・参考図書：三島市】
環境省［2002］：環境省「持続可能な地域づくりのためのガイドブック」2002
渡辺［2005］：渡辺豊博「清流の町がよみがえった 地域力を結集 ― グラウンドワーク三島の挑戦」中央法規 2005
国技総研［2010］：国土技術政策総合研究所「地域活動と協働する水循環健全化に関する研究（国土技術政策総合研究所プロジェクト研究報告）2010年2月」2010
渡辺［2014］：渡辺豊博「市民力・地域力を結集 グラウンドワーク三島の挑戦 平成26年9月」2014

郡上八幡と三島の取組み

両地域は地域と水との関わりが環境の価値、地域の価値を高めることを立証した。筆者の私見であるが、日本の高度経済成長期においては、三島の源兵衛川、郡上八幡の用水路のような流水は、多くの場合は暗渠にし、あるいは覆蓋を施すなどの工事が選択されたものと考えられる。しかし、両地域は水路を残

し、かつ水路とそれを取り囲む周辺環境に新たな環境の価値を生み出した。この両地域の他にも多くの取組みが行われ、例えば水路・水域の価値を高めた綾瀬川（埼玉県・東京都）、太田川（広島県）、新町川（徳島市）、江川（横浜市）などの事例がある（環境省［2002］）（国技総研［2010］）。

　郡上八幡と三島の取組みについて、研究者・有志者の発意・始動の後に、行政と市民が連携するようになり、1980年代末にはさまざまな主体の参加による取組みの仕組みが整えられた。郡上八幡の場合には、1970年代に研究者のグループが地域の水路と水の関わりに価値を見いだして市民、行政に働きかけ、1980年代には町行政と市民団体が協力して取り組み、さらには1980年代後半には一般市民が関心を高めたとみられる。特徴的であるのは行政主導ではなく、市民の有志者、市民団体、研究者グループが役割を果たしたことである。三島の場合には、1980年代末頃から有志者が発意・始動し、いくつかの市民団体が活動を行うようになり、1992年にさまざまな市民団体が結集し、「グラウンドワーク三島実行委員会」が設立されて活動を推進し、行政と連携して源兵衛川と周辺環境の価値を高めたことが知られる。

　両地域の取組みが大方の一般市民の支持を得るようになった時期は1990年代末までのことであると推定される。郡上八幡の事例について谷沢氏の報文は、2000年代前半には一般市民が地域の水環境や景観と深く関わっていることを指摘している（谷沢［2004］）。三島の事例について、「三島ゆうすい会」の設立（1991年）の後、1990年代に「源兵衛川を愛する会」の設立（1993年）などの複数の市民グループが設立されており、市民参加が進んだとみられる。（国技総研［2010］）

【引用文献・参考図書：郡上八幡と三島の取組み】
環境省［2002］：環境省「持続可能な地域づくりのためのガイドブック」2002
谷沢［2004］：谷沢明「歴史・風土・文化を活かした地域づくりに関する研究（一）事例研究・郡上八幡：景観形成と人の営みを中心に」『愛知淑徳大学現代社会学部論集第9号』2004
国技総研［2010］：国土技術政策総合研究所「地域活動と協働する水循環健全化に関する研究（国土技術政策総合研究所プロジェクト研究報告）2010年2月」2010

3-4　都市景観の保全に取り組んだ事例：京都市・神戸市

京都市による景観保全の取組み

　京都市は戦前からの風致地区指定、古都保存法による歴史的風土保存区域指定（1966年）を得ていたが、そうした既存の枠外の景観保全のために、1972年に「京都市市街地景観条例」を制定した。

　森田氏の報文によれば「京都市市街地景観条例」の制定までに以下のような経緯があった。

　1960年代前半に京都市の景観施策の必要性に着目した「旧美観地区調査」が行われていた。同時期に進められていた京都市の将来像に関する「マスタープラン」の作成が進行しないなかで「旧美観地区調査」が先行した。ところが当時の京都市は開発ムードという大きな流れがあり（補注3-5）、景観規制先行が京都市の将来を見誤るとの危惧があったこと、開発を是とする時代背景の下で美観地区指定地域住民の要請と相反するとの懸念があったことから、美観を市の行政方針とするに至らなかった。（森田［1976］）

　1964年に「京都タワー建設」に係る賛否両論の議論が交わされたが同タワーは建設されており、筆者はこの頃に市民の景観への関心は高くはなかったと考えている。その後京都市は、1969年に「まちづくり構想20年後の京都」を策定し、市のまちづくりの中に市街地景観対策を位置づけた。条例制定に先立つ1年間余にわたって、京都市美観風致審議会における討議、市民・学識者の参加による景観シンポジウムを通じて、都市景観が環境・公共福祉として位置づけられるようになった。京都市は景観保全規制が可能と判断し、1972年に歴史的に価値のある景観・町並の保存とその他の一般市街地における景観の保全という2つの目的をもつ条例制定に至った。（森田［1976］）

　その後、1990年代までに市民が景観への関心を高めたとみられる。1990年代半ばに、京都ホテルおよび京都駅の改築問題が持ち上がり、両計画が高層化を目論んでいたとされ、市民の反対が強く、京都ホテルは1994年に、京都駅は1997年に高さを60mとすることで改築・開業した。また、1996～1998年に京都市が鴨川の三条・四条の間に「芸術橋」を建設するとした計画に対

して、市民が強く反対して事業計画が白紙撤回された。(森田［1976］)(濱田［2005］)

　京都市は1990年代の京都ホテル、京都駅をめぐる景観論争を経て、1995年に市街地景観条例を改正・改称して「市街地景観整備条例」とし、景観の保護に加えて新しい景観形成を図る考え方を盛り込んだ。併せて風致地区条例を改正し、新たに「自然風景保全地区条例」を制定し、京都を取り囲む山地（都市計画区域内）を指定して、一定規模以上の開発を許可制とし、土地の形状変更にあたって緑地を残すこと、自然の景観に影響を与えないことを求めることとした。(山崎・坂本・鈴木［2003］)(京都市［2015］)

　2005年7月に京都市は審議会を設置して、「時を越え光り輝く京都の景観づくり」について諮問し、答申（2006年3月、同年11月）を得て、2007年から"新景観政策"として、50年後、100年後も光り輝く京都の景観づくりを目指して、さまざまな取組みを行うとした。その後その枠組みを維持しつつ進行させるとの方針に沿って景観形成が進められている。(京都市［2015］)

　1972年の「京都市市街地景観条例」の制定について、主として京都市行政が主導し、その後も京都市の景観保全・景観形成は行政主導で進められたとみられるが、市民の景観への認識は1990年代前半頃までには高まったものと考えられる。景観は京都市の重要な関心事となっており、2015年の策定の「京都市景観計画」によれば、京都市の景観づくりは現在においては、市民、事業者、行政、専門家などにその価値が共有される課題として取組みが進められているとみられる。(京都市［2015］)

（補注3-5）1960年代前半に、高度経済成長期の象徴的な開発である東海道新幹線開通、名神高速自動車道開通などのできごとがあり、京都へ東京オリンピック観光客を呼び込むことが期待されていた。京都市民の「開発」への関心は高かったと考えられる。1964年に賛否両論の景観論争を引き起こした「京都タワー」の建設は、当時における開発的な側面があった。この塔は、京都商工会議所の発議による「(株)物産観光センター」(後に「(株)京都産業観光センター」)のビルの上部に建設された公共的な側面をもっていた。大きな議論を巻き起こしたが、全市民的な反対運動に発展することはなく、同年12月に「京都タワー」が完成・開業した。(森田［1976］)

【引用文献・参考図書：京都市による景観保全】

森田［1976］：森田長雄「京都市市街地景観条例」『ジュリスト増刊特集 開発と保全 自然・文化財・歴史的環境』有斐閣 1976

山崎・坂本・鈴木［2003］：山崎正史・坂本英之・鈴木伸治「総合的な風景計画の実践」『日本の風景計画』学芸出版社 2003

濱田［2005］：濱田昌大「京都市における景観行政の一考察」（2005年度関西大学経済学会懸賞論文応募論文）2005

京都市［2015］：京都市「京都市景観計画 平成27年4月」2015

神戸市による都市景観づくり

　神戸市は、1978年に「神戸市都市景観条例」を制定した。この条例は、神戸市に残されていた異人館とその町並を保全すること、および新しい都市景観を形成しようとしたことを特徴としている。

　1950年代後半頃から、残っていた異人館を取り壊して新しい住宅、事務所などが建築されるようになり、また、1960年代に入ると風俗営業用ホテルが建築されるようになった。1965年8月に住民による「北野町を護る会」が、「生田区北野地区における居住条件の確保に関する陳情」を行い、神戸市は1966年に北野地区を建築制限が厳しくなる住居専用地区に指定した。（坂本［2000］）

　1960年7月に日本の建築史研究に関する複数の著名な研究者が、「旧ハッサム邸」の保存を神戸市長に要望し、神戸市が持ち主の寄付を得て移築保存する措置をとり、その際に重要文化財の指定を得た。このことは市民や行政に異人館の価値について認識を高めたとされる。その後、旧・ハンター邸、旧・プルム邸についても他の場所に移築、保存する措置がとられた。異人館の「簱邸」について、1974年に建築家、画家、婦人等による「北野界わいを守る会」が現状保存を求める活動を行ったが、門・塀等を移動・保存するにとどまった。（坂本［2000］）

　1974年に神戸市都市計画局が神戸大学と共同で調査し「神戸市街地における市街地景観形成構想」を策定し、その中で異人館の保全、景観条例の制定、審議会設置と住民参加等について記述した。同年に建築家グループが異人館のある地区の修景計画と保全条例を提案した。1975年には神戸市教育委員会が

奈良国立文化財研究所・神戸大学と共同で北野・山本地区の伝統的建造物群の調査を実施した。(伊藤［2006］)

　1976年に神戸市は「神戸市都市景観審議会」を設置して都市景観づくりの理念・施策等を諮問した。作業グループ（審議会委員と市職員など）による答申案の検討を経て、翌年条例制定を含む「神戸らしい都市景観形成を目指して」との題目の答申を得た。(浅井［1978］)

　1978年に神戸市は「都市景観条例検討委員会」に「条例に盛り込むべき基本的事項等について」諮問し、1977年の審議会答申と検討委員会の議論をもとに、事務局において検討し、検討委員会として条例案を答申し、同年の市議会に提案されて可決成立した。(伊藤［2006］)

　「神戸市都市景観条例」(1978年)は、伝統的建造物の保存とともに都市景観の形成の側面を持った。このことが神戸市条例の斬新性であった。条例は景観形成に市民の参画を規定し、1981年に最初の市民団体を認定し、その後認定団体を増やしていった。また、伝統的建造物の異人館が存在する地区について、1980年に「神戸市北野町山本通」を文化財保護法による「伝統的建造物群保存地区」として指定して保存措置をとった。1981年に「神戸市地区計画及びまちづくり協定等に関する条例」（まちづくり協定条例）を制定して、市長と地区の「協議会」が協定を締結し、協定締結地区内の建築行為者に景観協議を求める仕組みによる住民主体のまちづくりの進め方を条例制度とした。(伊藤［2005］)

　神戸市における異人館等の伝統的建造物の保存については、1960年に数名の著名な建築史研究者が「旧ハッサム邸」の保存を要望したことにより、発意・始動に至ったとみられる。「神戸市都市景観条例」(1978年)制定に至る経緯について、伊藤氏は「地元の大学の専門家と市……の……職員から提起され……具体化された」(伊藤［2005］)としており、また、金沢市、京都市などの先行事例の情報も影響したと考えられる。

　神戸市の景観の保全・形成について、1974年の「簸邸」の現状保存等を求めた「北野界わいを守る会」については、市民運動というよりも専門家を含むグループとみられる。しかし、市民は1980～1990年代には景観に関心を高めた

ものとみられる。1981年に「北野・山本地区をまもりそだてる会」が神戸市都市景観条例に基づく最初の景観形成市民団体に認定され、その後1980年代に2団体、1990年代に5団体が認定された（2017年7月に12団体。神戸市HPによる）。「まちづくり協定条例」に基づく協定について、1982年に最初の協定が締結され、1980年代に2件、1990年代に4件が締結された（2016年7月現在19件。神戸市HPによる）。(山本［2000］)

【引用文献・参考図書：神戸市の都市景観づくり】
浅井［1978］：浅井活太「神戸らしい都市景観の形成を目指して」『新都市32巻4号』1978
坂本［2000］：坂本勝比古「歴史的背景と伝建地区保存の経過」『異人館のある町並み 北野・山本：神戸市北野町山本通重要伝統的建造物群保存地区・20周年記念』神戸市教育委員会、2000
山本［2000］：山本俊貞「北野・山本地区のまちなみ保全と市民活動」『(同上)』
伊藤［2005］：伊藤修一郎「先行自治体の政策過程分析 金沢市と神戸市による景観条例制定を事例として」『論叢現代文化・公共政策第2巻』2005
伊藤［2006］：伊藤修一郎『自治体発の政策革新 景観条例から景観法へ』木鐸社 2006

京都市と神戸市の景観保全

　京都市と神戸市は都市景観の価値を切り開くことに取り組んだ。両市は、開発が進む一般市街地と歴史的な建造物群・町並みが存在し、また、両方が近接しあるいは混在する地域があり、「京都市市街地景観条例」(1972年)、「神戸市都市景観条例」(1978年) は、歴史的な建造物の保存と都市の一般市街地景観の形成を進める条例であった。京都市と神戸市の条例は都市景観の保全と形成を進める先鞭となった。

　両市の条例制定は、条例や要綱による都道府県、市町村の景観政策の導入を誘発した。2000年代の前半頃までに、市町村により494条例、都道府県により30条例が制定された。2004年に景観法が制定され、地方自治体が手続きを経て景観計画を策定し、規制を含む景観形成を行うなどの仕組みが整えられた。この景観法制定について「我が国のまちづくりについては、戦後の急速な都市化の進展の中で……美しさへの配慮を欠いていた……良好な景観に関

する国民の関心が高まり……価値観の転換点を迎えている」(景観法制研究会[2004])とされている。筆者は、1968年の金沢市、倉敷市の条例制定、および1972年の京都市の「京都市市街地景観条例」の制定などを経て、30有余年をかけて国民の景観に対する価値観の転換が進んだと考えている。

両市の1960～1970年代の当初の段階における景観政策の導入について専門家等の協力を得た行政主導で行われ、市民主導ではなかった。

京都市の事例では1960～1970年代の景観政策の当初は行政主導で進められ市民は強い関心を寄せていなかった。1964年に発生した「京都タワー」の建設問題に賛否両論があったが、市民は一致して反対行動をとることなかった。しかし、1990年代に京都ホテルと京都駅の改築問題、また鴨川に「芸術橋」を架橋する問題が持ち上がったとき、市民は強く景観への影響を懸念して、京都ホテルと京都駅の高さを60mに押さえ、「芸術橋」を中止に導いた。1990年代には市民は景観に高い関心を持つようになったと考えられる。

神戸市の事例では1980～1990年代に神戸市民が景観形成に関心を高めたものと考えられる。神戸市は「神戸市都市景観条例」(1978年)に景観形成に市民の参画を規定し、1981年に「神戸市地区計画及びまちづくり協定等に関する条例」を制定して、市民参加型の景観形成を規定したが、こうした仕組みに参画する市民団体は1980～1990年代に増加した。

【引用文献・参考図書：京都市と神戸市の景観保全】
景観法研究会[2004]：景観法研究会『概説景観法』ぎょうせい2004

4 第3グループの環境保全型地域づくりおよび多様な環境計画等

第3グループの環境保全型地域づくりについて6事例を取り上げている。長年にわたってコウノトリについて保護・共生に取り組んでいる豊岡市の事例を取り上げているが、これは近年では生物多様性保全に関わるとの認識のもとに取組みが行われている。バイオマスの利活用を推進する2つの地域づくりを取り上げているが、これらの地域では地域のバイオマスによりかなり多くの割合

のエネルギー需要をまかなおうとする地球温暖化防止に関わる取組みである。他の3事例は1990年代の後半から低炭素地域づくりの取組みを行って「カーボンゼロ都市」を掲げる京都市、2000年代に「コンパクトシティ」を掲げた取組みを行うようになった富山市、同じく2000年代に「世界の環境首都」を掲げた北九州市である。第3グループの事例は地球環境保全に関わることに共通点がある。

一方、1990年代後半以降、国が地方に呼びかけて環境保全型地域づくりを促すようになったことが注目される。国は、エコタウン、バイオマス産業都市、環境モデル都市、環境未来都市などのプロジェクト、およびそれらのプロジェクトの推進における地方自治体への財政的なインセンティブを用意して、地方の取組みを促すようになった。

4-1　第3グループの環境保全型地域づくり

豊岡市「小さな世界都市」

1950年代に豊岡市にコウノトリが生息していたが、絶滅が危惧される状態にあった。1955年に兵庫県主導により「コウノトリ協賛会」が発足し、1958年に「但馬コウノトリ保存会」に発展・改組された（1981年に保存会活動は豊岡市に継承）。資料によれば「日本鳥類保護連盟理事長・山階芳麿博士の懇請により、坂本勝兵庫県知事が発意しコウノトリ保護協賛会発足、保護事業が組織化された」（コウノトリ野生復帰協議会［2003］）とされている。会は人工巣塔・えさ場の設置などの保護活動を行った。山階氏らは当時の日本のコウノトリが危機的な状況にあることを調査・熟知し、対応措置をとることを提言していた（山階・河野［1959］）。

豊岡市で1963年に野生個体が11羽になり、採取卵の人工孵化、野生個体の捕獲・人工飼育を行ったが失敗した。1971年に国内最後の野生個体の1羽を捕獲するも死亡した。1980年代初の時点においてこの地域にコウノトリを蘇らせることは極めて困難な状況であった。（山階・河野［1959］）（コウノトリ野生復帰協議会［2003］）

しかし、兵庫県とロシア・ハバロフスク地方の友好連携協定（1969年）が締結されていたことを機縁として、「1985年に……ロシア・ハバロフスクから6羽の幼いコウノトリが豊岡に贈られた」（大迫［2010］）。1989年にこの6羽から初めてひなが誕生し、その後も着実に個体数を増やした。

1992年に兵庫県が野生復帰を検討する「コウノトリ将来構想調査委員会」を設けた。専門家により、「（旧・ソ連から譲渡された）大陸産と日本産のコウノトリの遺伝学的な分析を行い、両者が亜種レベルよりももっと近い個体群であることを立証」（大迫［2012］）し、野生馴化、生息環境、調査研究体制等について検討・準備を進めた。1999年に兵庫県は「兵庫県立コウノトリの郷公園」を開園し、この施設に兵庫県立大学の研究部を併設して調査研究、普及啓発等を行う拠点とした。また、2000年に豊岡市が展示・研究・普及啓発等のための「市立コウノトリ文化館」をこの公園内に開設した。（豊岡市［2019］）

2002年に飼育下の個体数が100羽を超えた。兵庫県は野生復帰に備えて「コウノトリ野生復帰推進協議会」を設け、豊岡農業改良普及センターがコウノトリと共生する稲作の試験を行い、「コウノトリ育む農法」を開発した。（コウノトリ野生復帰協議会［2003］）（岸［2010］）

豊岡市は2004年に「豊岡市コウノトリとともに生きるまちづくりのための環境基本条例」を制定し、その前文において「コウノトリの生息を支える豊かな自然とコウノトリを暮らしの中に受け入れる文化こそが、人にとって素晴らしい環境であるとの確信を得るに至った……野生復帰をシンボルとして素晴らしい環境を広げ、将来の世代につないでいくことを決意し、この条例を制定する」とした。（豊岡市［2004］）

2005年から野生復帰が始められ、2012年には野外で巣立った両親からひなが巣立つに至っている。2016年には飼育下にある個体が96羽、野外にいる個体が76羽（55羽が野外で繁殖して巣立ったもの）となった。（兵庫県［2016］）

豊岡市は、2005年4月1日に近隣5町と合併して「新・豊岡市」となり、「豊岡市環境経済戦略」を定めた。戦略はコウノトリをシンボルとするまちづくりが経済効果を生み、経済効果が環境を良くする「環境と経済が共鳴するまち」へ進化するまちづくりを目指すとし、「小さな世界都市」を標榜した（豊岡市

[2005]）。2007年に戦略を改定したが、その冒頭で豊岡市長は「豊岡市は、①人工飼育のためにコウノトリを捕らえた時に『いつか、空に帰す』という約束を果たすこと、②絶滅の危機に瀕しているコウノトリを、守り、生物多様性の保全について国際的に貢献すること、③コウノトリも住める、人間にとって素晴らしい環境をつくることを目的として取組みを続けてきました……人口規模は小さくても、世界の人々に……尊敬される『小さな世界都市』になることをめざし、豊岡は挑戦を続けます」（豊岡市［2007］）としている。

1994年に「第1回コウノトリ未来・国際会議」を開催し、2014年までに5回の会議を開催してきている。2010年の生物多様性条約締約国会議（COP10、名古屋市）に関連して開催された「生物多様性国際自治体会議」において、豊岡市の事例が、新潟県佐渡市、宮城県大崎市の事例とともに報告された（岸［2010］）。2012年7月に、円山川下流とその河口域、人工湿地の「ハチゴロウ湿地」、休耕田を利用して市民がつくった湿地、水田などがラムサール条約の登録湿地、「円山川・周辺水田」として登録された。

豊岡市民、農家はコウノトリの生息環境の整備に協力している。市民は1955年に「コウノトリ協賛会」が発足した頃からコウノトリの保護に協力的であったとみられる。農家は兵庫県豊岡農業改良普及センターとともに「コウノトリ育む農法」（補注4-1）に取り組み、無農薬・減農薬等の水稲栽培面積は年ごとに増加して約220ha（2010年。市内耕地面積の約7％）に達した。（岸［2010］）（村山［2011］）

この地域のコウノトリの保護をめぐって、1955年に山階芳麿氏がコウノトリの保護を促し当時の兵庫県知事が呼応したこと、1985年にロシア・ハバロフスクから6羽の幼いコウノトリが豊岡に贈られたこと、1990年代半ばに野生復帰を目指したことが重要な側面であったとみられる。重要な主体として、専門家の山階氏および兵庫県・豊岡市の首長・行政が重要な役割を果たし、市民・農家が協力したとみられる。

豊岡市においてコウノトリの繁殖と野生復帰を行ってきた経緯において、豊岡市の2005年策定の「豊岡市環境経済戦略」において、「生物多様性」という言葉を使っていない。しかし、同戦略の2007年改定においては市長が生物多

様性保全の国際貢献に言及し、2010 年に生物多様性条約締約国会議（COP10、名古屋市）の開催時に、豊岡市の取組みが報告されており、2000 年代半ば頃に地域の取組みを生物多様性に関わるものとして認識するようになったとみられる。2013 年策定の「豊岡市生物多様性地域戦略」において生物多様性保全に関わるものとの認識を明確にしている（豊岡市 [2013]）。

（補注 4-1）「コウノトリ育む農法」は「おいしい米と多様な生きものを育み、コウノトリもすめる豊かな文化、地域、環境づくりをめざすための農法」（安全な米と生きものを同時に育む農法）と定義されている。（村山 [2011]）

【引用文献・参考図書：豊岡市「小さな世界都市」】

山階・河野 [1959]：山階芳麿・高野伸二「日本産のコウノトリの生息数調査報告」『山階鳥類研究所報告 昭和 34 年 10 月』1959

コウノトリ野生復帰協議会 [2003]：コウノトリ野生復帰協議会「コウノトリ野生復帰推進計画 コウノトリと共生する地域づくりをめざして 平成 15 年 3 月」2003

豊岡市 [2004]：豊岡市「豊岡市コウノトリとともに生きるまちづくりのための環境基本条例（平成 18 年 12 月 26 日）」2004

豊岡市 [2005]：豊岡市「豊岡市県境経済戦略 環境と経済が共鳴するまちをめざして 平成 17 年 3 月」2005

豊岡市 [2007]：豊岡市「（同上）平成 19 年 12 月」2007

岸 [2010]：岸康彦「コウノトリと共に生きる農業 兵庫県豊岡市の挑戦」『農業研究第 23 巻』2010

大迫 [2010]：大迫義人「コウノトリ分科会報告」（2010 年 7 月「第 1 回生物の多様性を育む農業国際会議（豊岡市）資料」2010

村山 [2011]：村山直康「コウノトリと共生する農業とまちづくり」『海外情報誌 ARDEC（海外農業農村開発技術センター）第 44 号』2011

大迫 [2012]：大迫義人「コウノトリの絶滅から保護・増殖、そして野生復帰」『日本鳥学会誌 61 巻特別号』2012

豊岡市 [2013]：豊岡市「いのち響きあう豊岡を目指して 豊岡市生物多様性地域戦略」2013

兵庫県 [2016]：兵庫県立コウノトリの郷公園 HP
〈www.stork.u-hyogo.ac.jp/chronol/?key_page=5&key/date=1955/10/1〉（2016 年 4 月 3 日参照）

豊岡市 [2019]：豊岡市 HP「コウノトリの歴史」
〈www.city.toyooka/kounotori/yaseifukki/…html〉（2019 年 5 月 8 日参照）

真庭市「バイオマス産業杜市」

　真庭市は中国山地にあり市域の約80%が森林である。森林資源を活用する地域づくりは、事業者、旧久世町職員等の有志者による1993～1997年の間の勉強会「21世紀の真庭塾」が発意し、その後1997年に「ゼロエミッション部会」「町並み再生部会」を設けて活動を進め、2000年代に木質資源に着目した製品（木片チップコンクリート、猫砂）開発、バイオマス産業育成を行うようになった。

　2003年に「21世紀の真庭塾」の関係者等はフォーラムを開催し、住民・事業者・行政によるバイオマス利用促進の必要性をアピールして「バイオマス・マニワ宣言」を発表した。同年に地域行政機関、民間会社、森林組合などで組織される「プラットフォーム真庭」が設立され、岡山県の支援を得てバイオマス製品市場と原材料に関する調査を行い、実現可能な市場化に関する計画を策定した。その結果に基づき、バイオマス燃料ペレットを製造・販売する「真庭バイオエネルギー（株）」、木材舗装材料その他の木材製品を製造・販売する「真庭バイオ資材（株）」が設立され、現在においても営業を続けている。

　2000年代には地域行政がバイオマス利活用に強い関心を寄せるようになり、同時期の2004年に国においても、農水省が認証を得た地方自治体に補助金等により支援するとする「バイオマスタウン」指定制度を用意して応募を呼びかけた。2006年に真庭市は「真庭市バイオマスタウン構想書」（2009年改定）を策定して応募し「バイオマスタウン」の指定を得て、木質製品の生産・販売、木質バイオマス発電施設の稼働、木質燃料の家庭・農家への供給など、バイオマスを利活用するシステムを構築した。2012年に総務省実施の"バイオマスタウン"政策評価において「（バイオマス利活用の）構想に掲げる取組みが比較的進捗している事例」の5事例の一つとされるに至った。（清水［2010］）（総務省［2011］）

　2013年に関係7省（農水省、環境省等）は地方自治体に、新しいプロジェクトとして、地域のバイオマス資源を元にした産業化を重視した「バイオマス産業都市」への応募を求めた。2014年度までに真庭市を含む34地域が「バイオマス産業都市」に指定された。農水省等は2018年度までに100地域程度を

指定するとしていた。2018年末までに84市町村が選定されている（農水省他［2013］［2014］）（農水省［2018］）。

真庭市が2014年に応募にあたり策定した「真庭市バイオマス産業杜市構想」の概要は以下のとおりである。期間は2014～2024年度、バイオマスの発生量は392千t／年（そのうち木質系バイオマス227千t／年）、現在その79.1％を利用しているが、これを89.1％（炭素換算ベース92.7％）にする、バイオマス発電を設置・稼働（2015年4月から）する、バイオマスの効率的・効果的利活用の調査・開発のための「真庭バイオマス研究所」を発足させる、ごみ・家畜排泄物・農業廃棄物の利用拡大などを行うなどとしている。こうした取組みにより、2023年度までにバイオマスによるエネルギー供給量を地域のエネルギー需要の84％（2011年度比）にするとしている。（真庭市［2014］）

筆者の計算によれば、真庭市の森林による炭素吸収量は、少なくとも120,000～60,000t／年（2.0～1.0t／ha／年で計算）であるので、真庭市のバイオマス利用計画は、市域の森林吸収量のレベルに相当するバイオマス利用を見込んでいることになる。なお、真庭市の計画には、市外の林産物および輸入材に由来するバイオマス利用を一部含んでいる。（真庭市［2014］）

真庭市のバイオマス利活用による地域づくりは、京都議定書が採択された1997年頃に"ゼロエミッション"を標榜して活動を始めているが、これは日本の多くの市町村に存在する「普通の森林」を地域づくりに利活用して、ゼロエミッションを目指して取り組む新しい試みであった。真庭市の1990年代の当初の取組みを主導したのは地域の活性化を模索した有志者であったが、2000年代に入ると森林・林業関係事業者だけでなく、地域行政、森林組合等が協働して取り組み、2000年代以降は市民がバイオマス利活用を進める活動を支持しているものとみられる。

【謝辞】　この項をまとめるにあたり真庭市バイオマス政策課の森田学氏、石倉阿季氏に市の取組みと関係情報の提供をいただいた。また、銘建工業（株）の天沼千亜希氏に企業の取組みについてご説明いただき工場をご案内いただいた。また、久留米大学の藤田八輝先生および松永直子氏とともに真庭市お

よび銘建工業（株）を訪問する機会を得ることができた。
ここに記してお礼申し上げます。

【引用文献・参考図書：真庭市「バイオマス産業杜市」】
清水［2010］：清水和美「真庭市によるバイオマスタウンづくりの取組みについて」（2010年3月『岡山理科大学井上研究室卒業研究論文集』）2010
総務省［2011］：総務省「バイオマスの利活用に関する政策評価〈評価結果及び勧告〉平成23年2月15日」2011
農水省他［2013］：農水省他「バイオマス産業都市応募要領」2013
真庭市［2014］：真庭市「バイオマス産業杜市構想－平成26年1月」2014
農水省他［2014］：農水省他「バイオマス産業都市の応募について」2014
農水省［2018］：農水省食糧産業局「バイオマス産業都市について（平成30年12月）」2018

西粟倉村「上質な田舎」

　西粟倉村は岡山県の北東部・中国山地に位置し、村域の95％が森林、そのうち85％が人工林である。人工林の大部分は第2次世界大戦後の1940年代後半〜1950年代に植林された樹齢50年を超える森林である。植林当時に日本の森林産業は有望とされていたが、1964年の木材の輸入自由化により、次第に輸入材に対して国内の木材価格は競争力を失って森林の手入れが行われなくなった経緯があり、西粟倉村の森林もその影響を受けた。

　2004年5月に西粟倉村を含む5町2村が合併を準備する協議を始めたが、西粟倉村は住民投票の結果をもとに合併に加わらないとした。西粟倉村が小規模の地方自治体として財政的、社会的に自立する途を切り開くことが求められ、国のプログラムにより地域に派遣された専門家の支援・助言を得て、森林資源を基盤とする新しい産業を興すとの途を選んだ。（市区町村情報HP［2015］）（京都造形大学［2014］）

　2005年に派遣された専門家と村行政の担当課長は、村の林業を再生して活性化するとする「心産業の創出」を標榜した。村行政、森林組合関係者が議論を重ね、森林組合職員・木工職人・デザイナー等により、2006年に新しい会社「木薫」を設立し、長期的な方向性として、高価ではあるが地域の木材

資源、間伐材を利用したさまざまな木質家具、遊具などを製造・販売するとした。2008 年に地域は、50 年前の村民が残してくれた樹木を、今後 50 年後まで残して維持するとする「100 年森林ビジョン」を掲げた。このビジョンのもとで、新しい協同森林管理事業、木材製品の生産会社の設立、低炭素地域づくりなどの新しい事業と行動を進めることとなった。（西粟倉村［2014］）（京都造形大学［2014］）

村の取組みが注目されるようになり、「環境モデル都市」および「バイオマス産業都市」に選ばれた。（西粟倉村［2013］［2014］）

2008 年に、内閣主導で「環境モデル都市」の構想が示され、顕著な温室効果ガス削減、先進的なビジョン・構想、地域特性、他地域への適用可能性・実現可能性・持続可能性を付した構想により、市町村に応募するよう呼びかけた。2012 年の第 2 次募集に西粟倉村は「上質な田舎」を目指して環境モデル都市を創出するとの提案書を提出して採択され「環境モデル都市」に選定された。（西粟倉村［2013］）

村の提案書は、「100 年の森林事業」を推進する、既存の水力発電施設の効率化により温室効果ガスを削減する、コミュニティの維持の困難に直面する日本の多くの地域に将来の望ましいあり方を地域森林資源により示す先導的な役割を果たす、進行中のプロジェクトやその他の施策により構想の実現を図る、などとしている。（西粟倉村［2013］）

村の提案書は、地域の森林による CO_2 の吸収量が地域のエネルギー利用による排出量よりも多いことを見据えている。村による「環境モデル都市」に向けた行動計画によれば、地域の森林による CO_2 吸収量、約 34,000t CO_2／年は、現在においても地域の CO_2 排出量、13,135t／年（2011 年度）よりも多い。CO_2 排出量をさらに削減して 2030 年に 8,500t に、2050 年には 5,350t にするとしている。森林吸収を確保するために、「100 年の森林事業」を推進すること、そのために間伐等の森林の適切な管理を行うとしている。CO_2 削減のために木質燃料ボイラーを導入すること、公共施設の屋根に太陽光発電施設を設置すること、住民による太陽光発電・バイオマスストーブ等の導入に補助を行うこととしている。（西粟倉村［2013］）

2014 年に、村は「バイオマス産業都市構想」を作成・提出し、「バイオマス産業都市」に選定された。「環境モデル都市」の実現に向けた中期的構想に位置づけているとみられ、計画期間は 2014～2023 年度、主要な取組みとして森林管理システムの導入、地域バイオマスの供給・活用システムの確立、バイオマスボイラー・小水力発電・太陽光発電の設置増等による「エネルギー自給地域」の実現、より多くの観光客の誘致を行うとした。2022 年目標として、個人所有の管理森林を 3,580ha（2011 年度比 3.6 倍）、間伐林を 2,400ha（同 3.1 倍）、バイオマス利用を 5,000m^3（同 20 倍）としている。（西粟倉村［2014］）

　西粟倉村は 2011 年度に 13,135t の CO_2 を排出している（筆者推定：石油換算約 5,000t）。村内の森林吸収量は約 34,000t CO_2／年（約 9,000t 炭素）と見込まれているが、2030 年の CO_2 排出量は吸収量の 25％、2050 年に 16％になると想定されていることになる。（西粟倉村［2013］［2014］）

　西粟倉村のバイオマス利活用による地域づくりは、真庭市の事例とともに、日本の「普通の森林」を資源として利活用する地域づくりについて先導的な事例である。また、バイオマスを含む地域の自然エネルギーにより、地域が必要とするエネルギーの大半を供給する地域システムを構築しようとしている。

　西粟倉村の取組みは「環境モデル都市プロジェクト」の 23 地域の中で、最も人口の少ない地域（約 1,600 人）における低炭素地域づくりモデルを構築・立証し、コミュニティの活力を維持・向上させるようとする取組みである。

　西粟倉村の取組みの端緒となったのは、2000 年代半ばに、国のプロジェクトにより派遣された専門家と村行政の当時の担当課長が林業を基幹にする「心産業の創出」を標榜して取組みを始めたことであった。その後、村行政、専門家、森林組合・森林関係者、さらには 2006 年設立の「木薫（もっくん）」の活動などが、協働して地域の取組みを進めているとみられる。林業を基幹産業とする村であるので、村民の多くが林業に直接・間接に関わっており、村民は当初から一連の取組みを支持してきていると考えられる。

【謝辞】　この項をまとめるにあたり西粟倉村産業観光課の白籏佳三氏に関係資料の提供をいただいた。

ここに記してお礼申上げます。

【引用文献・参考図書：西粟倉村「上質な田舎」】
西粟倉村［2013］：西粟倉村「環境モデル都市アクションプラン — 平成 25 年」2013
西粟倉村［2014］：西粟倉村「バイオマス産業都市構想 — 平成 26 年 3 月」2014
京都造形芸術大学［2014］：京都造形芸術大学「岡山・西粟倉村 ものづくりから始まる森林づくり、村づくり」『風の手帖 — 2014 年 4 月』2014
市区町村情報 HP［2015］：市区町村変遷情報詳細情報 HP「美作市」(2015 年 2 月 17 日参照)
〈www.uub.jp/und/updind.cgi?=908〉

京都市「カーボンゼロ都市」

　京都市は 2009 年に低炭素地域づくりを進める地域の取組みとして政府による「環境モデル都市」に選定されている。

　2002 年の環境省資料は「(京都市は) 環境行政において遅れをとっていた」(環境省［2002］) としている。しかし、1990 年代後半に「(京都市は) 気候変動枠組条約締約国会議 (COP3) の開催をきっかけに」(同) 温室効果ガスの削減をはじめとする環境政策を拡充した。

　京都市は 1996 年 3 月に「新環境管理計画」において国際的な視野から地球環境問題への貢献等が求められているとの認識を示し、「環境負荷の少ない循環型のまちづくり」を目標とするとし、また、「環境基本条例」を 1997 年 3 月に制定した。(京都市［1996］［1997a］)

　1997 年 7 月に、京都市は「京都市地球温暖化対策地域推進計画」を策定・公表した (京都市［1997b］)。この計画において「本市域における二酸化炭素排出量を 2010 年までに 1990 年レベルの 90% に抑制することを目指す」として削減目標を明記した。この計画策定は環境庁 (当時) の補助支援事業として行われた。環境庁は「(京都市の目標は) 国の地球温暖化防止行動計画の目標以上の厳しい数値目標を掲げています。環境庁としては、地方公共団体が国全体の目標よりも、さらに意欲的な目標を設定し、地域の条件に応じた独自の取組を積極的に進めることは、大変有意義なことと考えており……」(環境庁［1997］) とした。これは、1990 年政府決定の「地球温暖化対策行動計画」(関

係閣僚会議決定［1990］）において「2000年以降概ね1990年レベルでの安定化を図る」（補注4-2）としていたことに関係しているとみられ、国（環境庁）は京都市による数値目標の明記を歓迎した。（環境庁［1997］）

京都市はこの推進計画とは別に、1996年10月から「京のアジエンダ21検討委員会」を設けて地球温暖化対策のための行動計画の策定作業を行っていた。学識経験者、市民団体、事業者、および行政関係者など、29名が参加して検討していた。

「京のアジエンダ21検討委員会」は約1年の検討を経て、1997年10月に「京（みやこ）のアジエンダ21 環境と共生する持続型社会への行動計画」（以下「京のアジエンダ21」）を策定した。削減目標は「……推進計画の目標（2010年までに1990年レベルの90％に抑制）を……ベースとし、市民、事業者、行政の積極的な取組の中で、さらに新たな目標を目指す……」（京都市［1997c］）とした。この計画の冒頭で市長はCOP3の開催を控えて計画が策定されたことに重要な意義があるとし、市民、事業者の参加・協力を得て「環境と共生する持続型社会」を推進するとした。また、検討委員会委員長の内藤正明氏は、COP3の開催市として持続型社会への変革の方向を示すモデルが期待されているとの認識を示した。5つの重点取組み項目を示し、省エネルギー・省資源の地域システムづくり、環境調和型の経済活動協働組織づくり、環境保全型の新しい産業システムづくり、環境にやさしい交通体系の創出、そして環境調和型観光都市づくりを挙げた。（京都市［1997c］）

2004年に京都市は全国にさきがけて「地球温暖化対策条例」を制定し、同条例に基づき2010年までに1990年レベルから10％削減を掲げ、次いで、2009年に「京都市環境モデル都市行動計画」を策定し、2030年までに1990年レベルから40％削減（中期目標）、2050年までに1990年レベルから60％削減（長期目標）を掲げ、2009年に国による「環境モデル都市」に選定されている。（京都市［2009］）

こうした経緯から知られるように、1997年のCOP3の開催都市であったことが京都市に地球温暖化対策への取組みの発意・始動を促した。市長、市行政の取組みを地域の研究者、市民、事業者が支持したものと考えられる。これは

私見であるが、京都市が1997年に「地球温暖化対策地域推進計画（1997年7月）」を策定し数値目標を掲げたことについては、環境庁（当時）が側面から関わった可能性があると考えている。

（補注4-2）1990年の関係閣僚会議決定は「本行動計画に盛り込まれた広範な対策を実施可能なものから着実に推進し、一人当たり二酸化炭素排出量について2000年以降概ね1990年レベルでの安定化を図る」としていた。（関係閣僚会議決定［1990］）

【引用文献・参考図書：京都市「カーボンゼロ都市」】
関係閣僚会議決定［1990］：関係閣僚会議決定「地球温暖化防止行動計画（平成2年10月23日地球環境保全に関する関係閣僚会議決定）」1990
京都市［1996］：京都市「新京都市環境管理計画」1996
京都市［1997a］：京都市「京都市環境基本条例（平成9年3月31日）」1997
京都市［1997b］：京都市「地球温暖化対策地域推進計画（1997年7月）」1997
京都市［1997c］：京都市「京（みやこ）のアジェンダ21 環境と共生する持続型社会への行動計画」1997
環境庁［1997］：環境庁「京都市地球温暖化対策地域推進計画の策定について」（平成9年7月16日環境庁報道発表資料）
環境省［2002］：環境省「持続可能な地域づくりのためのガイドブック」2002
京都市［2009］：京都市「京都市環境モデル都市行動計画 平成21年3月」2009

富山市「コンパクトシティ」

2000年代以降、富山市は「コンパクトなまちづくり」を進めて今日に至っている。富山市のまちづくりは、国による「環境モデル都市」（2008年）および「環境未来都市」（2011年）に選定された。また、2012年にOECDによるコンパクトシティ政策に関するレポートに世界の5つの都市の一つの事例として取り上げられた。そうした経緯はおおむね以下のとおりである。

2003年3月の富山市議会において、2003年度予算案を説明した市長（森雅志氏）は「……『コンパクトなまちづくり』を進めることが必要……調査・研究を行ってまいります……」（富山市議会［2003］）とした。予算案には「コンパクトなまちづくり研究事業」などが盛り込まれていた。この後、同年の6月、9月、12月の市議会においてコンパクトシティなどに関する質疑が再三に

わたって交わされた。2003年当時の富山市政において北陸新幹線整備、富山駅周辺整備・鉄道高架化、富山港線の路面電車化・市電接続などが重要な課題となっていた。(富山市議会 [2003])

森雅志氏が市長に就任したのは2001年であるが、2003年には市議会において、「コンパクトなまちづくり」(コンパクトシティ) に言及するようになった。市長がそのことに言及するに至る経過を確認することができていないが、市長就任後2年ほどの間にその考え方を固めたものと考えられる。コンパクトシティは、日本では1983年には登場したとされ、また、ヨーロッパにおいても1990年代にはその概念が都市像のキーワードとして提起されていた。(地経総研 [2015]) (山田 [2009])

1998年に中心市街地の活性化を推進するとの「中心市街地における市街地の整備改善と商業等の活性化の一体的推進に関する法律」(「中心市街地活性化推進法」。2006年に改正されて「中心市街地の活性化に関する法律」) が制定されていた。市長および市行政関係者はこの概念の存在、海外の情報を知っていたものと考えられる。

2004年3月議会において、市執行部から富山港線の路面電車化がコンパクトなまちづくりの先導的なプロジェクトであるとの考え方が示されている (富山市議会 [2004a])。同じ時期に策定された「富山県新交通ビジョン」は「コンパクトな都市づくりのための総合的な都市政策と連携を図りながら取組む……」(富山県 [2004]) と記述している。2004年に市長を団長とし、市議会議員が参団して、ヨーロッパに視察に出向いているが、同行した報道関係者の報道を通じて、富山市民に公共交通に対する関心を高める効果があったものとみられる。(富山市議会 [2004b])

2005年に旧富山市および周辺6町村が合併して新富山市が誕生した。旧富山市長であった森氏が引き続いて市長に就任した。選挙後の6月の市議会本会議において、市長は「暮らしを支える都市・生活基盤が充実したまちづくり」を進めると表明、9月、12月の市議会においても同じ趣旨を表明した (富山市議会 [2005a] [2005b] [2005c])。2007年2月策定の「富山市中心市街地活性化基本計画」、同年3月策定の「富山市総合計画」においても"コンパクト

なまちづくり"を進めるとした。(富山市［2007a］［2007b］)

　富山市のコンパクトシティ構想の事業について、2006年にJR富山港線を譲り受けてLRT化を行い、2009年に富山駅付近の路面電車の路線を環状化した。「富山市総合計画」は市街地の拡散に歯止めをかける、地域の生活拠点への人口回帰を図る、鉄軌道やバスなどの公共交通の活性化を軸として歩いて暮らせるコンパクトなまちづくりを目指すとした。(富山市［2007a］)

　こうしたまちづくりにより、富山市は国による「環境モデル都市」(2008年)および「環境未来都市」(2011年)に選定された。また、2012年にOECDによるコンパクトシティ政策に関するレポートは、富山、メルボルン、バンクーバー、パリ、ポートランドの5つの都市を「コンパクトシティ政策：世界5都市のケーススタディと国別比較」に取り上げ、富山市について、コンパクトシティ政策が経済的なメリットを有し、中心市街地と公共機関の駅周辺に民間開発を誘導しているとしている (OECD［2012］)。

　こうした経緯の発端となる「コンパクトシティ」という言葉を使った富山市のまちづくりについて、最初に言及し、契機となったのは2003年3月の市議会における市長の発言であるとみられる。2014年に市長は「(富山の) まちの鉄軌道やバス路線のほとんどが富山駅から出て富山駅に帰るという構造に気付きました」(森［2014］) と記述している。2000年代における交通網をめぐって地域が遭遇した状況を背景に、市長・市行政が市民、その他の地域の関係者・関係機関等の支援を得て「コンパクトシティ」づくりを主導したものと考えられる。

【引用文献・参考図書：富山市「コンパクトシティ」】
富山市議会［2003］：富山市議会「平成15年3月定例会議事録」2003
富山市議会［2004a］：富山市議会「平成16年3月定例会議事録」2004
富山市議会［2004b］：富山市議会「平成16年6月定例会議事録」2004
富山県［2004］：富山県「富山県地域交通ビジョン」2004
富山市議会［2005a］：富山市議会「平成17年6月定例会議事録」2005
富山市議会［2005b］：富山市議会「平成17年9月定例会議事録」2005
富山市議会［2005c］：富山市議会「平成17年12月定例会議事録」2005

富山市［2007a］：富山市「富山市中心市街地活性化基本計画」2007
富山市［2007b］：富山市「富山市総合計画」2007
山田［2009］：山田良治「都市再生とコンパクトシティ論」2009
OECD［2012］：OECD "Compact City Policies A Comparative Assessment" 2012
地経総研［2015］：地方経済総合研究所「コンパクトシティを考える　コンパクトシティから
　　ネットワークへ」2015
森［2014］：森雅志「コンパクトシティ戦略による富山型都市経営の構築」『文化経済学と地域
　　創造 環境・経済・文化の統合』新評論 2014

北九州市「世界の環境首都」

　北九州市は大気汚染とそれに起因する健康被害、また、市の中心部の洞海湾の汚染に代表されるかなりはげしい公害を経験した。北九州市は公害対策に取組み、1980年代までに環境の改善に成功し、その後その経験を生かした環境保全型地域づくりを行うようになった。（藤倉［1997］）（野村［2011］）

　1979年に北九州市は中国・大連市と友好協定を締結し、1981年には大連市で「公害管理講座」を開催したが、これが北九州市の環境国際協力の始まりとされている。1986年から国際協力事業団（JICA。現在は「国際協力機構」）の環境研修コースを受託し、以来、多くの海外からの研修員を受け入れてきている。1980年設立の「北九州国際技術協力協会」が国際協力の受け入れ機関となっている。（前田［2013］）（北九州市［2016］）

　1987年に北九州市市長に就任した末吉興一氏のもとで「ルネッサンス構想」が策定された。この構想の題目の一つは響灘埋立地（約2,000ha）の活用であった。1990年代に検討が進められ、やがて「北九州エコタウン事業」をプロジェクトとしてとりまとめ、産官学によりゼロエミッションを目指して、廃棄物処理・リサイクルを研究・推進し、さまざまな事業を推進するとした。1997年にこの事業は環境庁および通産省（いずれも当時）による「エコタウン事業」に選定された。1999年に市長選挙で4選を得た末吉氏はその選挙公報において「環境未来都市づくりの推進、ダイオキシン類や環境ホルモンなどの環境問題に力を入れます。リサイクル産業の育成・振興などにより資源循環型の都市づくりを進めます」（北九州市［1999］）とした。（北九州市［2002］）

(川崎 [2012])

　2003 年選挙で 5 選を得た末吉氏は「5 期目……は何を目指していくのかと自問自答……北九州が世界レベルに最も近いのは環境政策ではないかと考えるようになり……世界の環境首都づくりをスタートした」とされる（橋山・荒田 [2010]）。

　2003 年に北九州市は環境首都づくりに向けて市民等の意見聴取を行って、1,000 件を越える意見・提案を得た。また、同年に 2 回にわたって「環境首都フォーラム」を開催した。2004 年に「環境首都フォーラム」（3 回目）を開催し、市民会議（2 回）、産業会議（3 回）、都市会議（1 回）を開催し、そして、「環境首都創造会議」を 3 回にわたって開催した後、4 回目の「環境首都創造会議」において、「環境首都グランドデザイン」を採択した。末吉氏によれば「環境首都創造会議を設置して市民、NPO、企業、大学など地域のさまざまな人に市民みんなが共有できる理念は何かを議論してもらい……できあがった」としている（橋山・荒田 [2010]）。グランドデザインは「……地球環境問題が……目の前に迫ってきています……わたしたちはこの問題に全力を挙げて取り組み、環境首都として世界に認められる都市を目指していくことを決意しました」としている。（北九州市 [2004]）

　北九州市は、1990 年に UNEP（国連環境計画）による「グローバル 500 賞」を受賞し、2008 年に政府による「環境モデル都市」に選定され、2011 年に政府による「環境未来都市」に選定された。2011 年に OECD は北九州市を、パリ、シカゴ、ストックホルムと並ぶ「グリーン成長に関する世界のモデル都市」に選定した。

　こうした経緯から、北九州市の環境保全上の取組みの重要な事実は、公害を克服して現在においても重要な日本の産業拠点であることに加えて、1980 年代から国際環境協力の実績を重ねてきたこと、1990 年代からゼロエミッションを目指す「エコタウン」を掲げて廃棄物処理・リサイクル等の静脈産業の拠点づくりに取り組んできたこと、2000 年代から「世界の環境首都」を標榜して取組みを進めようとしていることである。1980 年代以降に見られる北九州市の環境保全上の取組みについて、概して市民、地域企業が支持してきたとみ

られる。2004年に「世界の環境首都」を目指すとした考え方、およびその理念である「グランドデザイン」の宣言を導いたことに関しては、当時の市長(末吉氏)の強いリーダーシップがあったものと考えられる。

【引用文献・参考図書：北九州市「世界の環境首都」】
藤倉［1997］：藤倉良「公害対策の社会経済的要因分析」『北九州市公害対策史解析編』北九州市 1997 北九州市［1999］：北九州市選挙管理委員会「北九州市長選挙公報 平成11年1月31日」1999

北九州市［1999］：北九州市「北九州市長選挙選挙公報 平成11年1月31日執行」1999

北九州市［2002］：北九州市「北九州エコタウン事業の概要 平成14年10月22日」2002

北九州市［2004］：北九州市「人と地球、そして未来の世代への北九州市民からの約束〜世界の環境首都を目指して」2004
　（北九州市HP〈www.city.kitakyushu.lg.jp/kankyou/file_0284.html〉2018年4月1日参照）

橋山・荒田［2010］：橋山義博・荒田英知「末吉興一の首長術 北九州市長が紡いだ都市経営の縦糸横糸」PHP 2010

野村［2011］：野村政修「北九州市が取り組んできた環境政策」『九州国際大学経営経済論集17巻3号』2011

川崎［2012］：川崎順一「北九州エコタウン事業の誕生までの歩み」『九州国際大学経営経済論集18巻3号』2012

前田［2013］：前田利蔵「自治体の環境国際協力戦略について 北九州市の取組を通じて」『研究報告書 平成24年度福岡県 ─ アジア経済研究所連携事業 自治体間国際環境協力とアジアへのビジネス展開』2013

北九州市［2016］：北九州市「中国・大連市との環境国際協力」2016
　〈www.city.kitakyushu.lg.jp/kankyou/file_0274.html〉(北九州市HP。2016年3月24日参照)

4-2　1990年代以降の環境保全地域計画等

国による環境保全プロジェクト等

　1990年代頃から、国が地域の環境保全を促すプロジェクトを用意し、あるいは法律を定め、地域の環境保全型地域づくりを促すようになった。

　2008年に福田康夫総理大臣が施政方針演説において「低炭素社会に転換していくため……都市を10カ所選び、環境モデル都市をつくります」(福田

［2008］）とした。同年4月に政府は応募要領を示し、温室効果ガス削減について、2050年に半減を超える長期的目標、2020年までに30％以上のエネルギー効率の改善を目指すことを推奨した。2013年までに23地域が「環境モデル都市」づくりを推進する地域として選定された。大規模都市の京都市、北九州市、中規模都市の富山市、小規模地域の西粟倉村などが選ばれている。（内閣官房［2014］）

2010年に内閣は「新成長戦略」を閣議決定した。この戦略に21項目の「強みを生かす国家戦略プロジェクト」を掲げ、その中に「未来に向けて、技術、サービス、まちづくりで世界トップクラスの成功事例を生み出し、国内外への普及展開を図る」（閣議決定［2010］）とする「環境未来都市」構想を掲げた。2011年にこの構想を具体化するための「環境未来都市」構想の概念において、地域の環境価値（低炭素、循環、生物多様性等）、社会的価値（健康、介護、安全・安心、その他の社会資本）、経済的価値（ナレッジエコノミー、雇用・所得、情報集積、生涯現役など）の3つの側面から、地域づくりを進めるとした。構想の将来ビジョンについて2050年を念頭に据え、2020年あるいは2030年の目標設定を含むべきとした。2011年9月に環境未来都市の募集を行い、同年12月に11地域（一般地域3市1町1地域、東日本大震災の被災地域4市1町1地域）を選定して環境未来都市づくりが進められている。この文中で取り上げた北九州市、富山市が選定されている。（内閣府［2011］）（内閣府構想検討会［2011］）

法律に根拠を持たないで関係省が推進する以下のような制度がある。

国土交通省は「清流ルネサンス21」（1993～2000年）、「清流ルネサンスⅡ」（2001年～）により、水質改善の進まない中小河川（主要河川の支流を含む）やダムを対象として、市町村、河川管理者、下水道管理者、その他の関係機関による協議会を設けて、水質の浄化を図る取組みを進めている。（国交省［2012］［2017］）

環境省・経済産業省は地方自治体に呼びかけて「エコタウン事業」（1997年～）を推進している。都道府県または政令指定市（市町村は都道府県等ともに）が「ゼロエミッション構想」を作成し、両省が承認して構想に基づく事業に助

成を行う事業である。現在 26 地域（2018 年 8 月）が承認され事業が実施されている。（環境省［2018］）

2004 年に農林水産省はバイオマスの利活用の推進を目指す市町村を支援して「バイオマスタウン」事業を実施（2004 〜 2011 年度）した後、その結果に係る総務省のレビューを経て、改めて関係府省により 2013 年度から「バイオマス産業都市」を選定して取組みを進める新しいプロジェクトを行っている。2018 年度までに 84 地域を選定して「バイオマス産業都市」づくりを推進している。（総務省［2011］）（農水省［2018］）

環境に関する地域計画等

1990 年代以降、都道府県が環境保全に関する基本的な施策を定めた条例を制定し、その中で環境に関する基本計画を策定するようになり、市町村にも広がっていった。また、2000 年代に入ると国が立法措置において地方自治体の環境地域計画策定を求めるようになった。

1990 年に熊本県が熊本県環境基本条例を制定し、その中で「環境指針」を策定するとした。この頃以降、都道府県、政令指定都市において環境基本条例を制定し、その規定において環境基本計画、あるいはそれに類する計画を策定する動きが加速された。2012 年度に環境省が地方自治体に向けて実施したアンケート調査結果によれば、環境保全の基本計画を 35 都道府県、15 政令指定市、600 以上の市区町村（アンケート回答 66.7％）が策定していた。環境保全型の地域づくりを行う考え方は浸透しているとみることができる。（環境省［2012］）

2000 年代に、地域において環境保全を推進する、あるいは地域環境保全計画等を策定することを規定する法律の制定・改正が進んだ。自然再生推進法（2002 年）による自然再生、景観法（2004 年）による景観計画、地球温暖化対策の推進に関する法律（2008）による「地球温暖化対策地域実行計画・区域施策編」、生物多様性基本法（2008 年）による「生物多様性地域戦略」、「都市の低炭素化の促進に関する法律」（2012 年）による「低炭素まちづくり計画」などである。

【引用文献・参考図書：環境保全地域計画】

福田［2008］：福田総理大臣「第169回国会における福田総理大臣施政方針演説（平成20年1月18日）」2008

閣議決定［2010］：閣議決定「新成長戦略 平成22年6月18日」2010

内閣府［2011］：内閣府「環境未来都市の選定について（平成23年12月22日公表）」2011

内閣府構想検討会［2011］：内閣府"環境未来都市"構想有識者検討会"環境未来都市"構想のコンセプト中間とりまとめ（平成23年2月2日）」2011

総務省［2011］：バイオマスレビュー：総務省「バイオマス利活用に関する政策評価書（平成23年2月）」2011

国交省［2012］：国土交通省「第二期水環境改善緊急行動計画（清流ルネッサンスⅡ）これまでの取り組みについて（平成14年7月4日）」2002

環境省［2012］：環境省「平成24年度環境基本計画に係る地方公共団体アンケート調査報告書」2012

内閣官房［2014］：内閣官房「環境モデル都市の追加選定について」2014

国交省［2017］：国土交通省HP「清流ルネッサンス21について」
〈www.mlit.go.jp/river/…/mk_sei_renaissance21_01.pdf〉（2017年7月24日参照）

環境省［2018］環境省HP「エコタウンの歩みと発展」2018
〈http://www.env.go.jp/recycle/ecotown_pamphlet.pdf〉（2019年5月8日参照）

農水省［2018］：農林水産省食糧産業局「バイオマス産業都市について（平成30年12月）」2018

5　地域環境課題と環境保全型地域づくり

地域環境課題への取組み

　第1グループの宇部市においてばいじん対策の取組みが始動したのは1949年であった。同年には東京都が「東京都工場公害防止条例」を制定し、後に多くの府県が公害防止条例、騒音防止条例等を制定した。宇部市等の4事例、東京都等の公害防止条例、騒音防止条例等の制定は、日本の公害対策を先導する役割を果たした。国全体を俯瞰して公害対策施策の一つの到達点に至ったのは、1973年の瀬戸内海環境保全臨時措置法制定、および1974年の大気汚染防止法改正により、汚染物質（CODと硫黄酸化物）の総量規制制度が導入されたことであると筆者は考えているが、宇部市等の取組みの始動から20数年を

要した。

　第1グループの金沢市・倉敷市の事例は、1967年に相次いで条例を制定して歴史的建造物・町並みの価値を高める役割を果たした。1975年には文化財保護法が改正されて「伝統的建造物群保存地区」（伝建地区）を指定・保護する制度が定められ、現在では100を越える伝建地区指定がなされたのであるが、両市の条例制定はそうした全国的な取組みを先導した代表的事例である。

　公害の発生および希少な自然の破壊は、環境基本法における「環境保全上の支障」とされているが、筆者は歴史的建造物・町並みの破壊もそれに匹敵するものと考えている。第1グループの6つの事例は「環境保全上の支障の防止」にいち早く取り組み、他の地域や国政を先導したと考えられる。

　第2グループの7つの事例は、地域の森林、光害のない星空、身近な水路・水辺環境、および都市景観などの環境の価値を切り開く役割を果たした。これらの事例は1960年代半ば〜1980年代に発意・始動し、1990年代にはそれぞれに取組みの到達点に至ったと考えられ、ここに挙げた7つに事例だけでなく、他の多くの地域において同様の取組みがなされている。1993年制定の環境基本法は環境政策の守備範囲について、「環境保全上の支障の防止」を越えて、環境の「良好な状態」を含むとしたが、このことについて筆者は7つの事例、その他の類似の多くの地域の取組みが示唆を与えたものと考えている。

　第3グループの地域づくりの事例として6つ地域を取り上げている。そのうちコウノトリの繁殖・自然復帰に取り組んでいる事例、バイオマスの利活用に取り組んでいる事例は今日的な環境課題である「共生」および「循環」に関わる取組みである。京都市、北九州市、富山市の目指しているものは、環境を含む幅広い地域社会の未来のあり方を模索している。

地域の取組みと主体の関わり

　この一文で取り上げた地域の取組みを発意・始動・拡充させた主体について以下のように整理される。

　第1グループの大気汚染対策等に取り組んだ4事例について、宇部市の事例について市議会が発意・始動させ、やがて行政、市民、研究者、事業者が参

加し取組みを拡充した。他の3事例について、住民・市民が取組みを発意・始動させ、やがて首長・行政・議会がこれらの取組みを拡充させた。国政は、4事例のうちで最も早い宇部市の取組みの始まり（1949年頃）から20数年遅れで、国政としての公害対策の仕組みの構築を遂行したとみられる。第1グループの事例である金沢市、倉敷市が伝統的建造物群の保存に取り組んだことについて、発意・始動したのは内外の知識人・文化人、触発を得て取組みを拡充したのは地方行政であった。2市の取組みは、後に京都市・神戸市を始め、多くの地方自治体の景観保全の取組みを促し、国政における文化財保護法の改正（1975年）を導いた。

　第2グループの7事例について取組みの発意・始動を促した主体は多様であった。個人的な地域への強い思い入れが発意・始動と取組みの拡充を促した事例（綾町、屋久島）、研究者・専門家が発意し、やがて市民グループや行政とともに取組みを発展させた事例（郡上八幡、三島）、主として行政が発意・始動・拡大させた事例（旧・美星町、京都市、神戸市）などであった。7事例のうちで早い時期の発意・始動は1960年代半ばであったが、全国各地の取組みが国政に直接・間接に影響を与え、国政が環境政策の守備範囲を環境の良好な状態を含むものに拡大すること（1993年の環境基本法制定）を促したものと考えられる。

　第3グループの事例のうち、真庭市の取組みについて民間事業者が発意・始動し、その後に地域行政が参入して取組みを拡大した。「カーボンゼロ都市」を掲げる京都市の取組みを発意・始動させたことについては、COP3（気候変動枠組条約第3回締約国会議）を招致したことによると考えられるが、筆者は国（環境庁）が京都市に取組みを働きかけ、また、京都市（首長と行政）がこれに応じたと考えている。西粟倉村の「上質な田舎」づくりの経緯と取組み、富山市の「コンパクトシティ」の取組み、北九州市の「世界の環境首都」を目指す取組みについては、主として首長・行政主導で発意・始動・拡充がなされていると考えられる。コウノトリについて保護と共生に取り組んでいる豊岡市の事例については、専門家によりコウノトリが絶滅の危機に瀕していることが兵庫県知事に知らされ、1955年頃から県市が主導して今日に至っているとみ

られる。

　事業者が発意・始動した事例は、バイオマスの利活用を先導した真庭市の事例のみであった。第1グループの宇部市、北九州市の事例では、大気汚染対策に事業者の理解と協力があった。第3グループの北九州市の「世界の環境首都」を目指す取組みにおいては、事業者の協力が重要な役割を担っていると考えられる。その他の事例において、事業者の役割は地域の取組みにおける支持者の域に止まり、取組みを主導したとはいえないものと考えられる。

　国政がここに取り上げた19事例とどのように関わったかについては、以下のように整理される。第1グループおよび第2グループの地域の取組みについて、国が発意・始動した事例はなく、国政は公害対策基本法制定とその後の公害対策立法等、文化財保護法改正による伝統的建造物群の保護保全、環境基本法制定による環境の価値の範囲の拡大、景観価値にかかる景観法制定などにより、地域の取組みを追認してきている。しかし、第3グループの取組みについて、1990年代後半以降、国が地方に連携するようになり、さらには国が環境保全に係るさまざまなプロジェクトを用意して、地方に呼びかけて環境保全型の地域づくりを促すようになった。第3グループの6事例は、国による「バイオマス産業都市」「環境モデル都市」「環境未来都市」の構想の中に位置づけられるようになった。国が地方の取組みを促すプロジェクトは他にも多く用意され、また法制度の枠組の中で環境保全計画づくりを義務化し、あるいは促す事例が多くなっている。

　専門家・知識人・研究者などが重要な役割を担った事例について、宇部市のばいじん対策に関係する測定データや健康影響データを用意した研究者、金沢市・倉敷市の伝統的建造物・町並みの保存を発意・始動に導いた専門家・知識人、屋久島や屋久杉の保護についてキーワードとなる「森林・環境文化」を示唆し、世界遺産登録に導いた専門家、郡上八幡と三島の取組みの発意・始動に役割を果たした専門家などがある。西粟倉村による取組みを発意・始動に導いたのは国のプログラムにより村に派遣された専門家と村役場の担当者であった。

　京都市の「カーボンゼロ都市」づくりに続く一連の取組みを発意・始動させ

た COP3 の開催は、国際動向が影響を与えた事例であるが、富山市、北九州市の取組みや国のプロジェクト（環境モデル都市、環境未来都市等）の取組みにおける低炭素地域づくりについても、国際動向が影響を与えたとみられる。

　筆者は 19 の事例から、さまざまな主体の関与が保障されていることが、地域環境課題に取組むさまざまな方途を切り開いたと考えている。この後も地域および国レベルの環境政策の拡充・発展にとって多様な主体の関わりが保障されていることは重要な側面であると考える。筆者が知るところでは、日本の環境政策形成過程において、多数派、あるいは政治的な力関係が望ましい環境政策の導入・推進を阻むことがあったのであるが、このことに関しては、今後のそれぞれの主体の見識に関わるものと考える。

6　付　言

　取り上げた公害対策および伝統的建造物群保護について、社会的な仕組みとしてほぼ遂行の域に達しているとみられる。綾町と屋久島の森林保全、また、旧美星町の「光害のない星空」、郡上八幡・三島市の水路・水辺環境の保全についても、地域の取組みとしてほぼ遂行の域に達しているとみられるが、これらの取組みが提起した課題について、全国的に俯瞰してみると取組みの拡充の段階と考えている。京都市と神戸市が先鞭を付けた都市景観の保全と創造について、たとえば京都市が「時を越え光り輝く京都の景観づくり」を掲げているように、長く続く地域環境課題（あるいは目標）であるし、他の地方にとっても同様である。第 3 グループの 6 事例について、たとえば低炭素地域づくりの目標年が 2050 年頃に設定されているなどのように、取組みが始動したばかりといえる。環境の価値の創出、環境課題への挑戦に地方・地域の取組みが求められている。

　一方、都道府県、政令指定都市、中核都市、およびその他の人口規模の大きい地方自治体においては、環境基本条例、環境基本計画を持つことは希有ではなくなり、条例や法律に基づくさまざまな環境計画を多くの地方自治体が策定している。地域の環境保全の取組みは平準化の傾向にあるとみることができる

が、環境の保全と経済的・社会的な地域づくりの側面を統合した地域づくりを目指そうとする「環境未来都市」は、考え方として重要な切り口であると考えられる。この後、地方・地域は互いに平準であることを越えた環境保全型の地域づくりを切り開いていくことが求められていると考える。

第7章
倉敷市の伝統的建造物群と町並みの景観保全

1 はじめに

　倉敷市の倉敷川畔の「美観地区」と呼ばれる地区は、江戸時代・明治時代に建設された町家や蔵などを含む約400棟の伝統的建造物群からなる約20haの町並みである。

　倉敷川畔美観地区とその保存・保全について、1940年代半ば頃から今日に至る約70有余年にわたる取組みを経て、法令等に基づく保存・保全制度をほぼ完備し、また住民・市民を初めとする関係者による価値観の共有を実現し、内外の歴史的・文化的評価を確立するに至ったとみられる。

　この地区の保存・保全は、さまざまな景観保全上の課題・事案等に対して、住民、市民、関係者（関係団体）、開発事業者、市行政、および市議会による対応の積み重ねであるとみることができる。代表的な対応事例として1968年に最初の自主条例を制定したのをはじめとして重要な4つの条例制定を行ってきたこと、十指に余る景観紛争・事案に対して事業者等と調整・合意を図ってきたこと、保存・保全に必要であるとして市により3件の買収がなされことなどが挙げられる。

　倉敷川畔美観地区の保存・保全に係る筆者が重要と考えるできごとを取り上げ、それらについてさまざまな主体の関与、美観地区に対する価値観の確立の過程、保存・保全の社会的な仕組みの構築等の観点から、地域の取組みの意義と背景を明確にすることを試みる。

なお、倉敷市の景観関係条例とその指定地区について本文において以下のとおり略称している。

「伝美条例」および「伝美地区」：「倉敷市伝統美観保存条例」（1968年）と同条例指定地区

「伝建条例」および「伝建地区」：「倉敷市伝統的建造物群保存地区保存条例」（1979年）と同条例指定地区

「美観地区」：「伝美地区」および「伝建地区」の総称

「背景条例」および「背景地区」：「倉敷市倉敷川畔伝統的建造物群保存地区背景保全条例」（1990年）と同条例背景保全地区

「美観条例」：「倉敷市美観地区景観条例」（2000年）

「景観条例」：「倉敷市都市景観条例」（2009年）

2　倉敷市の美観地区

現在の美観地区や倉敷駅などを含む中心市街地は浅海であったが、16世紀末に潮止め工事が行われて新田が開発され、備中松山藩領となり、1600年頃に倉敷村が形成され、備中藩の港の機能を持つようになり、1642年から天領となった。その後も新田開発が進み有力な町人層らによる町家・土蔵などの町並みが形成されるようになった。（山陽新聞出版局［1991］）

「倉敷のまち」によれば、元和五年（1619年）に戸数149軒、紀国屋など13件の豪農があった。元禄八年（1695年）に912軒、人口3,820人、農業以外の従事者約2割、この頃に蔵屋敷が立ち並んで年貢米が収納され、川湊から大阪へ送られた。明和七年（1770年）に1,813軒、人口6,837人、農業以外の戸数が約半数以上の950戸、新田開発が進んで農地が増え、干拓地で綿が栽培され、これに関係する商工業が興った。農民の階層分化が進み、零細農民が約8割、富農は質屋・酒屋・問屋を、中農は綿仲買・魚屋・干鰯屋などを営み、彼らが大きな蔵屋敷を建てた。延享三年（1746年）に幕領の63,700石を統治する倉敷代官所が設けられた。現在の美観地区は、富農・中農による屋敷・蔵が集まって中心市街地を形成していた地区であったとみられる。（山陽新聞出

版局［1991］）

　現在、美観地区は約20ha、美観地区の景観保全、背景保全および眺望保全策がとられている。「倉敷市史第7巻」によれば、1978年8月に戸数は415戸、住民人口1,520人であった（倉敷市が文化財保護法に基づく"伝建地区"指定を想定した区域）（倉敷市［2005］）。筆者が倉敷市教育委員会による「倉敷川畔伝統的建造物群保存計画報告書 昭和58年度」（以下"1983年度倉敷市教委報告書"）に示されている建設年代別の建造物配置図を数えたところでは、戸数の約半数が江戸時代・明治時代に建設された建造物、その他は大正・昭和時代前期、昭和後期である。この報告書は、景観地区内に、9件の非伝統的建造物が存在しているとしている。これは筆者の理解であるが、この9件に挙げられていない大原美術館（本館）についても、非伝統的建造物であると考えられる。（倉敷市教委［1983］）（補注）

　非伝統的建造物についてその存在が好ましくないとの見方があり、浦辺氏は「倉敷館（大正2年完成の旧町役場）……有隣荘（昭和初期完成）は……質のよいものであるが……保存地区にあってはこの様式は問題……大原美術館（昭和5年竣工）は……都市景観的配慮はなされていない」（浦辺鎮太郎氏による倉敷市長への昭和46年答申。「1983年度倉敷市教委報告書」に所載）としている。「倉敷町並物語」は、「ただ一つ残念なことに……違和感を持った建物がある……大原美術館である」（藤原雄氏）、「ギリシャ様式のこの建物（大原美術館）をみれば、これは倉敷の統一する表現を破るものだ」（ワルター・グロピウス氏）、「町並保存は昔から培われたもののうえにのみあるべきである」（佐藤重夫氏）などの指摘を紹介している。（倉敷都市美協会［1990］）

　倉敷市は「（美観地区には）特性である本瓦葺塗屋造りの町家と土蔵造りの蔵などを中心とした町並みが形成され……若干の洋風建築が建てられたが現在では違和感は無く、鶴形山の緑や倉敷川畔の柳並木と調和し、優れた歴史的景観を形成している」（倉敷市HP［2016］）としている。「1983年度倉敷市教委報告書」は、「倉敷における純粋な伝統的建造物の建設は明治以前……（および）明治・大正、さらに……昭和8年頃までは、前近代と近代との混在期……その後は……全国的に画一な……木造建造物と……非伝統的形態をもった近代

建築とが混在する時代となって……これら3時期の建造物が一体となって有機的に存在し……ただそれでもいえることは、伝統的建造物が多く集中して支配的な美的景観要素となっている……ランドマークとなっているが伝統的とはみなされない建造物……その多くは地区内外の社会的必要から歴史的に存在してきたものであり、現に文化的貢献を果たしている……伝統的景観の中でアクセントとなっているものがある……どうしても好ましくないものは、樹木等による遮蔽……など、個別的に対処するのが好ましい」としている。（倉敷市教委［1983］）

3　伝統的建造物群と町並みの保全の経緯

　倉敷市の美観地区の保存について、第二次世界大戦後の1940年代半ば頃から今日に至る70有余年の間に、さまざまな取組みが行われ今日に至っている。ここではその保存に係る主要なできごととして年順に以下のとおりに着目している。

- 美観地区の価値の高まりの経緯（〜1968年）
- 1968年の「倉敷市伝統美観保存条例」の制定
- 1970〜1972年の「倉敷館」と「蜷川美術館」問題
- 1978年の「倉敷市伝統的建造物群保存地区保存条例」の制定に至る経緯
- 1990年の「倉敷市倉敷川畔伝統的建造物保存地区背景保全条例」の制定に至る経緯
- 1997〜2000年の景観紛争と2000年の「倉敷市美観地区景観条例」の制定に至る経緯
- 2001年の「東大橋家」の買取り
- 2004年の「景観法」の制定とその後の倉敷市の対応

3-1 美観地区の価値の高まりの経緯（～1968年）

　江戸時代にさかのぼる倉敷市の美観地区の町家・蔵等が今日に保存・継承されていることについて、一般的にこのあたりが第二次世界大戦中に空爆を受けなかったことが知られている。浦辺氏はさらに遡って明治維新直前の代官所焼打騒動時に類焼しなかったことを指摘している。この騒動は幕末の1866年に引き起こされた「倉敷浅尾騒動」あるいは「備中騒動」と呼ばれる騒動のことを指している。長州藩奇兵隊を脱走した100余名の隊士が美観地区内の現在の「アイビースクェアー」の敷地内にあった「倉敷代官所」を襲撃・放火した事件である。この時、隊士らは一般民家に火災が及ばないように代官所の主要な建物以外に放火しなかったとされ、これによって美観地区は放火を免れた。（角田［1964］）（浦辺［1978］）（倉敷市［2003］）

　第二次世界大戦前に、大原聰一郎氏（1909～1968。倉敷紡績社長、倉敷レイヨン社長、大原美術館理事長など）は、浦辺鎮太郎氏に「（2年半の欧米外遊から帰朝した1938年の第一声として）倉敷を日本のローテンブルグにしようではないか。倉敷の町は決して引けはとらないヨ」（浦辺［1978］）と語ったとされている。このことについて後に倉敷市がまとめた資料は「（大原氏が）故郷・倉敷市の『ブルグ構想』を抱く……（しかし）倉敷の町並保全の活動は、まだ幻の段階……（保全への）事業として出発するには、戦後まで待たねばならない」（倉敷市教委［1983］）こととなったとしている。なお1938年頃の時点において、非伝統的建造物である旧・倉敷町役場（1917年建設。現「倉敷館」）、中国銀行支店（1922年建設）、大原美術館（1930年完工）などが存在した。

　第二次世界大戦の直後の頃に町家・蔵等は現在のような高い価値認識を得ていなかったが、少しずつ内外の専門家等によって評価されるようになった。倉敷市史は「（戦後から昭和）30年代までに至る間に、町並み保全へと人々の意識が醸成され、市による昭和43年の保存条例制定へと連結する大事な準備段階があった」（倉敷市［2005］）としている。「準備段階」とされるこの期において「倉敷町並物語」に記述されている主要なできごとは年順に以下のとおりである。（倉敷都市美協会［1990］）

同書は「いとぐち」として、1947年6月に岡山県民藝協会が結成されて民家の調査・写真採集を行い、そのなかに倉敷の民家群が取り上げられ関係者に保存への思いを固めさせたとしている。1948年の山陽新聞は、秋田県・角館、金沢市などとともに、倉敷の町並みに注目する岡山県民藝協会について報道している（山陽新聞［1948］）。同年に、戦後処理を行った連合軍総司令部のローゼンフェルト氏が来倉して町並を賞賛した。1949年1月開催の町並みに価値を認める6名による「倉敷町並保存の第一回座談会」の様子が記述されているが、その席で建築家の佐藤重夫氏が、洋風建築指向に対する懸念、および都市計画法に基づく建築協定による町並保存の考え方を発言している。1950年にイギリスの桂冠詩人・エドモンド・ブランデン氏が来倉して町並を賞賛した。同年3月には「倉敷町並保存の第二回座談会」が開かれ、「建築協定を結ぶための案」および「倉敷都市美協会の趣旨」が提案されている。1953年10月末に日本建築学会の38名の専門家が訪れて、国家的見地からの保護に値する景観であること、県・市が助成を行って保護・復旧するべきであることとの考え方を語ったとされている。その後写真雑誌（朝日新聞社［1954］）（岩波書店［1957］）に取り上げられ、広く内外にその価値が認められるようになった。（倉敷都市美協会［1990］）

　こうした町並みへの関心・評価の高まりと併行して、1948年11月に古い蔵の外観を補修し、内装を手入れして「倉敷民藝館」が開館し、同様に1950年に「倉敷考古館」が開館（1957年に増築）した。1956年に廃業により空き家となる一つの町家が「旅館・くらしき」として外観をそのままに維持されることとなった。これらは、国重要文化財である「旧大原家住宅」「井上家住宅」などとともに、伝統的建造物群を代表する建造物である。

　戦前・戦後に町家・蔵などについては、古くて価値の無いもの、新しいいわゆる洋風のものに置き換えられるべきものとの考え方があったとされ、実際のところ「相当荒れ果てていて、（1948年に）民藝館になった蔵は角瓦が落ちて柱が雨に曝されていた」（外村吉之介氏。倉敷都市美協会［1990］）し、町家の一例では「（町家の）表を貸していますので……張りボテの洋風にされています」（大賀政章氏。同）、「心なき改造によって変形改悪され、無関心なる取

第7章　倉敷市の伝統的建造物群と町並みの景観保全　281

扱いによって崩れ去ろうとしている」（倉敷都市美協会の設立趣旨。倉敷都市美協会［1990］）という状態にあった。しかし、「荒廃していると云ってもその骨格は確かであった」（同）。また、「（町家の持ち主である）旧家の人々……たちのプライド（として）……金はかかるけれども……（建物を）そのまま復元しようとする努力をしていました……」（室山貴義氏。室山・金井［2008］）という状態にあった。1954年にこの地を訪れたワルター・グロピウス氏（ドイツの著名な建築家）が「（同じ勾配の屋根が並ぶ）この町では、それを文化的遺産の認識によって持ち続けてゆく住民の真の意欲を……感じた」（倉敷都市美協会［1990］）と感想を述べたとされている。修復や保存に向けた何らかの契機があれば建物も人々の意識も保存・再生に向けて歩みを始める可能性のある状態にあったとみられる。

　「倉敷町並物語」所載の第2回座談会（1950年3月）に建築協定案が提案された後、実際に参加者らにより住民に対する説明が行われたとされている。しかし、第3回座談会においては、建築協定の趣旨を敷衍することに難航した様子が語られており、倉敷市の協力が必要であるとの方向に傾いている。この第3回座談会（1955年6月）に、倉敷市の総務部長が招かれ、参加者らの説明を聞き、市としてのあり方を考えたいとの趣旨を発言している。（倉敷都市美協会［1990］）

　このような戦後から1960年代半ば頃までの経過を経て、美観地区はその価値が内外で評価を得るようになり、保存のあり方が模索されるようになったと考えられる。この期に主要な役割を果たしたのは、内外の専門家・知識人、報道機関・写真専門誌、町家を再生して恒久的な利用を図った倉敷民藝館、倉敷考古館、「旅館・くらしき」の関係者などが挙げられる。住民・市民らが保存を積極的に訴え、あるいは保存措置を行政に求めるような活動はなかったとみられるのであるが、多くの持ち主が条例や法制度による保全が図られる以前から、数百棟に及ぶ町家・土蔵を維持し住み続けていたことは重要な事実である。

3-2 「倉敷市伝統美観保存条例」の制定（1968年）

　前述のように、「倉敷町並物語」に収録されている第3回目の座談会（1955年6月）に、倉敷市の総務部長（田村隆雄氏）が招かれ、町家・蔵などが貴重なものである旨の説明を受けて、市としてのあり方を考えたいとの趣旨の発言を行ったのであるが、その時から13年を経て、1968年6月の倉敷市議会に美観地区の保存に関する条例案が提案された。この議会において、13年前に知識人らの会合に招かれた田村隆雄氏が3市合併（旧倉敷市、旧児島市および旧玉島市の合併。1967年2月）後の倉敷市の総務部長として条例案を逐条説明している。（倉敷都市美協会［1990］）（倉敷市議会［1968b］）

　この条例提案以前の1960年代の半ば頃から、以下のような条例制定に関連する動きがあった。旧倉敷市は、3市合併直前の1965年1月に、倉敷市の有する問題の解決方策、将来のあるべき姿を描出するとして「倉敷市の将来像に関する懇談会」を組織した。大学研究者、研究機関など11名の専門家、5名の大学院生らにより、約1年半にわたる市の現状評価、討論を重ねた成果として、1967年4月に報告書をまとめた。報告書は「歴史文化地区」について、「倉敷川周辺は、日本でも有数の歴史的景観を残しており……これを倉敷市固有の財産として保存するため……対象地域を明確に画定し、保存に必要な処置をとらねばならない……観光面からもこの一帯の積極的な整備が必要である」（倉敷市懇談会［1967］）とした。

　筆者の推測であるが、この懇談会報告書の記述は市行政内部に影響を与えたのではないかと考えている。1967年末頃には倉敷市は条例制定の検討を始めていた。1967年12月の倉敷市議会本会議において、美観地区の保存のための条例制定について質問がなされ、それに対して市当局が保存条例を作成して市議会に提案するとの趣旨の説明を行った（倉敷市議会［1967］）。1968年2月3日の山陽新聞は、市当局が「倉敷市都市美観保存条例」の案を作成したこと、3月の市議会に諮り4月施行すること、都市計画法・建築基準法に基づく条例とすること、指定区域内の増・改築等について許可制とすること、罰則を伴う規制措置をとることなどを報じた（山陽新聞［1968a］）。

　報じられたような強い規制内容を持つ条例案に対して、市行政内部、および

市民から懸念が示されたとされており（山陽新聞［1968b］）、この条例案は3月議会に提案されなかった。このことについて市議会本会議で質問がなされ、市当局が、強い規制は住民の協力を要すること、検討を重ねて6月議会に提案することなどを答弁した（倉敷市議会［1968a］）。6月6日の山陽新聞は、住民への指導・助言を行う弱い規制内容の条例案が用意されていることを報じた（山陽新聞［1968b］）。

　こうした経過の後に、1968年6月開催の倉敷市議会に「倉敷市都市美観保存条例案」が提案された。提案に当たって市長は「都市美観を保存する……ことは、文化と観光都市である本市には最も必要なこと……条例を設け……文化の向上と観光の発展に寄与いたしたい」（倉敷市議会［1968b］）とした。また、総務部長は「かねてから市議会におかれまして強いご要望のございました……都市美観保存措置につき……現時点においては都市計画法……等の関係法令を根拠として強い規制措置を講じますことは……困難……本市独自の条例を制定（し）……段階的に関係法令を根拠とする規制措置を得るように努力いたす所存……」（同）とした。

　6月議会において条例案に反対する動きはなかったが継続審議扱いとされた。1968年9月議会において、条例案を付議された厚生観光委員長は本会議に「本条例を制定し、市内の美観地区等を指定し保存していくことにつきましては、全員異議なく賛成をいたしている……しかし……本条例に……ふさわしいように……（名称について）都市美観とありますものを伝統美観に改めるなど、その一部を修正し可決するべきものと決定をいたした」（倉敷市議会［1968d］）と報告し、本会議は「倉敷市伝統美観保存条例」（伝美条例）に修正・可決した。（倉敷市［1968］）

　制定された条例は15箇条からなり、市長による提案説明にあったように「本市固有の歴史的な伝統美観を保存し、後世に継承するため、必要な措置を定め、もって郷土愛の高揚をはかるとともに、わが国文化の向上発展と観光に寄与することを目的とする」（第1条）として、「保存」とともに「観光寄与」を目的とした。指定する「美観地区」内の行為に届出を求め、届出行為に必要な助言・指導・勧告を行うとした。加えて特徴的であるのは、助言・指導・勧告に

従ったことよる損失に対して補償することおよび指定地区内の保存家屋等の保存・改修・改築に要する経費を補助することなどを規定したことである。なお、2000年9月の美観条例の改正時に、「観光寄与」は条例目的から外された。（倉敷市［1968］［2000］）

　1968年3月に「金沢市伝統環境保存条例」が制定されていたので、倉敷市条例はそれに次ぐ地方自治体による伝統的建造物と町並みの保存条例であった。伊藤氏によれば、金沢市条例の制定については、1966年制定の古都保存法、および内外の知識人、専門家の保存を訴える活動が金沢市行政に影響を与えた。古都保存法の指定を国に働きかけることについては、規制と開発との関係に危惧があるとして、市長がその可能性を否定したとされるが、1967～1968年にかけて、専門家を交えた調査や会合を通じて条例制定を目指すことが示唆され、市行政内部において条例案が用意され市議会に提案され可決された。（伊藤［2006］）

　一方、倉敷市議会の質疑、および新聞報道から知られるように、倉敷市の条例案の作成は、終始、市行政の内部で行われたものとみられる。また、当初は、都市計画法・建築基準法に依拠し、「許可制」の強い規制を伴う条例案が用意されていたものの、住民に強い規制を強いることを控えて届出・指導・助言を基本とする条例案が提案されたものとみられる。なお、倉敷市行政は先行して制定されていた金沢市の条例を知っていたものと考えられる。

　倉敷市の伝美条例の制定は、第二次世界大戦後に伝統的建造物を主体とする町並みの価値認識が高まったこと、観光資源として全国的な注目を確保するようになったことを背景として、条例の制定目的に保存と観光寄与を規定して市行政主導で行われた。町家などの持主および専門家が条例制定を求めることはなかったが、条例制定の時期（1968年）まで町家を維持していた持主、町並みの価値を知悉してその保存を訴え続けた内外の専門家、および新聞・雑誌等のマスメディアが、美観地区保存と観光振興を目論む市行政に、条例制定を促したものとみられる。

3-3 「倉敷館」および「蜷川美術館」をめぐる事案

1968年の伝美条例の制定後に、町並みの景観保全をめぐって2件の事案が発生した。

1970年に、非伝統的建造物とされた一つである「倉敷館（1913年完成の旧町役場）」について、老朽化に伴う"改装保存"および"撤去"の両論があり、倉敷市は審議会（伝美条例に基づく審議会）から改装保存の答申を得るとともに、市議会厚生観光委員会における保存するとの結論を得て、1971年に保存修理した。その後、1985〜1986年に解体修理され、1998年に「造形の規範となっているもの」として登録有形文化財に登録され、現在、観光案内所・無料休憩所「倉敷館」として利用されている。（山陽新聞［1970］）（倉敷市HP［2018a］）（文化庁HP）

1971年10月に倉敷館の西隣の民有地に鉄筋コンクリート4階建の建物を建築するとの計画について伝美条例に基づく協議申請があった。これについて審議会は周囲の風致にマッチしたものにすることを条件に建築を認める答申を行った。しかし、その後、建物の用途が不確定であること、美観の妨げになる懸念があることなどから問題視されるようになり、審議会で再審議された。1972年4月に、事業者が変更した計画（建物を美術館とすること、協議申請の高さ14mを11.5mに低くすること、外観を蔵屋敷風にすること）を提示し、審議会がこれを承認した。同年に建物は「蜷川美術館」として開館したが、2002年に「加計美術館」に改称・継承されている。（山陽新聞［1971］［1972］）（倉敷市［2005］）

3-4 「倉敷市伝統的建造物群保存地区保存条例」の制定（1978年）

1975年に文化財保護法の改正によって、市町村が都市計画法に基づく都市計画に「伝統的建造物群保存地区」（伝建地区）を定め、条例によって保存措置をとることができるとされた。

この改正以前の1973年7月19日に、倉敷市は文化庁による町並保存のための基本調査を実施するとして美観地区内の代表約20人を招いて説明して、「（町並保存が法制化されてその指定地域となった場合に）規制は厳しいものに

なると思うが、美観地区は……市民だけでなく日本人の心のふるさと……住民に……援助をして保存に努めたい」（山陽新聞［1973a］）とした。これに対してほとんどの参加者が保存に積極的であったこと、保存に要する物資・技術・経費について指摘・要望の声があったこと、関係各町内から15人の代表を選んで「保存委員会」を設けて市と協議することとなったことが報道されている（同）。

　同年8月に保存委員会が組織され、倉敷市は同委員会の協力のもとに約430戸を対象として住民意向をアンケート調査し、394戸から回答を得た。倉敷の町並みが国を代表するものであること、市の条例（筆者注：伝美条例を指すものと思われる）による対応だけでは危機を招くおそれ（筆者注：「危機」は保存ができない可能性であると思われる）があることなどに関する資料、および国の法制度による規制・補助など（筆者注：「法制度」は1975年の文化財保護法の改正を見込んだものと解される）に関する資料を送付したうえで、説明会を開催した。アンケート調査の結果「倉敷らしさを残すこと」について、「（景観地区を）ぜひ残すべきだ」43.5％、「（景観地区を）残してゆきたい」45.2％で、88.7％が保存に賛意を示し、「残さなくてもよい」1.7％であった。また「新しい制度への切りかえ」について、「基本的に賛成」63％、「基本的に反対」が8.2％、「どちらでもよい」16.8％、「わからない」12％であった。調査結果から、観光収入のある家と観光に関係のない店・一般住家の間で賛意に差があること、旧家と呼ばれている家に保存意識が強いこと、改築・建かえの計画がある家に強い反対があることなどの傾向がみられた。また、保存措置が講じられる場合においては、固定資産税の減免、資金・資材援助や技術指導、交通制限などを訴える声が多かった。（室山［1978］）（倉敷市［2005］）（山陽新聞［1973b］）

　1975年に文化財保護法が改正されて伝建地区の保存制度が設けられ、同年10月の新聞報道は倉敷市行政内部において"倉敷川畔特別美観地区"を選定申請する方針を固めたこと、文化庁による事前の調査結果から伝建地区に値するとみられているので申請すれば採択されること、選定されれば全国初となることを報じた（山陽新聞［1975］）。しかし、事前の1973年の住民意向調

査において、町並保存に圧倒的に賛意が多かったにもかかわらず、伝建地区指定はすぐには実現しなかった。1976年9月の新聞報道は、伝美条例による届出制が法定の許可制に移行することに心理的抵抗感があること、伝建地区指定により保存・改修の助成が拡充されるものの実際の助成額は不確定であることなどについて関係住民に不安があることを報じている（山陽新聞［1976］）。1977年12月の新聞報道は関係区域の商店街の50戸（商店街代表・河田氏）から、「町並保存……に反対する気持ちは全くない。商店街としての発展が制限され……生活がおびやかされる……該当地区から外してほしい」（山陽新聞［1977］）との申出がなされたことを報じている。

　1978年7月に、倉敷市は伝建地区指定を外してほしいとした商店街、その他の一部の地域を外して、約6割の地域、13.5ha、240世帯、290棟を伝建指定する案をまとめた（山陽新聞［1978］）（倉敷市［2005］）。これにより1978年9月に「倉敷市伝統的建造物群保存地区保存条例」（伝建条例）を市議会に提案、可決を得るとともに、都市計画決定の手続を行い文化庁に伝建地区指定を申請し、1979年5月に指定を得た。（倉敷市［1978］）（倉敷市［2005］）

　制定された伝建条例は、伝統的建造物群と保存地区（伝建地区）、「保存計画」の策定、現状変更行為の規制・許可、許可基準、損失補償（不許可に伴うもの、および許可に当たって付した条件に伴うもの）などの規定からなる。条例制定後1998年に、伝建地区は15haに拡大された（山陽新聞［1998］）。なお、1968年制定の伝美条例は、伝建地区指定されなかった地区（伝美地区）に適用する条例として存続したが、この美観条例について都市計画法の手続をこの時点で行わなかった。後述するように、このことは美観地区入口の商用ビル建設計画をめぐる紛争（1997～2000年）の後、法制度に基づく「倉敷市美観地区景観条例（2000年）」の制定を行わねばならないこととなった。（倉敷市［2000］）

　こうした経緯から知られるように、市行政が伝建指定を主導し、市議会がそれを支持した。また、一般市民も条例制定を支持していたと考えられる。しかし、美観地区の商店街の住民は強い規制を懸念して伝建指定を回避する途を採った。

3-5 「倉敷市倉敷川畔伝統的建造物群保存地区背景保全条例」の制定（1990年）に至る経緯

伝美条例制定直後の1974年に、条例指定地域外で美観地区の町並みの東側の向山の頂上に近い山腹に、10階建てのホテル建設が計画された。倉敷市は気球を揚げて美観地区からどのように見えるかを調べ、美観地区中心部の「今橋」から東に見てやや左側に、町並み越しに上階が見えることとなることを確認したものの、伝美条例の指定地域外であったこと、またその他の法令にもこの計画を規制する手段はなかったことから、市行政内にホテル建設を容認する（容認せざるを得ない）との考え方が多かった。しかし、市行政内で開発調整を取り仕切る「土地利用審査会議」の事務局の企画部は事業者に計画の断念を求めた。事業者は応じなかったのであるが、この計画に必要な重機（クレーン車）を持ち込む道路橋の重量制限等のために計画を断念した。（室山・金井［2008］）

1990年5月に、新聞報道において美観地区に近接して美観地区から上部階が望見される3棟の中・高層のビルの建築計画が美観地区の景観に影響を与えるおそれがあること、市行政の担当部局が審議会（伝建条例に基づく審議会）委員の立会いの下で気球を上げて影響調査を行ったことが報じられた。3棟は、5階建てテナントビル（報道時点で建築確認済み）、8階建てホテル（建築確認申請中）、および12階建てホテル（計画段階）の3件で、調査の結果美観地区内を代表する視点場（今橋、中橋）から望見されることが判明した。しかし、これらの計画が美観地区の外であるために規制手段がなく、市行政としては事業者に景観への影響を最小とするよう外観・色彩・デザイン等に理解を得るしかない状況であった。（山陽新聞［1990a］）

伝美条例および伝建条例に基づく2つの審議会は市長、市教育委員長（条例所管）および市議会議長に「歴史的景観を損ねる……建設計画に対し……適切な措置を講じてほしい」（倉敷新聞［1990a］）、およびビル建築を計画している3社に「景観保存の趣旨をご理解いただき……ご配慮を賜りたい」（同）とする要望書を提出し、市長は「適切な措置を講じたい」（同）とした。

こうした状況のもとで倉敷市が「倉敷市倉敷川畔伝統的建造物群保存地区

背景保全条例」(背景保全条例)の案を市議会に提案した。市長は「倉敷市民の誇りである……保存地区の背景を保全し、その伝統的景観を後世に継承する……」(倉敷市議会［1990b］)との提案説明を行った。条例制定に対して、景観保護のために必要として賛成する意見(美観地区内の大原美術館長など5名)および住民説明が不十分であるとして反対する意見(美観地区内商店主ら27名)などの両論があった(山陽新聞［1990b］)。

　条例案の提案を受けた倉敷市議会(1990年6月)は、かなり多くの時間を条例案に対する質疑・討論に費やした。本会議において11名の議員が発言し議論を繰り広げた。条例案の提案にあたって住民説明がなされていないこと、議会開会日に唐突に提案され議会への事前説明がなかったことについて、多くの議員から問題視する発言がなされた。こうした異議について、倉敷市(室山貴義助役・当時)は「議会……地元関係者への説明もほとんどできていない……大変心苦しく思っている」「(問題となっている美観地区西側に)5つの高層ホテル、あるいはテナントビル……東側の向山……にも……ホテルを建てたいという打診もございました……何もしない……より……おしかりを受けましょうとも、ここで(条例制定に)踏み切った方が……とるべき道だと考えた……買い取り、損失補償などについて……倉敷の町並み(という)……かけがえのない財産(に)……金をつぎ込んでも……むだ遣いではない」「非常に乱暴な……運び方ということはわかっております……(しかし)今なら間に合うと考えた」(倉敷市議会［1990c］)と弁明した。

　条例案の趣旨に反対するとの意見・討論は皆無であった。しかし、一部の議員(会派)は、継続審議とするべきこと、あるいは条例施行を遅らせること、それにより住民の理解を得るよう努めることなどを主張して条例可決に反対した。本会議の付託を受けた文教委員会は採決の結果、賛成5名、継続審議(条例案には賛成)2名の賛成多数で可決するべきものと決議して本会議に報告した。報告を受けた本会議においては、6名の議員が討論を行い、その後"起立多数"で可決した。(倉敷市議会［1990e］)(倉敷市［1990］)

　条例は、伝建地区の背景を保全する地区を指定すること(条例施行時に伝建地区に隣接する西側、南側の地区および向山の中腹地区を指定)、町並みの重

要な視点場である今橋等から望見されて町並みの背景として影響が及ぶような建築行為についてあらかじめ協議・同意を求めること、同意基準（町並みの中心部から見えない、あるいは背景を著しく損なわない）に適合しない行為に同意を与えないこと、また、同意を得ることができないこと、および同意条件に従って損失を受けた場合に損失の補償をすること、などを骨子とした。

　条例案を審議・可決した1990年6月の倉敷市議会における質疑から、条例提案の数年前から美観地区周辺において、中・高層ビルの建設をめぐる動きがあったことが知られる。少なくとも条例提案の3年ほど前からビル等の建設について関係部課が打ち合わせを行っていること（倉敷市議会［1990b］）、1つのホテル建設について2年前頃に土地取得がなされたため一人の議員が市に買上を進言したこと（倉敷市議会［1990d］）、などの事実があったとみられる。また、知識人の中にこうした事態を予想していたとの指摘がなされている（倉敷市議会［1990b］）。

　ホテルの建設が相次いだことについて、当時の日本がバブル景気の最中にあったことに加えて、倉敷市が長期滞在型観光都市整備を目的にホテル設置について固定資産税を減免する措置（「宿泊施設設置奨励金交付要綱（1988年）」により3年間実質免除）をとったこと（倉敷市議会［1990a］）が関係していたと考えられる。背景保全の対応がなされない状況下において、条例案作成の直前の段階で3つの中・高層ビル計画が具体化し、他にも建築計画（少なくとも2件）が進行中の状態となっていた。数年前からの事態の進行に対して、市行政内部における対応が不十分であったものとみられる。実際、市の事業である「倉敷市芸文館」建設についても、美観地区から南に望見されるにもかかわらず、背景保全の観点から議論されることなく、1990年6月には建築にとりかかる段階に至っており、条例制定後に改めて背景保全の観点から設計等の変更措置がとられた。

　一方、背景保全条例の制定において、岡山県および岡山県知事が側面から倉敷市長・市政を支援するように動いた事実がある（倉敷市議会［1990d］）。岡山県は、1988年に岡山県景観条例を制定したのであるが、1991年にその一部を改正して背景保全措置を規定した。この条例改正の検討段階において、倉敷

市美観地区を含む県内数か所の指定候補地を想定していたのであるが、倉敷市による背景保全条例制定が先行したため、岡山県条例に基づく背景保全地区は、倉敷市美観地区の背景を外して後楽園（岡山市。日本3名園の1つ）、閑谷学校（国宝。岡山県備前市閑谷の江戸時代池田藩の藩校）および吹屋（岡山県高梁市の文化財保護法による伝統的建造物群保存地区）について背景となる地区を指定した。（岡山県［1988］［1991］［1992］）

　倉敷市背景条例の制定後に、条例制定を促すこととなった3件の開発計画のうち、1件の8階建てホテル計画は、上階部が美観地区から北西側への眺望を保全するには5階建てが限度とされたが、事業者側が5階建てでは営業が成立たないとして計画を中止し、倉敷市が6億余円の損失補償を行うこととなった。1990年7月16日開催の臨時市議会で倉敷市長は「背景保全条例（の）……内容を説明……協議した結果……（事業者が）建設を取り止め（るので）……買取りの申出があり……（買取りに必要な予算の）補正をお願いする……土地購入費……5億6,200万円……損失補償費として……5,400万円……総額6億6百余円……この財源は、財政調整基金繰入金といたします」（倉敷市議会［1990f］）と説明し、議案は原案どおり可決された。

　条例施行直後の7月5日に、伝建条例に基づく審議会が開催され、2件が審議された。一つは背景保全条例の制定を促すきっかけとなった一つのホテル計画で、当初12階建てで建設を予定した計画を背景保全に配慮して11階建てに計画変更して審議がなされ、変更により美観地区の中央部からほとんど見えなくなるとして、グレー系の外観の色彩が望ましいとする意見を付して了承された。もう一つは「倉敷市芸文館」で、これは美観地区の南側の背景地区内に倉敷市有施設として建設されるものであったが、背景地区に建設されるため審議に付された。美観地区中央部から屋根部分が望見されるため、審議会委員から再考を求める意見が出され、事業者である倉敷市（教育委員会）が建築位置および高さを検討するために時間が必要であるとして、継続審議扱いとされた。（倉敷新聞［1990b］）

　10月15日に2件を審議する審議会が開かれた。継続審議となっていた倉敷市芸文館について、ホール棟の高さを1.2m下げて26.25mとすること、屋根

を銀黒色にすること、外壁を瓦風のタイル張りにすること、また、位置を 1.45m 西へ寄せてホール壁面を美観地区から見えなくすることなどの変更案を了承した。もう 1 件は民間のビル建設計画であったが、背景保全条例制定前に計画されて美観地区中央部から望見されるために、背景保全条例の制定を促すきっかけとなった中層建築物計画であった。この事業者は条例制定後に、市の要請に応えて計画を再考し、5 階建てを 4 階建てにすること、高さを 8.75m 下げて 16.80m とすること、13m 以上の部分でわずかに美観地区を覗くように見えることとなる部分を蔵屋根風にするとした。審議会はこの計画を了承した。（倉敷新聞［1990c］）

　1990 年に持ち上がった美観地区の近接地区の中高層ビル計画にかかる背景保全をめぐる経緯において、1990 年 5 月 26 日の新聞報道が大きく問題を取り上げ、市行政の対応を促したと考えられる。また、問題が表面化した後にいち早く動いて市行政に対応を求めた伝美条例および伝建条例に基づく 2 つの審議会が重要な役割を担った。その後、倉敷市行政が条例案を議会に提案してこの地域課題への対応策を主導し、市議会は市民や議会への事前説明不足等を指摘したものの、趣旨に異存はないとして背景条例案を可決した。一部の住民（美観地区内商店主ら 27 名）が条例制定について趣旨に反対しないものの住民説明が不十分であるとしたが、市民および大方の住民の支持があったとみられる。

3-6　1997～2000 年の景観紛争と「倉敷市美観地区景観条例」の制定（2000 年）に至る経緯

　1997 年 5 月に、美観地区北西端の古い店舗を買い取った事業者が、4 階建てのビルを建築する計画について美観条例による協議を行い、5 月～9 月の間倉敷市と事業者の間で協議がなされた後、9 月に伝美条例の審議会に諮られた。審議会は建物が高すぎるし、外観が美観地区にマッチしないと答申した。市は事業者当初案の 16.6m を 10.5m に抑えること、デザインについて町家・蔵のデザインを基本とすることを求め協議したが合意に至らなかった。（山陽新聞［1998c］）（町田［2001］）

1998年1月に、事業者は伝美条例による同意を得ないで、倉敷市建築主事に建築基準法に基づく建築確認申請を行った（山陽新聞［1998a］）。倉敷市は伝美条例に基づく同意書がないため建築確認できないとし、事業者に建築計画の変更を求め協議に応じるよう再三にわたって要請文を送付した（山陽新聞［1998b］［1998e］など）。同年6月〜8月にわたって、事業者が倉敷市に建築確認を促し、9月16日に倉敷市建築審査会が市行政に対して建築確認を急ぐよう裁決したが、倉敷市は建築確認を行わない状況が続いた。（山陽新聞［1998e］［1998f］［1998g］）

　その後、事業者は建築確認申請に対する市による不作為であるとして岡山地方裁判所に訴えたため、倉敷市は1999年4月に事業者の建築確認申請を「不適合処分」とした（山陽新聞［1999a］）。事業者は建築審査会に対して不適合処分の取り消しを求める審査請求を行ったが、10月25日に審査請求は棄却された。（山陽新聞［1999b］）

　10月28日に、事業者は倉敷市による不適合処分を違法として、建築基準法に基づき建設大臣（当時）に取り消しを求める審査請求を行った。これに対して建設大臣は、2000年3月30日に倉敷市の不適合処分を違法として取り消しする処分を行ったため、倉敷市は同年4月19日に建築確認申請を許可した。（山陽新聞［1999c］［2000］）

　その後、2006年に、広島高裁岡山支部は、倉敷市による違法な建築確認の"保留"が事業者の損害を与えたとして、倉敷市に1,000万円の支払いを命じ判決は確定した。一方、事業者は建築確認の許可を得たもののビル建築を行わない状態が続き、美観地区の入口に古びた空き店舗が放置される状態となっていた。2009年12月18日に倉敷市が9,500万円でその古い店舗の土地（367m^2）を購入したと発表し、翌年に空き店舗は撤去され、現在はポケットパークのように整備されている。（山陽新聞［2009］）

　伝美条例による建築行為の事前協議・合意の手続を根拠に、建築確認申請を「不適合処分」とすることは「違法」とされたのであるが、このことは伝美条例が都市計画法による都市計画決定の手続を行っていなかったことに起因するものであった。倉敷市はこのことを補って2000年3月に「倉敷市美観地区景

観条例」(美観条例)を制定した。この条例は都市計画法に係る手続きを経て、建築基準法に依拠することを条例目的に明記した。都市計画法に規定する美観地区として、伝建条例に規定する区域を「第1種地域」(伝建地区)、伝美条例に規定する区域を「第2種地域」(伝美地区)と規定し、建築物等および特定工作物に関する行為に市長の承認を求め、その承認基準として、第1種地域について高さ10m、第2種地域について11m、位置・規模・形態・意匠・色彩が伝統的建築様式等の特性を維持し周辺の町並みに調和していることなどを規定した。なお、2004年に「景観法」が制定されたことに伴い、2005年6月に美観条例は同法に基づく条例とされた。

　この経緯において、市行政が事業者の計画に対して高さの抑制と町家・蔵風のデザインの採用を求め続けたのであるが、倉敷市議会は、たとえば、1998年4月24日には正副議長および各会派の代表連名によるビル建設に反対する文書を事業者に送付するなど、"美観地区を守る"ことを主張して市行政を支持し続けた (山陽新聞 [1998d]) (倉敷市議会議事録 [1998a] [1998b] [1999a] [1999b] など)。また、市民も市行政を支持していたとみられる。1998年4月に「倉敷美観地区協議会」が建築計画に反対するとして市長に要請書を提出し、同年6月に「ぐるーぷどんがめ」が市長宛にビル建築を許可しないよう求めるとして7,861名の署名とともに要請文を提出した。翌年、1999年3月に「倉敷美観地区協議会」が建築計画に反対するとして1,226名の署名簿とともに市長宛に要請書を提出した。(町田 [2001])

3-7　東大橋家住宅・土地の買取り (2001年)

　2001年10月に倉敷市は美観地区内の「東大橋家」を購入した。東大橋家は土地1,239m^2、建物7棟(江戸時代から明治時代にかけて建築された母屋1棟、長屋門1棟、蔵3棟、塀1棟など)からなり、美観地区に市民・観光客が足を踏み入れる入口部の北側、伝建地区の北西端に位置していた。2000年3月頃に空き家であった土地・住宅を東京在住の所有者が倉敷市に買い上げを申入れ、倉敷市が検討のうえ購入した。倉敷市は購入後に数年をかけて市民のアイディアや経済団体の提言を得て跡地利用のあり方を決定し、修築等を施

し、2009年から市民・観光客に解放する施設、「倉敷物語館」として利用している。(中村［2004］)(倉敷まちづくりHP［2018］)

　2001年6月に、倉敷市長は市議会に購入に必要な補正予算案を提案した。市長は「(所有者が売却処分の意向であることを踏まえて) 当該地が伝統的建造物群保存地区の入り口という、まさに大変重要な位置にありまして……第三者に譲渡された場合のその活用方法などを考えますと、かなり心配があり……取得して、歴史的な町並みの景観に沿った活用方法を考えていくということが最善である……買い取りの決意をさせていただいた」(倉敷市議会［2001a］)と説明した。

　市議会本会議から付託を受けた総務委員会は「原案のとおり可決すべきもの……なお……使用目的を早急に明らかにし、委員会の了解を得た後に執行されるよう強く要望しております」(倉敷市議会［2001b］)と報告して、跡地の利用目的の方向づけができた後に予算を執行するようにとの条件を付した。2001年9月に、倉敷市は市議会総務委員会に、観光・文化拠点施設とするとの買い上げ後の跡地利用の基本方針を報告して了承を得た (山陽新聞［2001］)。倉敷市は同年10月10日に土地・建物の所有者と売買代金約5億7,500万円 (建物無償) により、土地売買等契約を締結した。市は同年12月19日に市議会総務委員会にこの売買契約について報告した。

　跡地利用について以下のような経緯があった。倉敷市は跡地利用基本方針に沿う利用方針として、「新たな観光・文化拠点」と位置づけ、美観地区のロビー機能 (休憩所・カフェ・庭園)、集客機能 (展示・特産物ショップ)、文化交流支援 (体験工房など) などを提示し、そうした機能のすべてを実現するのは困難であることから、市民や議会の意見を聴いて絞り込む、運営に民間活力を検討するとした (山陽新聞［2001］)。倉敷市はホームページで跡地利用について、市民、経済団体に呼びかけ、都市環境デザイン会議、倉敷商工会議所などが提案を行った。(山陽新聞［2002a］［2002b］)

　倉敷市は2003年10月に跡地利用に関する整備基本構想をまとめた。跡地全体を「倉敷物語館 (仮称)」とし、市民・観光客が楽しめる場所とするとし、歴史的な価値が低いとして母屋は解体してその跡地に2階建ての「景観・まち

づくり館（仮称）」を建設し、残る6棟についてカフェバーなどに改修するとした（山陽新聞［2003］）。現在、多目的ホール、会議室、和室（5部屋）、喫茶室、展示室・土蔵展示室、中庭などからなる「倉敷物語館」として利用され、美観地区の入口にあって伝統的建造物群と調和する一角となっている（倉敷まちづくりHP［2018］）。

この買取りの一連の経緯は市行政主導で行われた。市議会の議論によれば、一部の議員が買取りの提案が唐突であるとして異議を唱えているが、多くの議員が市行政の対応を支持し、買取りを容認した（倉敷市議会［2001b］）。住民や市民は買取りそのものに賛否意見を示すことはなく、市行政、市議会の対応を支持していたとみられる。

3-8　景観法の制定と倉敷市の対応

2004年6月に景観法が制定された。この法律は、地方自治体による景観条例に法的な根拠を与えることを可能にしたこと、自治体の裁量によって強い規制を行うことを可能にしたこと、地方が自然・歴史・文化等の地域の個性を生かした良好な景観の形成を図るべきとしたことなどに特徴がある。景観法制定の背景として、1960年代頃以降に地方自治体が景観保全の試行錯誤を積み重ねてきた実績、とりわけ500余にのぼる地方景観関連条例、および1990年代以降の地方分権の拡大を進めようとする大きな流れが指摘される。（西村［2005］）

倉敷市は建築基準法に依拠する美観条例（2000年制定）について、景観法の制定に対応し、2005年に景観法に依拠するとの改正を行った。

2009年9月に倉敷市は景観法に基づく「倉敷市都市景観条例」（景観条例）を制定し、2010年1月に同条例および景観計画を施行した。景観条例において「本市固有の豊かな自然と優れた歴史的環境を活かした良好な都市景観の形成を実現し、それらを次に世代に引き継いでいく」（第1条）とした。条例に、「景観計画」「住民等による提案」「景観重要建築物および（同）樹木」等の景観法に規定のある事項を規定し、加えて「景観形成重点地区」「眺望保全地区」「景観まちづくり市民団体」などについて規定した。（倉敷市［2009a］）

策定・施行された景観計画は「市全域」を景観計画区域とした。また、景観計画の2つの役割として、「①これまで地方自治法に基づく条例で取り組んできた倉敷川畔伝統的建造物群保存地区背景保全条例などの取組みについて景観法を活用し、法律に基づく根拠を持たせます。②倉敷として景観についての総合的な計画とし、今後、市民ニーズや社会・経済状況の変化に応じて計画内容を充実させていきます」（倉敷市［2009b］）とした。

　2014年12月に倉敷市は景観計画を改定して「倉敷川畔美観地区周辺眺望保全計画」を追加した。「倉敷川畔美観地区周辺の景観づくりは、商業地としての景観に配慮しながらも、歴史的町並み景観との調和を図ることが大切です。倉敷川畔伝統的建造物群保存地区背景保全条例の趣旨を継承し、より良いまちなみ景観を形成するために、"倉敷川畔美観地区周辺眺望保全地区"を指定します」（倉敷市［2014］）とした。この改定により、建築物等に係る眺望保全基準として、今橋・中橋から半径1km以内の美観地区の外側を指定して美観地区の4つの視点場から視界に入らない規模・敷地内の位置であること、または視界に入る場合であっても美観地区からの眺望を著しく損なう形態・意匠でないこととした。これにより景観法に基づく美観地区の眺望保全規制が導入された。（倉敷市［2014］）

　景観法制定後の倉敷市の景観形成に係る施策は、倉敷市行政の主導により進められてきているとみられる。2006年11月に倉敷市が景観形成に関する市民意向調査を行っており、その結果によれば市民は、「常日頃から（景観を）気にしている」「時々気になる」とする人が9割以上、景観づくりに積極的に取り組む必要があるとする割合が約8割、景観づくりに何らかのルールを設けることが必要とする人が7割以上、そのうち高さ・色彩等にルールを必要とする人が約9割であった。市民は、景観法制定後の都市景観条例の制定、景観計画策定・施行、美観地区の眺望保全などについて、市行政および市議会の対応を支持していたものとみられる。（倉敷市［2014］）

4　倉敷市の景観保全の経緯と特徴

4-1　美観地区の保存・保全の経緯と主体

　第二次大戦後の1940年代半ばから今日に至る70有余年の間に、美観地区の価値を確立し、保存・保全する措置を講じてきたことについて、3つの重要な段階・時期を経ているとまとめることができる。

　第1に、1940年代半ばから1968年の伝美条例の制定に至る段階である。美観地区の伝統的な建造物とそれらによる景観の価値は十分に知られていなかったが、戦後20余年の間に内外の知識人・専門家・マスメディアが主導して美観地区の歴史的・文化的な価値の敷衍に努め、市行政・市議会を伝美条例制定に導いた。条例制定は、倉敷市行政、市議会が美観地区に歴史的・文化的な価値があることを宣明し、保存策に踏み出すとした始点であった。

　第2に、1968年の伝美条例制定から1990年代前半の時期である。この間に倉敷市は1978年に、美観地区の一部を改正された文化財保護法（1975年改正）に依拠する伝建条例を制定して保護する措置を導入した。また、1990年に背景条例を制定して美観地区に近接する背景地区の建築行為等に対して届出・助言・指導を求める制度を導入した。この期に美観地区の保存およびその背景の保全に支障となるおそれある建築行為等について、支障を解消しあるいは抑制・軽減する努力が積み重ねられた。この期の20数年の美観地区の保存・保全は市行政が主導し、市議会は条例制定を支持・可決した。また、側面から審議会および美術館関係者が役割を果たした。一般市民は条例制定や市行政の努力を支持していたとみられるが、美観地区・背景地区の地元商店街には規制に対する警戒感が存在した。

　第3に、1990年代後半から今日までの時期である。この期の1997〜2000年に、美観地区入口に計画されたビル計画について"景観紛争"があり、その経緯から伝美条例（1968年）の法的な不備が現出した。同条例について、都市計画法・建築基準法に依拠するとの制定手続を行っていなかったことに起因するものであった。このため倉敷市は2000年に美観条例を制定して同条例の法

的な根拠を明確にした。2009年9月には、景観法に基づく景観条例を制定し、2010年1月に同条例および全市を計画区域とする景観計画を施行した。景観条例に「眺望保全地区」を規定し、2014年12月に景観計画を改定して「倉敷川畔美観地区周辺眺望保全計画」を追加した。これにより美観地区にかかる周辺眺望保全措置が講じられ、この期において美観地区の保存・保全の仕組みが完備されるに至った。この期における景観紛争への対処、条例制定等を市行政が主導し、市議会、市民はそれを支持した。

4-2 倉敷市の景観保全の取組みの特徴

倉敷市の美観地区の保存・保全の特徴を4つの側面から捉えることができる。

第1に、美観地区の約20ha、数百棟の伝統的建造物群からなる町並みが遺されていることである。この事実について美観地区にとって幸運であったと考えられる少なくとも4つの事実が指摘できる。幕末の倉敷浅尾騒動時に類焼を免れたこと、第二次世界大戦の空襲を受けなかったこと、3市合併（1967年）を機に市の振興が模索されて観光資源として美観地区の保存が取り上げられたこと、戦後から1960年頃までの間に伝統的建造物の大半が解体・建替えを行っていなかったことである。これらの幸運のうえに、伝美条例制定（1968年）により保存・保全に一歩を踏み出すこととなった。

第2に、自主条例である伝美条例により、まずは届出・指導・助言を基調とする弱い規制を採り、その後段階的に強い規制を導入していったことである。伝美条例案を検討した倉敷市行政は、一旦は法律に依拠する強い規制の条例案を用意した。しかしそれを提案することを避けて、弱い規制の条例案を市議会に提案したのであるが、その際に倉敷市は、段階的に法的に強い規制導入を行う可能性に言及していた。より強い規制は、伝美条例（1968年）および美観条例（2000年）の制定によって導入された。また、景観法（2004年）の制定後に、同法に基づきそれまでの条例を包括した景観条例と景観計画の施行（2010年1月）により、美観地区の保存・保全の仕組みが完備されることとなった。倉敷市の美観地区の保存・保全に係る弱い規制から段階的に強い規制を導

第3に倉敷市美観地区に係る保存・保全の経緯において、伝美条例（1968年）および背景条例（1990年）が日本の景観政策に重要な役割を果たしたとみられることである。伝美条例は、半年先行して制定されていた金沢市伝統環境保存条例とともに、日本の景観保全の先駆けと位置づけられている（中島・鈴木［2003］）。両市の条例は、文化財保護法の改正による「伝統的建造物群保存地区」の制度導入（1975年）、京都市市街地景観条例（1972年）およびその後の地方自治体の景観条例等にも影響を与えたと考えられる。また、1990年に制定された倉敷市の背景条例について、「建設省都市計画課が、歴史的景観を保全する上で画期的な措置と評価した」（倉敷市［1990］）とされている。実際には、背景保全について倉敷市背景条例制定の時点で少なくとも松本市（1940年から。三島他［2003］）および横浜市（1972年から。山崎他［2003］）の先行事例があったのであるが、倉敷市の背景条例が損失の補償や買取りを規定して実効性を確保していたことに特長がある。

第4に、美観地区の景観保全に重要な3件の買収がなされたことである。1990年に美観地区に近接する場所の8階建てホテル計画地を損失補償・6億余円で買収したこと、2001年に美観地区内でその入口の「東大橋家」を所有者からの申入れにより約5億7,500万円で買収したこと、および2009年12月に美観地区の北西角でその入口にあたる土地を9,500万円で買収したことである。伝美条例、伝建条例および背景条例がいずれも"損失の補償"を規定し、背景条例については"買取り"を規定していた。美観地区の景観保存・保全について倉敷市行政および市議会の強い意志を反映している。

4-3 市民・住民と美観地区の保存・保全

市民・住民は美観地区の保存・保全に対する認識ついて以下のような経緯であったとまとめることができる。

1968年の伝美条例の制定時において、筆者が確認した限りでは市民・住民の意見・意向は調査されていない。伝美条例を可決した1968年9月議会にお

いて、条例の付託を受けた市議会厚生委員会・委員長は審議の結果を市議会本会議に「本条例を制定し、市内の美観地区等を指定市保存していくことにつきましては、（委員会の）全員異議なく賛成している」（倉敷市議会［1968c］）と報告して可決された。市民・住民は市議会議員に条例制定に反対を訴えることがなかったものと考えられる。

　1973年に倉敷市が美観地区の約430戸を対象に行った住民意向調査結果は、文化財保護法に基づく新制度への移行に、63％が「基本的に賛成」、8.2％が「基本的に反対」とし、各戸の事情により意向に差があり、改築・建てかえを計画している家に強い反対があった（室山［1978］）（倉敷市［2005］）。その後、文化財保護法が改正（1975年）されて伝統的建造物群を指定・保存する制度が設けられたが、特に美観地区内の2つの商店街は強く反対したため（山陽新聞［1977］）、この2つの商店街を外して、1979年5月に伝建地区指定を得た経緯があった。

　1990年に背景保全条例案が議会提案されたことについて、大原美術館等の4つの美術館・展示館が賛成の陳情書を提出し、一方、美観地区に近接する2つの商店街は"反対陳情"を行った。しかし、この"反対陳情"について、住民は美観地区の保存およびその背景の保全に反対するのではなく、地元住民への事前説明不足を問題視したものであった（山陽新聞［1990b］）。

　1998〜1999年に、当時、美観地区入口部のビル建築計画について、市行政と事業者の間で係争となっていた最中に、民間3団体がビル建築を許可しないことを求めて市長に要請文を提出した。このうち2つの市民グループはそれぞれ7,861名、1,226名の市民の署名とともに要請した。（町田［2001］）

　2000年に伝美条例、伝建条例を包括し、法的な根拠を明確にする美観条例が制定されたのであるが、この制定にあたって市民・住民が異を唱えることはなかった。2006年11月に、倉敷市による景観に関する市民意向調査が行われた。これは景観法に基づく景観計画の策定にあたって市民の意向を調査したものであるが、倉敷市民が最も多く好きな場所として挙げたのは倉敷川畔美観地区で約1,200名余のアンケート回答者の900名以上であった。（倉敷市［2014］）

　この経緯から倉敷市の市民・住民は美観地区の保存・保全について以下のよ

うな認識であったと考えられる。

市民が美観地区の保存・保全について積極的に条例制定等を求めて声をあげることはなかったとみられる。唯一の例外は1997〜2000年にわたる美観地区入口部のビル建築計画に係る"景観紛争"時に、市行政の"建築不許可"を支持して署名・要請行動を行ったことであった。市民は概して積極的ではなかったのであるが、市行政による条例制定、その他の美観地区の保存・保全に係るこれまでの経緯を支持してきたものとみられる。

美観地区・背景地区の保存・保全の規制に関わる住民についてであるが、1970年代後半の伝建地区指定の段階において、美観地区の保存の趣旨には賛成とするものの、保存規制に抵抗感が存在し商店街の伝建指定が見送られた経緯があった。また、1990年に背景条例制定時に関係住民は条例提案にあたって事前説明不足を問題として異を唱えたものの、条例制定の趣旨には反対しなかった。2000年の美観条例制定時に関係住民は異を唱えることはなかった。美観地区、背景地区の関係住民は、2000年頃までに保存・保全に係る規制等を容認するに至ったとみられる。

4-4　非伝統的建造物と市域全体の景観保全

倉敷市の景観保全について2点を補足・指摘する。

第1に美観地区内の非伝統的建造物についてである。倉敷市の保存計画報告書（倉敷市教委［1983］）は、伝統的とはみなされない建造物として9件を挙げている。そのうち最も古いものは1907年の「旧中央郵便局（三楽会館）」、最も新しいものは1972年の「倉敷美術館」（現在「加計美術館」）である（補注）。前述したようにそれらについて学識者などが好ましくないと指摘したことがある（浦辺鎮太郎氏による倉敷市長への答申（昭和46年）。「倉敷川畔伝統的建造物群保存計画報告書 昭和58年度」（倉敷市教委［1983］）に所収）（藤原雄氏、佐藤重夫氏およびワルター・グロピウス氏。「倉敷町並物語」（倉敷市美協会［1990］）による）。こうした指摘を意識したものと考えられるが、保存計画報告書（1983年）は非伝統的建造物について、社会的必要から歴史的に存在してきたものである、現に文化的貢献をしている、伝統的景観の中でア

クセントになっているとしている。また、好ましくなければ樹木などによる遮断などで個別的に対処するとの考え方を示しているが、これは取扱いを後の判断に委ねているようにみられる。倉敷市は、現在においては大原美術館、旧・倉敷町役場などは違和感なく倉敷川畔と調和して優れた歴史的景観を形成している、としている（倉敷市 HP［2018b］）。伝美条例（1968 年）の制定の後、既に 50 年の保存・保全を図ってきた経緯を勘案すれば、現時点ですべての建造物をいわゆる伝統的建造物のみに純化するような施策の選択は現実的ではないと考える。

　第 2 に倉敷市全体を俯瞰してみた景観保全についてである。この一文では美観地区の保存・保全に着目して経緯を総説したのであるが、その他の景観保全施策について俯瞰してみると以下のとおりである。1968 年制定の伝美条例は「伝統美観を保存するため指定した一定の地区」（第 2 条第 2 号）と規定しており、条例制定後に美観地区が指定されたのであるが、伝美条例案の審議において、倉敷市は「倉敷川上流をまず第 1 番目といたしまして、その他下津井地区、あるいは天城地区あるいは由加地区等順次制定していきたい。かように事務当局としては考えておる次第であります」（1968 年 6 月 18 日議会質疑における経済部長答弁。倉敷市議会［1968c］）との考え方がとられていた。しかし、その後倉敷市は倉敷川畔以外を指定することはなかった。また、倉敷川畔美観地区の保存・保全施策以外の景観形成や市域全体に係る景観保全施策を長く講じてこなかった。

　2004 年の景観法の制定後、倉敷市は、2009 年 9 月に同法に基づく景観条例を制定し、自然と歴史的環境を活かした良好な都市景観を形成して次世代に継承するとして、従前からの美観地区のみに注目していたあり方から市域全般に視野を拡大した。

　条例では市長が「景観形成重点地区」を指定することができるとしている。2009 年に策定・施行された倉敷市景観計画はその重点地区について第一次候補として「倉敷駅周辺地区」「下津井周辺地区」「旧玉島港周辺地区」「酒津地区」の 4 地区を挙げている（「倉敷市景観計画」）。市民・市民団体、事業者、行政の協働による美観地区の保存・保全、「景観形成重点地区」の指定と景観

形成、および市域全般にわたる景観形成がこれからの倉敷市の課題であると考える。

【謝辞】　この一文をまとめるにあたり、古い倉敷市条例等資料を倉敷市文化財保護課・藤原様から提供をいただいた。ここに記してお礼申し上げます。

(補注)「1983年度倉敷市教委報告書」は「非伝統的建造物」として「旧中央郵便局（1907年）」「旧倉敷町役場（1916年）」「中国銀行倉敷支店（1922年）」「有隣荘（1928年）」「旧倉敷郵便電話局（1936年）」「エルグレコ（1939年）」「大原美術館分館（1961年）」「倉敷文化センター（1969年）」「倉敷美術館（1972年）」を挙げている（倉敷市教委 [1983]）。（筆者注：「大原美術館本館（1930年）」についてもこれらと同様に「非伝統的建造物」であるとみられる）

【引用文献・参考図書等】
〈2　倉敷市の美観地区〉
倉敷市教委 [1983]：倉敷市教育委員会「倉敷川畔伝統的建造物群保存計画報告書 昭和58年度」1983
倉敷都市美協会 [1990]：倉敷都市美協会『倉敷町並物語』手帖社 1990
山陽新聞出版局 [1991]：山陽新聞出版局編『倉敷のまち』山陽新聞社 1991
倉敷市 [2005]：倉敷市『倉敷市史第7巻』2005
倉敷市HP [2016]：倉敷市HP「時代とともに守り開かれた伝統的建造物群」
　　　　〈http://www.city.kurashiki.okayama.jp.6103.htm〉（2016年2月16日参照）

〈3-1　美観地区の価値の高まりの経緯〉
山陽新聞 [1948]：山陽新聞 1948年1月27日
朝日新聞社 [1954]：朝日新聞社『朝日写真ブック7 倉敷うちそと』1954
岩波書店 [1957]：岩波書店『倉敷 古い形の町・美術』1957
角田 [1964]：角田直一『倉敷浅尾騒動記』山陽新聞社 1964
浦辺 [1978]：浦辺鎮太郎「大原総一郎と倉敷」『歴史的町並みのすべて』若樹書房 1978
倉敷市教委 [1983]：前出に同じ
倉敷都市美協会 [1990]：倉敷都市美協会『倉敷町並物語』手帖社 1990
倉敷市 [2003]：倉敷市『倉敷市史第4巻』2003
倉敷市 [2005]：前出に同じ
室山・金井 [2008]：室山貴義・金井利之『倉敷の町並保存と助役・室山貴義』公人社 2008

〈3-2 「倉敷市伝統美観保存条例」の制定〉

倉敷市懇談会［1967］：倉敷市の将来像に関する懇談会「倉敷市の将来像に関する懇談会報告書」1967

倉敷市議会［1967］：倉敷市議会「倉敷市議会議事録 1967 年 12 月 19 日」

倉敷市議会［1968a］：倉敷市議会「倉敷市議会議事録 1968 年 3 月 19 日」

倉敷市議会［1968b］：倉敷市議会「倉敷市議会議事録 1968 年 6 月 10 日」

倉敷市議会［1968d］：倉敷市議会「倉敷市議会会議録 1968 年 9 月 19 日」

倉敷市［1968］：倉敷市「倉敷市伝統美観保存条例 1968 年 9 月 30 日」

山陽新聞［1968a］：山陽新聞 1968 年 2 月 3 日

山陽新聞［1968b］：山陽新聞 1968 年 6 月 6 日

倉敷都市美協会［1990］：前出に同じ

倉敷市［2000］：倉敷市「倉敷市伝統美観保存条例改正 2000 年 9 月 29 日」

伊藤［2006］：伊藤修一郎『自治体発の政策革新』木鐸社 2006

〈3-3 「倉敷館」および「蜷川美術館」をめぐる事案〉

山陽新聞［1970］：山陽新聞 1970 年 2 月 8 日

山陽新聞［1971］：山陽新聞 1971 年 11 月 3 日

山陽新聞［1972］：山陽新聞 1972 年 4 月 19 日

倉敷市［2005］：前出に同じ

倉敷市 HP［2018a］：倉敷市 HP「倉敷館」
　　　　　　〈http://www.city.kurashiki.okayama.jp/30498.htm〉（2018 年 6 月 26 日参照）

文化庁 HP：文化庁 HP「登録有形文化財・倉敷館」
　　　　　　〈http://kunishitei.bunka.go.jp/bsys/maindetails.asp〉（2018 年 6 月 26 日参照）

〈3-4 「倉敷市伝統的建造物群保存地区保存条例」の制定〉

室山［1978］：室山貴義「歴史を現代に生かす都市計画 ― 倉敷の場合」『歴史的町並保存のすべて』環境文化研究所 1978

倉敷市［1978］：倉敷市「倉敷市伝統的建造物群保存地区保存条例 1978 年 9 月 4 日」

倉敷市［2000］：倉敷市「倉敷市伝統美観保存条例改正 2000 年 9 月 29 日」

倉敷市［2005］：前出に同じ

山陽新聞［1973a］：山陽新聞 1973 年 7 月 21 日

山陽新聞［1973b］：山陽新聞 1973 年 10 月 20 日

山陽新聞［1975］：山陽新聞 1975 年 10 月 7 日

山陽新聞［1976］：山陽新聞 1976 年 9 月 25 日

山陽新聞［1977］：山陽新聞 1977 年 12 月 11 日

山陽新聞［1978］：山陽新聞 1978 年 7 月 27 日
山陽新聞［1998］：山陽新聞 1998 年 8 月 21 日

〈3-5 「倉敷市倉敷川畔伝統的建造物群保存地区背景保全条例」の制定に至る経緯〉
岡山県［1988］：岡山県「岡山県景観条例 1988 年 3 月 11 日」
岡山県［1991］：岡山県「　　（同上）　　 1991 年 12 月 24 日改正」
岡山県［1992］：岡山県「　　（同上）　　告示 1992 年 6 月 2 日」
倉敷市議会［1990a］：倉敷市議会「倉敷市議会議事録 1990 年 3 月 9 日」（同議会における岡議員の発言による）
倉敷市議会［1990b］：倉敷市議会「倉敷市議会議事録 1990 年 6 月 8 日」
倉敷市議会［1990c］：倉敷市議会「倉敷市議会議事録 1990 年 6 月 12 日」
倉敷市議会［1990d］：倉敷市議会「倉敷市議会議事録 1990 年 6 月 14 日」
倉敷市議会［1990e］：倉敷市議会「倉敷市議会議事録 1990 年 6 月 22 日」
倉敷市議会［1990f］：倉敷市議会「倉敷市議会（臨時会）議事録 1990 年 7 月 16 日」
倉敷市［1990］：倉敷市「倉敷市倉敷川畔伝統的建造物群保存地区背景保全条例 1990 年 6 月 22 日」
山陽新聞［1990a］：山陽新聞 1990 年 5 月 26 日
山陽新聞［1990b］：山陽新聞 1990 年 6 月 12 日
倉敷新聞［1990a］：倉敷新聞 1990 年 6 月 8 日
倉敷新聞［1990b］：倉敷新聞 1990 年 7 月 6 日
倉敷新聞［1990c］：倉敷新聞 1990 年 10 月 16 日
室山・金井［2008］：前出に同じ

〈3-6 1997～2000 年の景観紛争と「倉敷市美観地区景観条例」の制定に至る経緯〉
倉敷市議会［1998a］：倉敷市議会「倉敷市議会議事録 1998 年 3 月 5 日」
倉敷市議会［1998b］：倉敷市議会「倉敷市議会議事録 1998 年 6 月 10 日」
倉敷市議会［1999a］：倉敷市議会「倉敷市議会議事録 1999 年 3 月 4 日」
倉敷市議会［1999b］：倉敷市議会「倉敷市議会議事録 1999 年 6 月 15 日」
山陽新聞［1998a］：山陽新聞 1998 年 1 月 23 日
山陽新聞［1998b］：山陽新聞 1998 年 2 月 11 日
山陽新聞［1998c］：山陽新聞 1998 年 3 月 14 日
山陽新聞［1998d］：山陽新聞 1998 年 4 月 25 日
山陽新聞［1998e］：山陽新聞 1998 年 6 月 9 日
山陽新聞［1998f］：山陽新聞 1998 年 8 月 22 日
山陽新聞［1998g］：山陽新聞 1998 年 10 月 25 日

第 7 章　倉敷市の伝統的建造物群と町並みの景観保全　*307*

山陽新聞［1999a］：山陽新聞 1999 年 4 月 10 日
山陽新聞［1999b］：山陽新聞 1999 年 10 月 26 日
山陽新聞［1999c］：山陽新聞 1999 年 10 月 29 日
山陽新聞［2000］：山陽新聞 2000 年 4 月 20 日
山陽新聞［2009］：山陽新聞 2009 年 12 月 18 日
町田［2001］：町田康司「倉敷の景観論争から見た町並み文化に対する価値観の相違について」『岡山理科大学井上研究室卒業論文集 2001 年 3 月』2001

〈3-7　東大橋家住宅・土地の買取り〉
倉敷市議会［2001a］：倉敷市議会「倉敷市議会議事録 2001 年 6 月 14 日」
倉敷市議会［2001b］：倉敷市議会「倉敷市議会議事録 2001 年 6 月 22 日」
倉敷まちづくり HP［2018］：倉敷まちづくり HP「倉敷物語館」
　　　　　　　　　　　　　〈kmc.jp.net/service/monogatari〉（2018 年 6 月 28 日参照）
山陽新聞［2001］：山陽新聞 2001 年 9 月 20 日
山陽新聞［2002a］：山陽新聞 2002 年 8 月 7 日
山陽新聞［2002b］：山陽新聞 2002 年 10 月 17 日
山陽新聞［2003］：山陽新聞 2003 年 10 月 22 日
中村［2004］：中村隆弘「倉敷市による大橋家住宅買取りと町並保存に関する研究」『岡山理科大学井上研究室卒業論文集 2004 年 3 月』

〈3-8　景観法の制定と倉敷市の対応〉
西村［2005］：西村幸夫「序説・景観法の意義と地方自治体のこれからの課題」『景観法と景観まちづくり』学芸出版社 2005
倉敷市［2009a］：倉敷市「倉敷市都市景観条例 2009 年 9 月 30 日」
倉敷市［2009b］：倉敷市「倉敷市景観計画 2009 年 9 月 30 日」
倉敷市［2014］：倉敷市「倉敷市景観計画（改定）2014 年 12 月 15 日」

〈4　倉敷市の景観保全の経緯と特徴〉
倉敷市議会［1968c］：倉敷市議会「倉敷市議会会議録 1968 年 6 月 18 日」
山陽新聞［1977］：前出に同じ
山陽新聞［1990b］：前出に同じ
倉敷市教委［1983］：前出に同じ
倉敷市［1990］：倉敷市「広報くらしき 平成 2 年 9 月 1 日」1990
倉敷市［2005］：前出に同じ
倉敷市［2014］：倉敷市「倉敷市景観計画（改定）2014 年 12 月 15 日」

倉敷市 HP［2018b］：倉敷市 HP「沿革 美観地区町並み保存」
　　　　　　〈http://www.city.kurashiki.okayama.jp/6103.htm〉（2018年7月13日参照）
室山［1978］：室山貴義「歴史を現代に生かす都市計画 — 倉敷の場合」『歴史的町並保存のすべて』環境文化研究所 1978
倉敷都市美協会［1990］：前出に同じ
町田［2001］：前出に同じ
中島・鈴木［2003］：中島直人・鈴木伸治「日本における都市の風景計画の形成」『日本の風景計画』学芸出版社 2003
三島他［2003］：三島伸雄・大野整・岡崎篤行・佐野雄二・下村真理「歴史的都市の風景計画」『日本の風景計画』学芸出版社 2003
山崎他［2003］：山崎正史・坂本英之・鈴木伸治「総合的な風景計画の実践」『日本の風景計画』2003）

■著者紹介

井上堅太郎　（いのうえ　けんたろう）

　1941 年生
　1964 年　岡山大学工学部卒
　1966 ～ 1996 年　岡山県庁
　1997 ～ 2012 年　岡山理科大学教授
　2013 年～　島根県浜田市に在住
　1978 年　医学博士

　主な著書
　『日本環境史概説』（大学教育出版）、『環境と政策 倉敷市からの証言』
　　（大学教育出版）など

環境課題と地域の政策選択

2019 年 11 月 30 日　初版第 1 刷発行

■著　　者──井上堅太郎
■発　行　者──佐藤　守
■発　行　所──株式会社　大学教育出版
　　　　　　　　〒 700-0953　岡山市南区西市 855-4
　　　　　　　　電話 (086) 244-1268　FAX (086) 246-0294
■印刷製本──モリモト印刷㈱

Ⓒ Kentaro Inoue 2019, Printed in Japan
検印省略　　落丁・乱丁本はお取り替えいたします。
本書のコピー・スキャン・デジタル化等の無断複製は著作権法上での例外を除き禁じられています。本書を代行業者等の第三者に依頼してスキャンやデジタル化することは、たとえ個人や家庭内での利用でも著作権法違反です。
ISBN978-4-86692-052-8